2天学会五笔字型

□ 姜涛 编著

人民邮电出版社
北京

图书在版编目（C I P）数据

2天学会五笔字型／姜涛编著.—北京：人民邮电出版社，2009.6

ISBN 978-7-115-20500-1

I. 2… II.姜… III.汉字编码，五笔字型－基本知识
IV.TP391.14

中国版本图书馆CIP数据核字（2009）第026790号

内 容 提 要

本书介绍一种全新的五笔字型学习方法，与传统的背字根、拆字的方法相比，它不需要太多的记忆，只要按书中所讲，1～2天即可学会五笔字型。本书分为3个部分。

（1）五笔字型快学方法。

（2）五笔字型练快技巧—利用字根及键位提示，轻松、高效地提高打字速度。

（3）字根图解式五笔字型字典—易于查寻，方便记忆。

本书适合想快速学会电脑打字的读者，也适合作为培训班的教材。

2天学会五笔字型

◆ 编　著　姜　涛
　责任编辑　刘　浩

◆ 人民邮电出版社出版发行　北京市崇文区夕照寺街14号
　邮编　100061　电子函件　315@ptpress.com.cn
　网址　http://www.ptpress.com.cn
　北京顺义振华印刷厂印刷

◆ 开本：787×1092　1/16
　印张：9.25
　字数：232千字　　2009年6月第1版
　印数：1－6 000册　　2009年6月北京第1次印刷

ISBN 978-7-115-20500-1/TP

定价：20.00元（附光盘）

读者服务热线：(010)67132692　印装质量热线：(010)67129223
反盗版热线：(010)67171154

前言

利用五笔字型输入法打字速度很快，因而吸引了很多人学习。但是五笔字型难学，尤其是背字根口诀、拆字，让很多学习者感到头疼，许多五笔字型学习者最终选择了放弃，只有一少部分人坚持到最后学会了，却也花费了很多时间和精力。

五笔字型真的像人们所说的那样难学吗？真的要花费大量时间、精力才能学会吗？

回答是“否”。只要学习者采用正确合理的方法，花很少的时间也能轻松学会五笔字型输入法。

本书附赠了笔者开发的不背字根学习五笔字型输入法的软件，读者利用这个软件可在 1 ～ 2 天学会用五笔打字，即从没有指法基础到能用正确的指法打出任何一个汉字。任何想学五笔字型输入法的人都能上网免费下载该软件，目前已有数以十万的网友下载。

本书向读者详细介绍了这种全新的学习方法，它的特点是将打字以图解的方式表现出来，使读者一目了然，能够直接上手进行打字动作实践练习，不用背字根口诀，不必再拆字，学习难度大幅度降低，节省了大量的时间精力，实现了梦寐以求的快速学会用五笔输入法打字的目标。

学会五笔字形输入法，仅仅是完成了一个好的开头。之所以选择学习五笔字型替代拼音打字，目的就是要提高打字速度。本书不仅解决快速学会五笔字型输入法的难题，还在快速提高五笔字型打字速度方面提供了一条捷径。

本书还包含一个直观的、图解式的五笔字型字典，包括国家标准一、二级近 7000 个最常用汉字，使所有打法都能练到。

读者利用这样的图解式字典进行练习后速度提高非常明显。当遇到不会打的字，借助字根提示、键位提示，打字动作可以保持在快速、不停顿的状态，在有限的练习时间内能完成尽可能多的打字动作，产生最强烈的条件反射刺激，熟能生巧，从而提高打字速度。例如：凹、凸，有些读者一时想不起来怎么打，看提示，可立即做出正确的打字动作，不必再瞑思苦想耽误时间了。

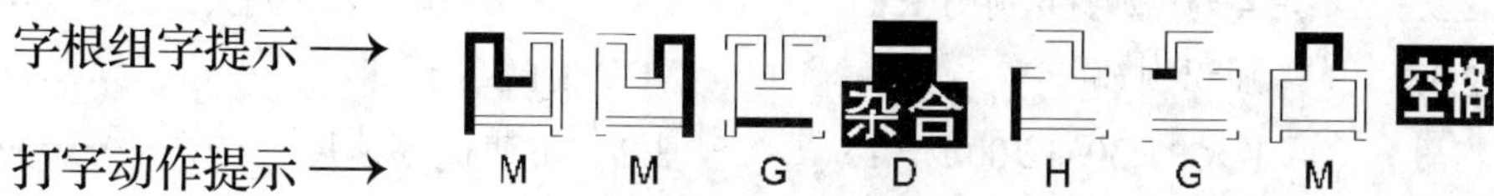
字根组字提示 →
杂合
空格
打字动作提示 →
M M G D H G M

使用本书，常用字及次常用字的打法都能练到，比通常的打文章进行提速练习更全面。例如：饕、飧，如果按照一般的文章做练习，很难练到。

K G N E G Q W E

字典正文的汉字用空心字包含字根的形式表现，某些结构复杂交叉疑难怪异的字也能一目了然，形象直观，理解容易，印象深刻。

姜 涛

2009年3月

目录

学 习 篇

第 1 章　五笔字型闪电快速入门 …… 1

1.1　五笔字型打字简介 ………… 2

1.1.1　了解英文打字 ……… 2

1.1.2　了解五笔字型打字 … 3

1.2　五笔字型打字的本质 ……… 4

1.2.1　不需要背字根口诀 … 4

1.2.2　不需要背拆字规则 … 4

1.2.3　“码”的意思 ………… 4

第 2 章　五笔字型快学技巧 ………… 5

2.1　光盘使用方法 ……………… 6

2.2　学习方法说明 ……………… 6

2.3　五笔字型字词打法训练……… 9

2.3.1　刚好 4 码（第 1 天 9:00~10:30）… 9

2.3.2　超过 4 码（第 1 天 10:30~11:30）… 10

2.3.3　不足 4 码　加打识别码… 11

2.3.4　3 码加识别码（第 1 天 11:30~12:00）… 15

2.3.5　2 码加识别码（第 1 天 13:00~14:00）… 16

2.3.6　3 级简码（第 1 天 14:00~16:00 及第 2 天 9:00~12:00）… 17

2.3.7　2 级简码（第 2 天 13:00~14:00）… 18

2.3.8　1 级简码（第 2 天 14:00~14:15）… 19

2.3.9　键名（第 2 天 14:15~14:30）… 20

2.3.10　字根字（第 2 天 14:30~15:00）… 21

2.3.11　词组（第 2 天 15:00~16:00）… 25

第 3 章　五笔字型练快技巧 ………… 29

3.1　总结打法 ………………… 30

3.1.1　单字全码打法 ……… 30

3.1.2　单字简码打法 ……… 30

3.1.3　词组打法 …………… 30

3.2　快速提高速度 …………… 31

速 查 字 典

4.1　汉语拼音音节索引 ………… 1

4.2　部首检字表 ……………… 3

1. 部首目录 ……………… 3

2. 检字表 ………………… 4

3. 难检字笔画表 ………… 17

字典正文 ………………… 1

第1章

五笔字型闪电入门

- 快速理解五笔字型打字方法
- 接受新的学习理念
- 不用背字根口诀
- 不用背拆字规则

1.1 五笔字型打字简介

1.1.1 了解英文打字

英文单词由英文字母组成，例如：单词“**do**、**to**”由字母“**d**、**o**、**t**、**o**”组成。电脑键盘其实是英文键盘，打字区是26个字母键，如下图所示。

Q W E R T Y U I O P
A S D F G H J K L
Z X C V B N M

Q W E R T Y U I O P
A S D F G H J K L
Z X C V B N M
Alt
Alt

击字母键，字母显示在屏幕上，组合成单词，举例如下。

（1）击“**D**键”和“**O**键”，可打出单词**do**，如下图所示。

do

（2）击“**T**键”和“**O**键”，可打出单词**to**，如下图所示。

to

1.1.2　了解五笔字型打字

中文由词组和单字组成，词组及单字由偏旁部首组成（也被称为汉字部件等），这些部件在五笔字型中被称为“字根”，这些字根被科学地分配到 25 个字母键上，如下图所示。

Q 35 金
W 34 人
E 33 月
R 32 白
T 31 禾
Y 41 言
U 42 立
I 43 水
O 44 火
P 45 之
A 15 工
S 14 木
D 13 大
F 12 土
G 11 王
H 21 目
J 22 日
K 23 口
L 24 田
Z
X 55
C 54 又
V 53 女
B 52 子
N 51 已
M 25 山

击字根所在键，依次打出字根，单字、词组即可显示在屏幕上，举例如下。

（1）击“ナ”键和“火”键，即英文的 **D** 键和 **O** 键，可打出汉字“**灰**”，如下图所示。

灰

火
ナ

（请对比前面字根键位分布图中 **D** 键和 **O** 键，其中 **D** 键上含“ナ”字根，**O** 键上含“火”字根）

（2）击“禾”键和“火”键，即英文的 **T** 键和 **O** 键，可打出汉字“秋”，如下图所示。

秋

禾
火

（请对比前面字根键位分布图中 **T** 键和 **O** 键，其中 **T** 键上含“禾”字根，**O** 键上含“火”字根）

因为字根的分布是经过科学设计的，虽然多个字根共用同一个键，但是 **D** 键＋ **O** 键肯定打出的是“**灰**”字，**T** 键＋ **O** 键肯定打出的是“**秋**”字。

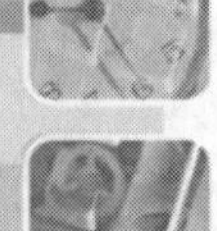

1.2　五笔字型打字的本质

从本质上说，五笔字型打字和英文打字在原理和方法上是一样的，只不过字根比字母的数量多一些，仅此而已。

1.2.1　不需要背字根口诀

英文26个字母，中国人几乎人人都能从头到尾说出来，唱出来，但不等于人人都会打字，打字和背字母没有必然的联系。

汉字有约200个偏旁部首，中国人没有几个人能从头到尾背下来，但中国人都会写字，看到字都说出是什么偏旁部首组成的，比如“木子李，立早章……”。

因此，不用背字根！

1.2.2　不需要背拆字规则

打英文不需要拆字母，按顺序打就行了。

五笔字型的字根也可以看作是中文的字母，按写字的顺序打出来就可以了。

在本书的学习中，不再有拆字的概念，因为“字和词由什么字根组成”、“字根怎样依次组字”已经制定好了，只要使用本书中的方法把既定的五笔打字模式练熟就行了。

1.2.3　“码”的意思

下面的学习会遇到“码”，比如“刚好4码”“超过4码”……

初学者常会问“码”是什么？“码”就是指“字根”。“编码”就是利用字根组字。

比如：

“照”字，由4个字根“日、刀、口、灬”组成4码字。

“召”字，由2个字根“刀、口”组成2码字。

第2章

五笔字型快学技巧

2

- 不背字根2天学会五笔字型
- 学习方法说明
- 五笔字典打法实例图解

2天学会五笔字型

2.1 光盘使用方法

本书光盘中是“不背字根2天学会五笔字型”软件，将光盘插入电脑光驱，可直接在光盘上运行软件，也可将2wb文件夹复制到电脑硬盘上，然后运行。

2.2 学习方法说明

打开光盘中2wb文件夹，双击“2天学会五笔字型－姜涛发明”应用程序运行软件。

首先出现开始画面，点击“开始学习”进入指法讲解和练习。没有指法基础的读者可先做指法练习，有基础的读者可跳过。

发明人：姜涛
已申请专利号：99126342.1
2天学会五笔字型
不用背字根
开始学习
东方圣泉
北京东方圣泉互联网信息服务有限公司
光盘＋书＝20元
退出
版权所有 侵权必究

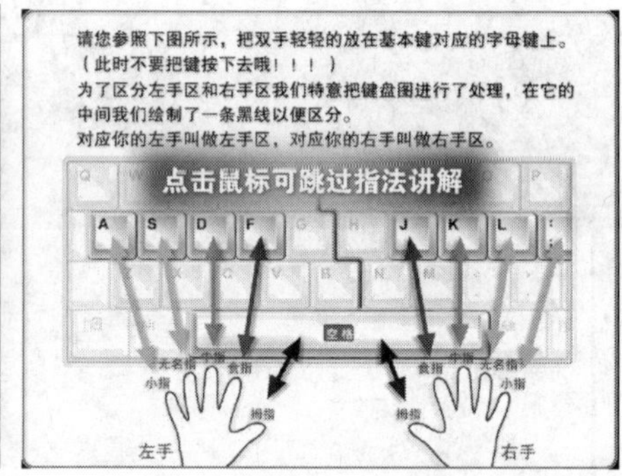

请您参照下图所示，把双手轻轻的放在基本键对应的字母键上。
（此时不要把键按下去哦！！！）
为了区分左手区和右手区我们特意把键盘图进行了处理，在它的中间我们绘制了一条黑线以便区分。
对应你的左手叫做左手区，对应你的右手叫做右手区。
点击鼠标可跳过指法讲解
A
S
D
F
J
K
L
;
空格
无名指
中指
食指
小指
拇指
左手
右手

再往下进入课程表，课程分2天，每天上午9点～12点3个小时，下午1点～4点3个小时，1天6小时，2天共计12小时。

每课30分钟，包括25分钟练习，5分钟休息。课程包括全码、简码、词组等各类打法的讲解、3755个最常用汉字打法练习。课程的排列顺序不是随意的，而是经过科学设计编排好的最佳顺序，按这样的顺序学习，能做到知识概念理解快，动作练习上手快，一气呵成，轻松学会，不会有难学难记的感觉。读者只要严格按照顺序学习，不打乱不忽略，都能学会。很多20岁左右、记忆力强、头脑反应快的年轻人，1天就能完成全部课程，学会五笔输入法。

2天学会五笔字型 不用背字根

（2天12小时）

第一天

上午	1	刚好4码 ①	9:00	9:30
	2	刚好4码 ②	9:30	10:00
	3	刚好4码 ③	10:00	10:30
	4	超过4码 ①	10:30	11:00
	5	超过4码 ②	11:00	11:30
	6	3码加识别码	11:30	12:00
下午	7	2码加识别码 ①	1:00	1:30
	8	2码加识别码 ②	1:30	2:00
	9	3级简码 ①	2:00	2:30
	10	3级简码 ②	2:30	3:00
	11	3级简码 ③	3:00	3:30
	12	3级简码 ④	3:30	4:00

第二天

上午	1	3级简码 ⑤	9:00	9:30
	2	3级简码 ⑥	9:30	10:00
	3	3级简码 ⑦	10:00	10:30
	4	3级简码 ⑧	10:30	11:00
	5	3级简码 ⑨	11:00	11:30
	6	3级简码 ⑩	11:30	12:00
下午	7	2级简码 ①	1:00	1:30
	8	2级简码 ②	1:30	2:00
	9	1级简码键名	2:00	2:30
	10	字根字	2:30	3:00
	11	词 组 ①	3:00	3:30
	12	词 组 ②	3:30	4:00

返 回

下面进入第一课学习画面，下方中间有操作控制面板，包含“播放、向前、向后、速度调节、帮助”等按钮，操作很方便简单，读者可自行调节。

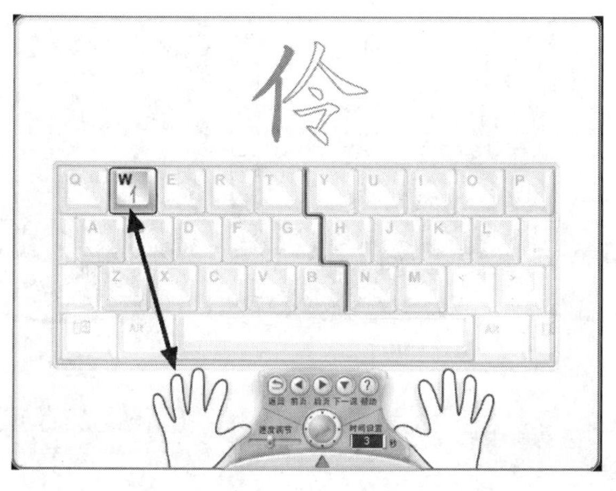
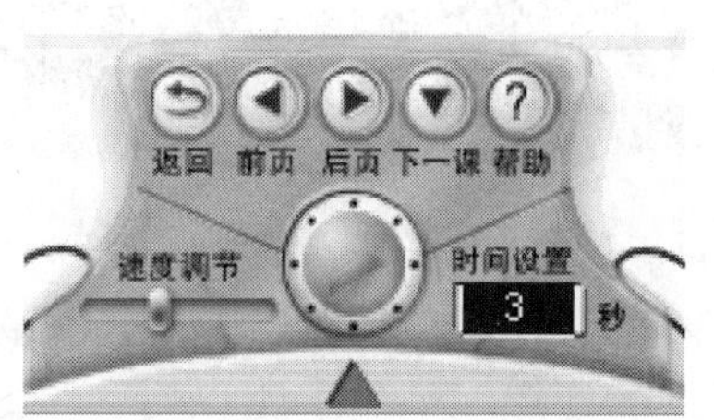
返回
前页
后页
下一课
帮助
速度调节
时间设置
3
秒

点击“播放”按钮，显示出字根组字的方式、键位、指法，如“伶”字由“亻、人、丶、マ”字根组成，学习者双手放在键盘上，眼睛看画面，第 1 步看最上面的字及字根，第 2 步看字根所在键位，第 3 步看指法，第 4 步动手做出正确的打字动作，如下图所示。

① → ② → ③ → ④

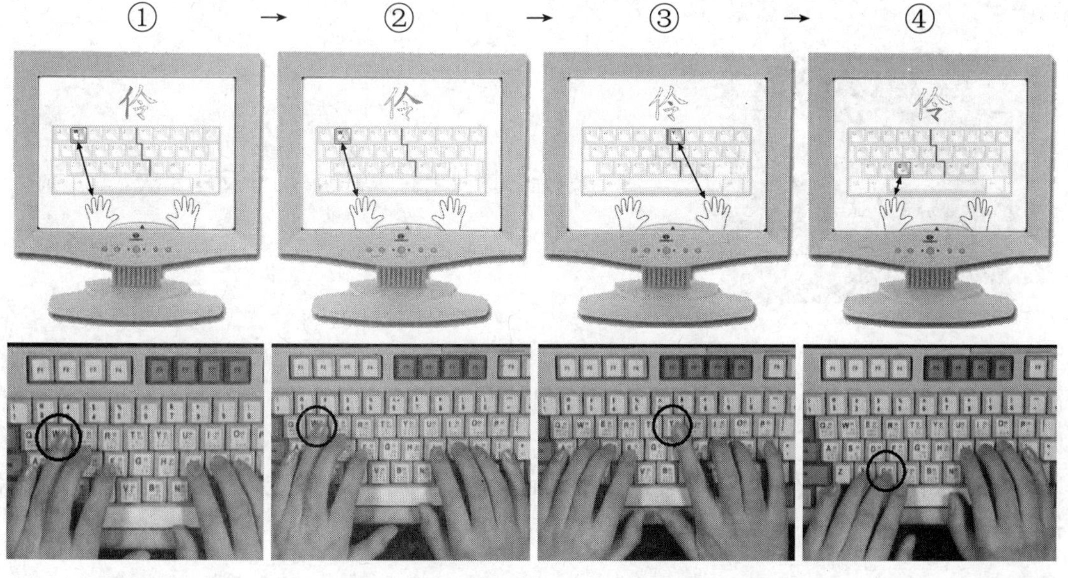

“亻”是左手无名指打“W”，“人”是左手无名指打“W”，“丶”是右手食指打“W”，“マ”是左手中指打“C”

汉字组字是有规律的，由字根组成，比如汉字“伶冷邻岭怜拎铃零”都含有汉字“令”，字根很自然就是“人、丶、マ”。我们将这些含有相同字根的字集中编在一起，只要您打过一遍，相应字根就会反复练习多次，之后就会形成条件反射，遇到相应字根会自然打出。

伶冷邻岭怜拎铃零

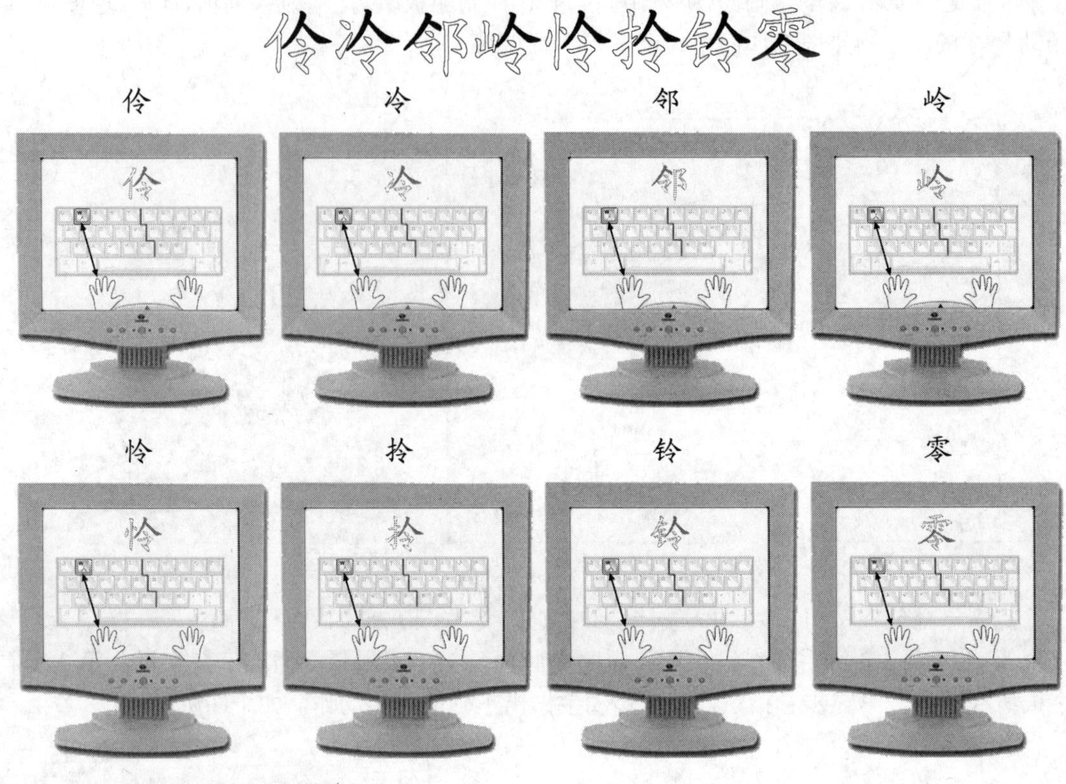
伶
冷
邻
岭
怜
拎
铃
零

“人”字根是无名指向上打 W 键，动作反复 8 次。

如上图所示，画面依次出现“伶冷邻岭怜拎铃零”，练完这 8 个字，学习者眼睛看到 8 次“人”字根，手会敲击 W 键 8 次，再看到“人”字根，自然就能做出正确的打字动作，而且这几个字的练习所花时间不过 2 分钟。

根据软件提示练习，后面还有很多字都包含“人”字根，经过这样多次反复练习，手指动作会越来越娴熟敏捷。

2.3 五笔字型字词打法训练

2.3.1 刚好4码（第1天9:00~10:30）

依次打出第 1、2、3、4 个字根，例如：伶、冷、邻、岭、怜、拎、铃、零……。“伶”字打法如下。

❶ 第 1 个字根是“亻” 左手无名指向上打 W 键

❷ 第 2 个字根是“人” 左手无名指向上打 W 键

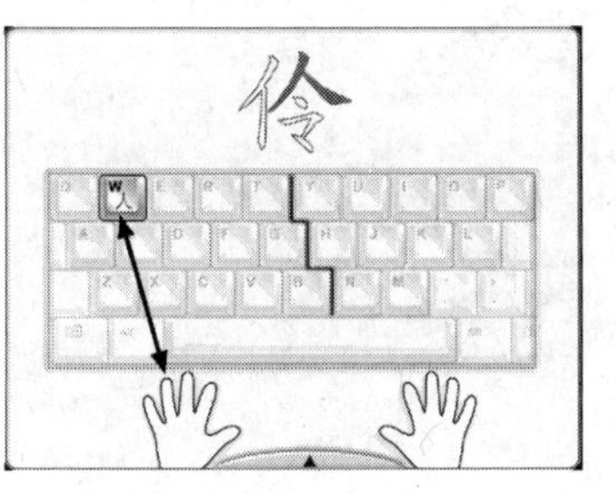

❸ 第 3 个字根是“、” 右手食指向上向中间打 Y 键

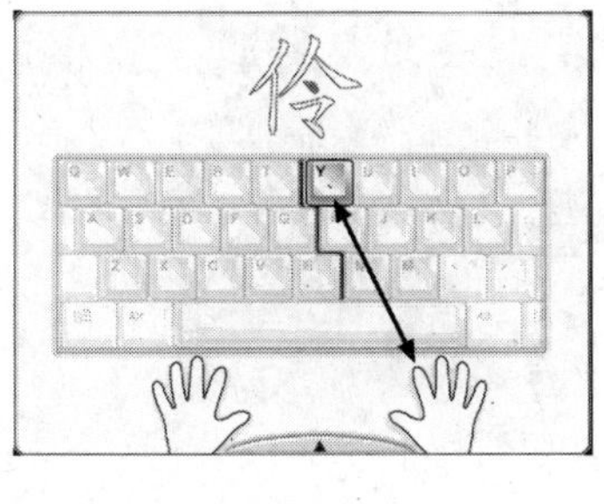

❹ 第 4 个字根是“マ” 左手中指向下打 C 键

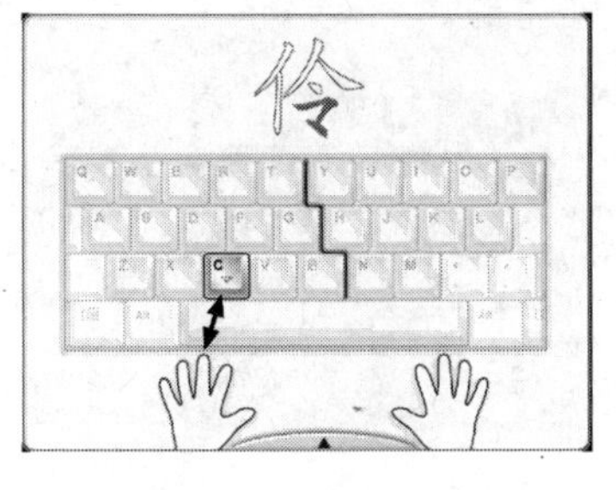

根据软件提示，进行相应的练习。

2.3.2 超过4码（第1天10:30~11:30）

依次打出第 1、2、3、最末个字根，例如：潞、露、跪、踌、蹄、蹦、躇、蹬……。“潞”字打法如下。

❶ 第 1 个字根是“氵”

右手中指向上打 I 键

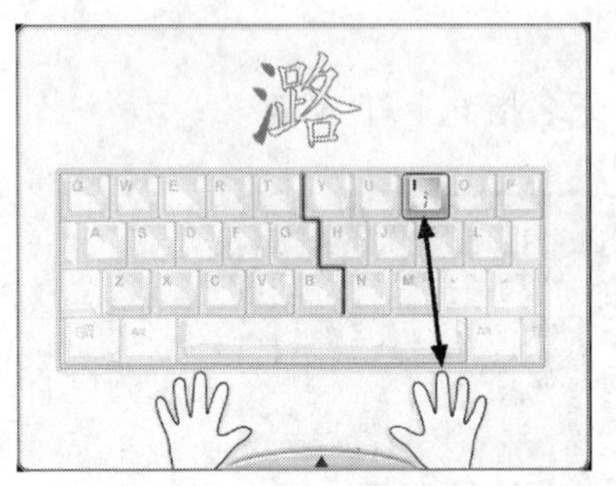

❷ 第 2 个字根是“口”

右手中指原位打 K 键

❸ 第 3 个字根是“止”

右手食指向中间打 H 键

❹ 第 4 个字根是“口”

右手中指原位打 K 键

根据软件提示，进行相应的练习。

2.3.3 不足4码 加打识别码

我们知道，汉字结构总共可归为 3 种类型。

左右型，例如：汉、汀……，**上下型**，例如：字、莫……，**杂合型**，例如：困、凶……

字型	字例	图示
左右	汉 汀 结 封	
上下	字 莫 花 华	
杂合	困 凶 起 司 乘	

打字时，不足 4 码的字，易出现重码，例如：“旮”同“旭”，字根都是“九、日”“叭”同“只”，字根都是“口、八”，就像拼音打字的同音字，如果靠选字输入就会影响输入速度，怎样区分消除重码呢？

旮旮九日　叭叭口八

旭旭九日　只只口八

如果加打一个**字型识别码**，就可区分字根相同的字了。

“旮”的字型属**“上下型”**，**“旭”**的字型属**“杂合型”**，“上下”和“左右”区分了重码。

“叭”的字型属**“左右型”**，**“只”**的字型属**“上下型”**，“杂合”和“上下”区分了重码。

旮旮九日 上下　叭叭口八 左右

旭旭九日 杂合　只只口八 上下

还有一种情况，字包含的字根不同时，也有重码。例如：“汀、洒、沐”3 个字的字根所在键位相同，“氵”字根在 I 键上，“丁、西、木”字根在 S 键上，都打 I S 键，形成重码。

“氵”字根在I键→　“丁西木”字根在S键→

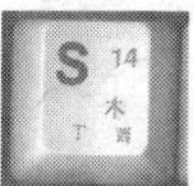

汀汀 氵丁 I键 S键

洒洒 氵西 I键 S键

沐沐 氵木 I键 S键

怎样区分呢？以**末字根的末笔画作笔画识别码**，就可以区分，比如：

“汀”字的末字根是**“丁”**，“丁”字的末笔“丨”，**“洒”**字的末字根是**“西”**，“西”字的末笔**“一”**，**“沐”**字的末字根是**“木”**，“木”字的末笔是“丶”。丨、一、丶三个末笔不同区分了重码。

汀汀 氵丁丁 I键 S键 丨

洒洒 氵西西 I键 S键 一

沐沐 氵木木 I键 S键 丶

结合 **5 种笔画和 3 种字型**，汉字总共可归纳为 15 种类型。

- **横左右**型，如：仁伍仔……，末笔为“一”形态“左右”。
- **横上下**型，如：皇苦翌……，末笔为“一”形态“上下”。
- **横杂合**型，如：固闯匡……，末笔为“一”形态“杂合”。
- **竖左右**型，如：利汁汀……，末笔为“丨”形态“左右”。
- **竖上下**型，如：竿齐卉……，末笔为“丨”形态“上下”。
- **竖杂合**型，如：匣井申……，末笔为“丨”形态“杂合”。
- **撇左右**型，如：浅矿杉……，末笔为“丿”形态“左右”。
- **撇上下**型，如：芦声笺……，末笔为“丿”形态“上下”。
- **撇杂合**型，如：乡庐戎……，末笔为“丿”形态“杂合”。
- **捺左右**型，如：扒朴故……，末笔为“、”形态“左右”。
- **捺上下**型，如：冬艾穴……，末笔为“、”形态“上下”。
- **捺杂合**型，如：勺闲冈……，末笔为“、”形态“杂合”。
- **折左右**型，如：幻孔访……，末笔为“乙”形态“左右”。
- **折上下**型，如：乞秃艺……，末笔为“乙”形态“上下”。
- **折杂合**型，如：厄匹亡……，末笔为“乙”形态“杂合”。

	❶左右型	❷上下型	❸杂合型
横	一左右 如：仁伍仔	一上下 如：皇苦翌	一杂合 如：固闯匡
竖	丨左右 如：利汁汀	丨上下 如：竿齐卉	丨杂合 如：匣井申
撇	丿左右 如：浅矿杉	丿上下 如：芦声笺	丿杂合 如：乡庐戎
捺	丶左右 如：扒朴故	丶上下 如：冬艾穴	丶杂合 如：勺闲冈
折	折左右 如：幻孔访	折上下 如：乞秃艺	折杂合 如：厄匹亡

下面确定这 15 种类型的识别码所在键。

①“G、F、D、S、A”键为横区（多数字根横起笔），一横在 G，二横在 F，三横在 D。

因此，“**横左右**”类字“仁伍仔……”的识别码定在横区 1 号“**G 键**”，“**横上下**”类字“皇苦翌……”的识别码定在横区 2 号“**F 键**”，“**横杂合**”类字“固闯匡……”的识别码定在横区 3 号“**D 键**”。

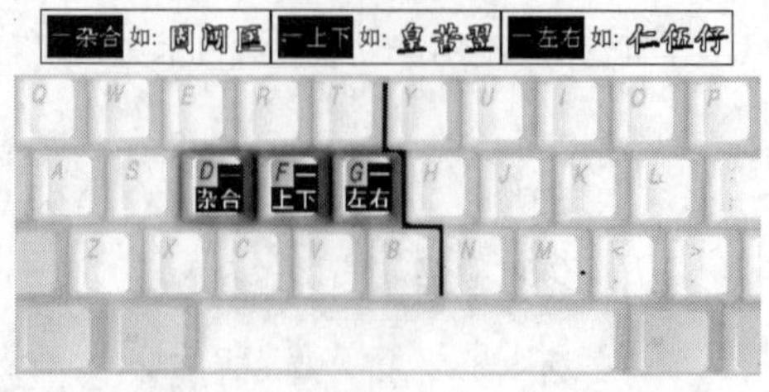
一杂合 如：固闯匡
一上下 如：皇苦翌
一左右 如：仁伍仔
杂合
上下
左右

② “H、J、K、L、M” 键为竖区:(多数字根竖起笔)，**一竖**在 H，**二竖**在 J，**三竖**在 K。

因此，“**竖左右**” 类字 “利汁汀……” 的识别码定在横区 1 号 “**H 键**”，“**竖上下**” 类字 “竿齐卉……” 的识别码定在横区 2 号 “**J 键**”，“**竖杂合**” 类字 “匣井申……” 的识别码定在横区 3 号 “**K 键**”。

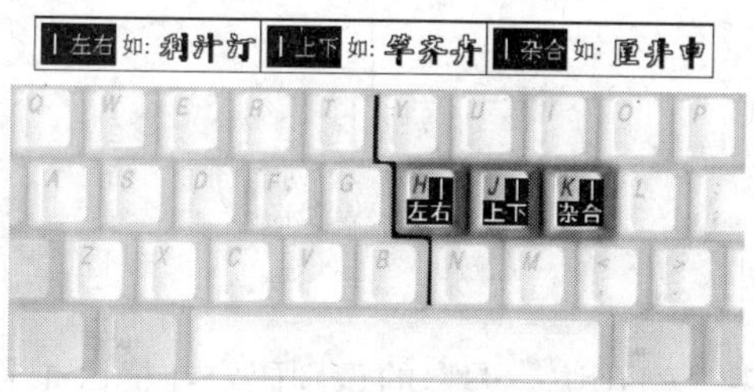
丨左右 如: 利汁汀
丨上下 如: 竿齐卉
丨杂合 如: 匣井申
左右
上下
杂合

③ “T、R、E、W、Q” 键为撇区（多数字根撇起笔)，**一撇**在 T，**二撇**在 R，**三撇**在 E。

因此，“**撇左右**” 类字 “浅矿杉……” 的识别码定在横区 1 号 “**T 键**”，“**撇上下**” 类字 “芦声笺……” 的识别码定在横区 2 号 “**R 键**”，“**撇杂合**” 类字 “乡庐戎……” 的识别码定在横区 3 号 “**E 键**”。

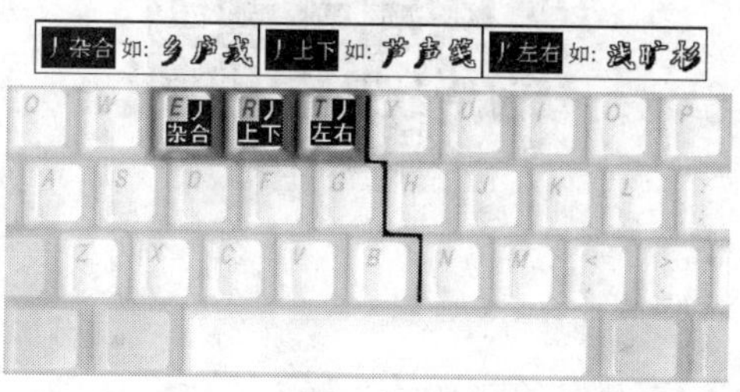
丿杂合 如: 乡庐戎
丿上下 如: 芦声笺
丿左右 如: 浅旷杉
杂合
上下
左右

④ “Y、U、I、O、P” 键为捺区（多数字根捺起笔)，**一捺**在 Y，**二捺**在 U，三捺在 I。

因此，“**捺左右**”类字“扒朴故……”的识别码定在横区 1 号“**Y 键**”，“**捺上下**”类字“冬艾穴……”的识别码定在横区 2 号“**U 键**”，“**捺杂合**”类字“勺闲冈……”的识别码定在横区 3 号“**I 键**”。

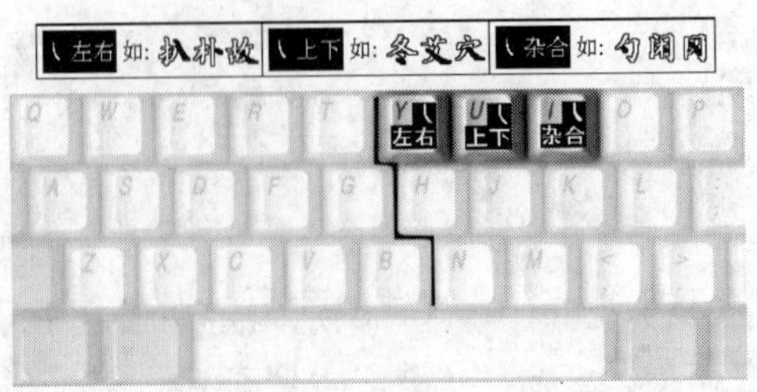
丶左右 如: 扒朴故
丶上下 如: 冬艾穴
丶杂合 如: 勺閒冈
Y丶 左右
U丶 上下
I丶 杂合

⑤“N、B、V、C、X”键为折区（多数字根折起笔），**一折在 N，二折在 B，三折在 V**。

因此，“**折左右**”类字“幻孔访……”的识别码定在横区 1 号“**N 键**”，“**折上下**”类字“乞秃艺……”的识别码定在横区 2 号“**B 键**”，“**折杂合**”类字“厄匹亡……”的识别码定在横区 3 号“**V 键**”。

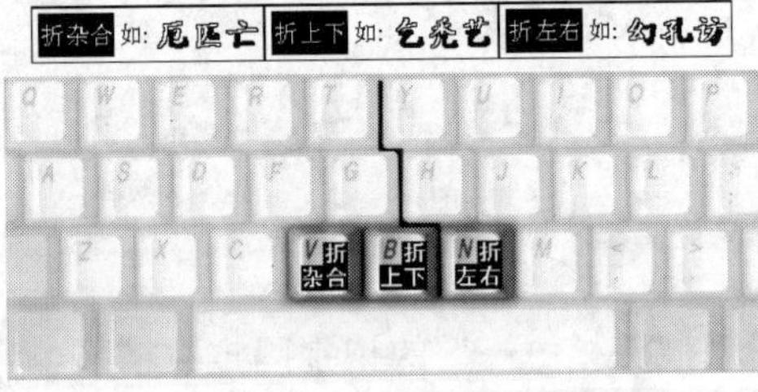
折杂合 如: 厄匹亡
折上下 如: 乞秃艺
折左右 如: 幻孔访
V折 杂合
B折 上下
N折 左右

至此，确定了 15 类字的识别码所在的键位，如下图所示。

E丿 杂合
R丿 上下
T丿 左右
Y丶 左右
U丶 上下
I丶 杂合
D一 杂合
F一 上下
G一 左右
H丨 左右
J丨 上下
K丨 杂合
V折 杂合
B折 上下
N折 左右

总结：

- 为什么要打识别码——为了区分重码。
- 识别码所在键位是怎么来的——根据字根在键盘上的分布规律而确定的。

5 种笔画 3 种字型——这就是五笔字型的含义。

既然不用背字根，当然也不需要背识别码，识别码其实并不难，多练习熟练了就打得快了。

2.3.4 3码加识别码（第1天11:30~12:00）

依次打出第 1、2、3 个字根和识别码，例如：拈、砧、捂、悟、倍、秸、炯、挂……。“拈”字打法如下。

❶ 第 1 个字根是“扌”

左手食指向上打 R 键

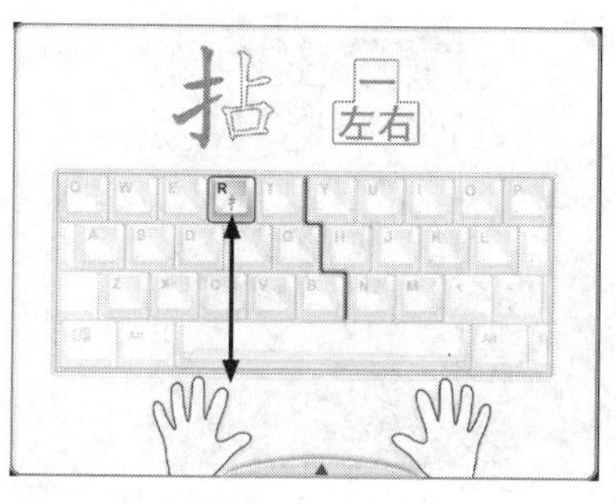
拈
一
左右

❷ 第 2 个字根是“卜”

左手食指向中间打 H 键

拈
一
左右

❸ 第 3 个字根是“口”

右手中指原位打 K 键

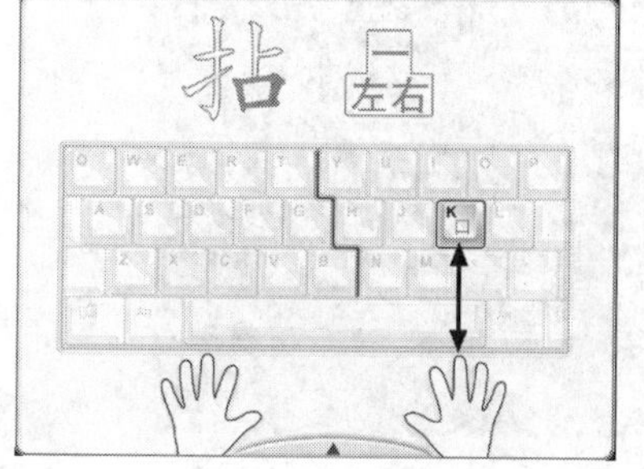
拈
一
左右

❹ 第 4 个是识别码“横左右”

左手食指向中间打 G 键

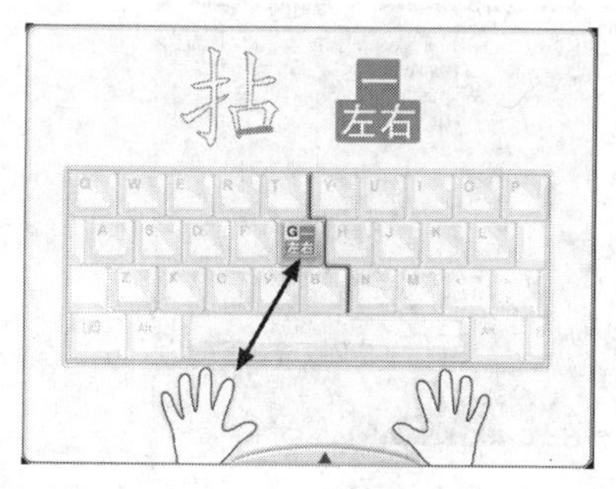
拈
一
左右

根据软件提示，进行相应练习。

2.3.5 2码加识别码（第1天13:00~14:00）

依次打出第 1、2 个字根和识别码、空格，例如：柏、铂、拍、粕、垃、粒、泣、……。“柏”字打法如下。

❶ 第 1 个字根是“木”

左手无名指原位打 S 键

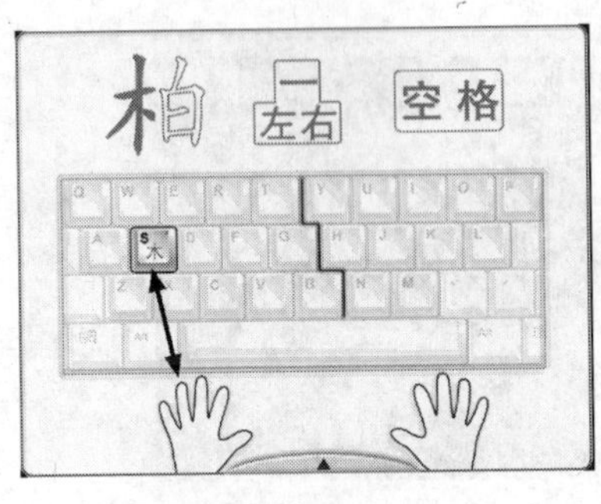
柏
左右
空格

❷ 第 2 个字根是“白”

左手食指向上打 R 键

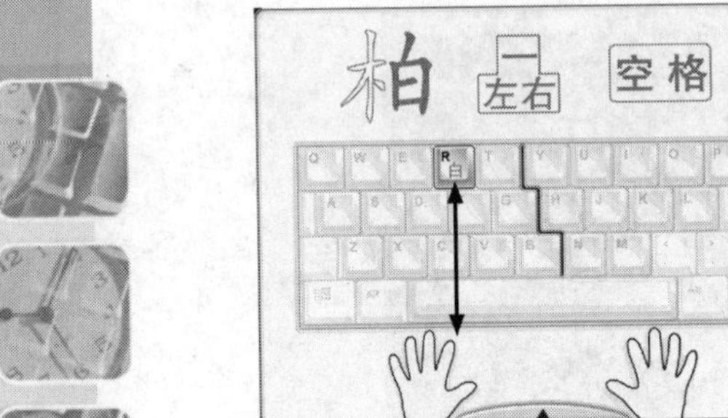
柏
左右
空格

❸ 第 3 个是识别码“横左右”

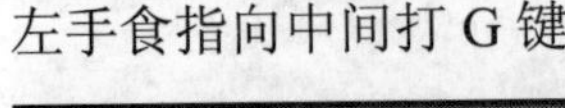

左手食指向中间打 G 键

柏
左右
空格

❹ 第 4 个是“空格”

右手拇指打空格键

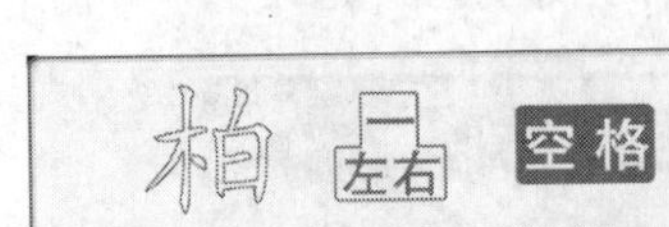

根据软件提示，进行相应练习。

2.3.6 3级简码（第1天14:00~16:00及第2天9:00~12:00）

依次打出第 1、2、3 个字根和空格，省略第 4 个字根、末字根、识别码，例如：趴、趾、距、跌、跑、践、跟、跨……。“颧”字打法如下。

❶ 第 1 个字根是“廾”　　左手小指原位打 A 键

❷ 第 2 个字根是“口”　　右手中指原位打 K 键

❸ 第 3 个字根是“口”　　右手中指原位打 K 键

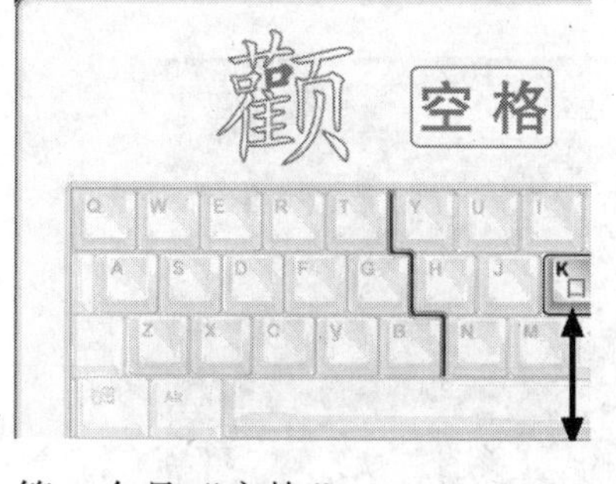

❹ 第 4 个是“空格”　　右手拇指打空格键

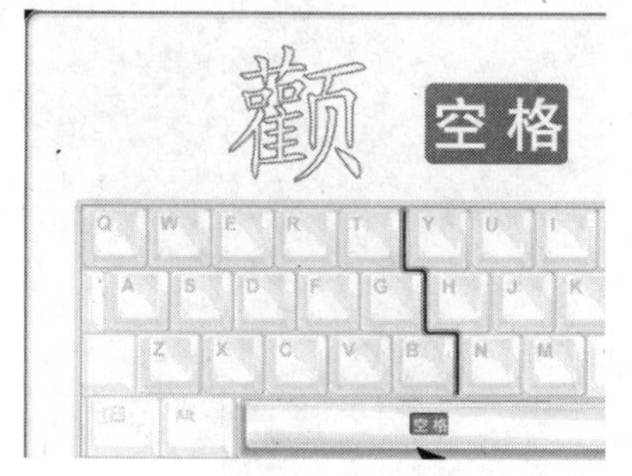

根据软件提示，进行相应练习。

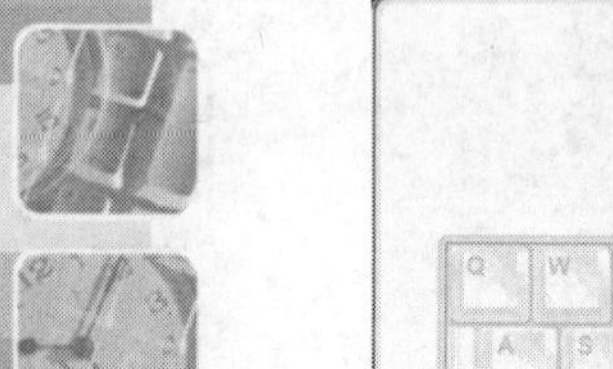

2.3.7　2级简码（第2天13:00~14:00）

依次打出第1、2个字根和空格，省略第3、4个字根或识别码，例如：本、术、机、权、李、村、杨、极……。“渠”字打法如下。

❶　第1个字根是“氵”　　　　右手中指向上打O键

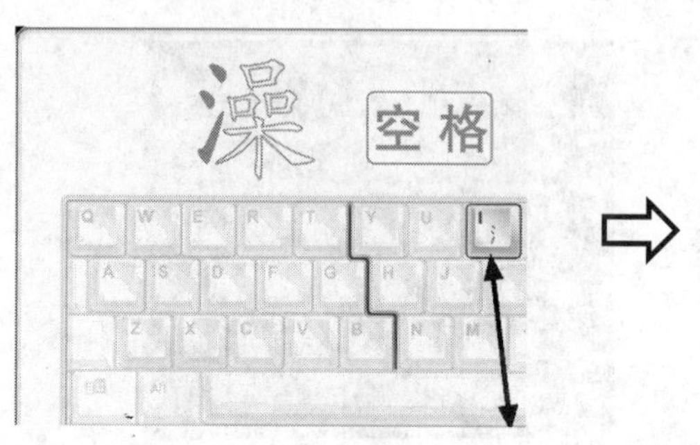

渠
空格

❷　第2个字根是“口”　　　　右手中指原位打K键

渠
空格

❸　第3个是“空格”　　　　右手拇指打空格键

渠
空格

根据软件提示，进行相应练习。

2.3.8　1级简码（第2天14:00~14:15）

打 1 级简码字所在键及空格，例如：在、不、的、产、地、国、发、民……。“在”字打法如下。

❶　第 1 个“在”所在键　　　　左手中指原位打 D 键

在
空格

❷　第 2 个是“空格”　　　　右手拇指打空格键

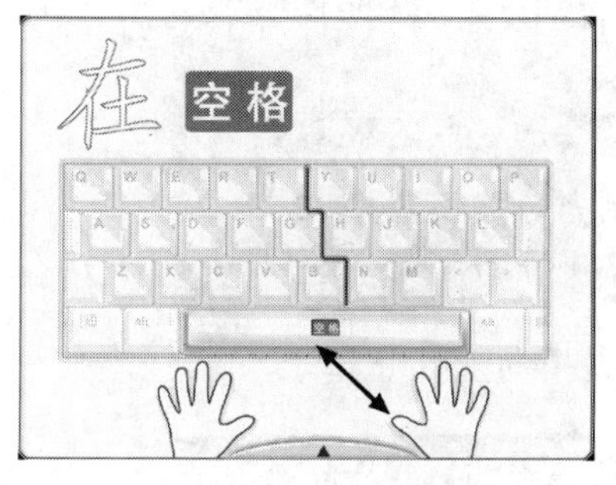
在
空格

根据软件提示，进行相应练习。

2.3.9 键名（第2天14:15~14:30）

打键名所在键 4 下，例如：白、金、口、木、目、日、土、已……。"白"字打法如下。

❶ 第 1 个字根是"白"　　左手食指向上打 R 键

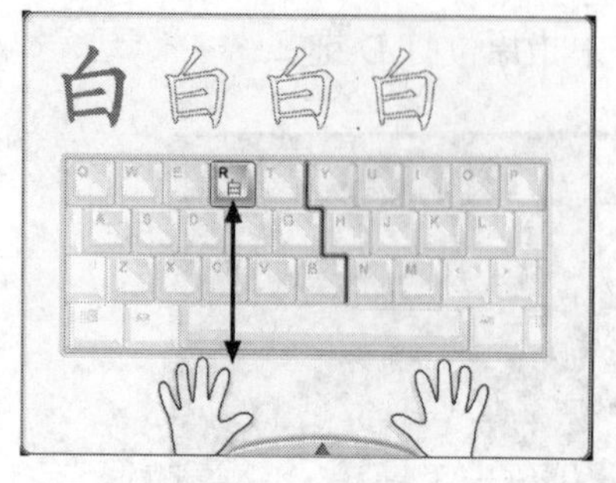

❷ 第 2 个字根是"白"　　左手食指向上打 R 键

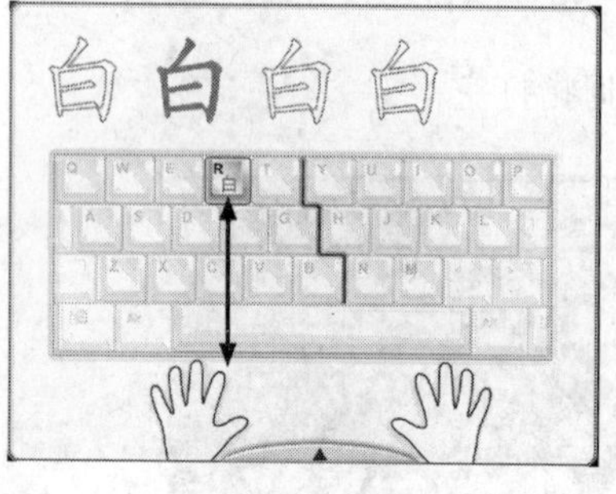

❸ 第 3 个字根是"白"　　左手食指向上打 R 键

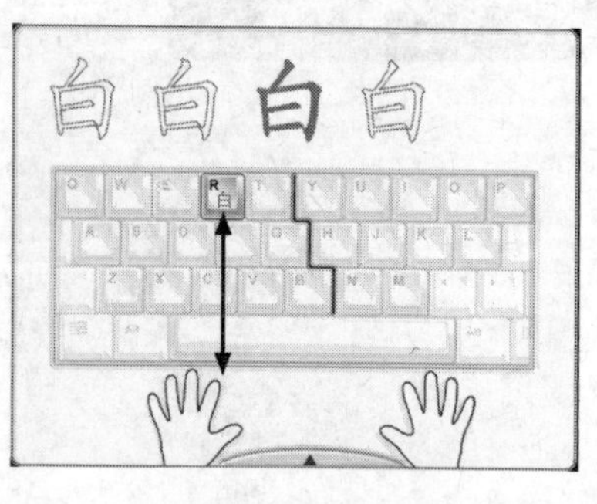

❹ 第 4 个字根是"白"　　左手食指向上打 R 键

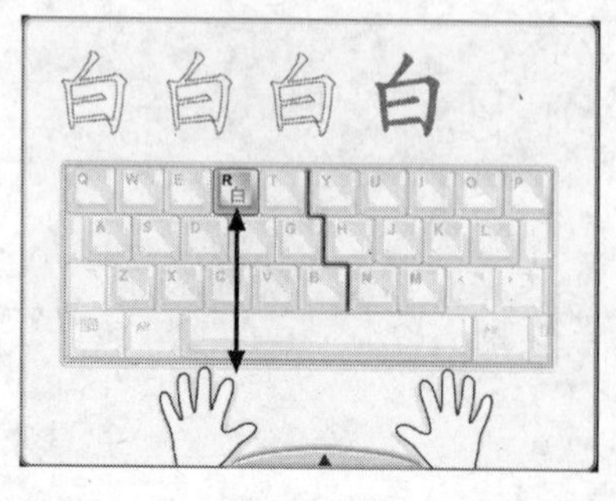

根据软件提示，进行相应练习。

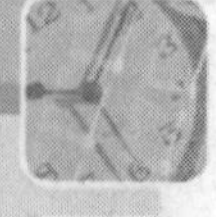

2.3.10 字根字（第2天14:30~15:00）

1. 刚好3画

打所在键、第 1、2、3 个笔画，例如：川、寸、干、广、尸、士、巳、夕……。“川”字打法如下。

❶ 第 1 个是“川”所在键

右手中指原位打 K 键

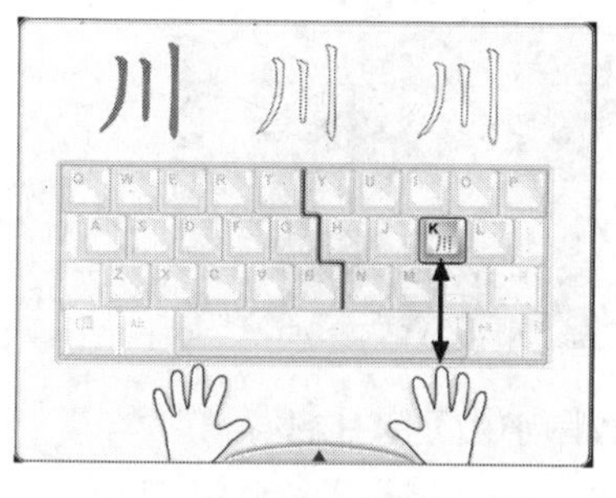

❷ 第 2 个是第 1 个笔画“丿”

左手食指向上向中间打 T 键

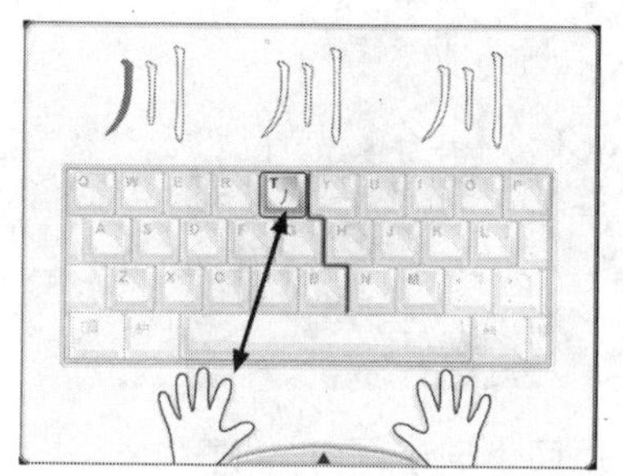

❸ 第 3 个是第 2 个笔画“丨”

右手食指向中间打 H 键

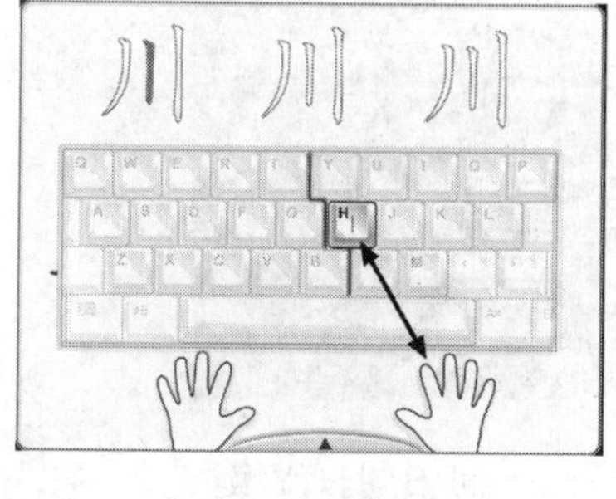

❹ 第 4 个打第 3 个笔画“丨”

右手食指向中间打 H 键

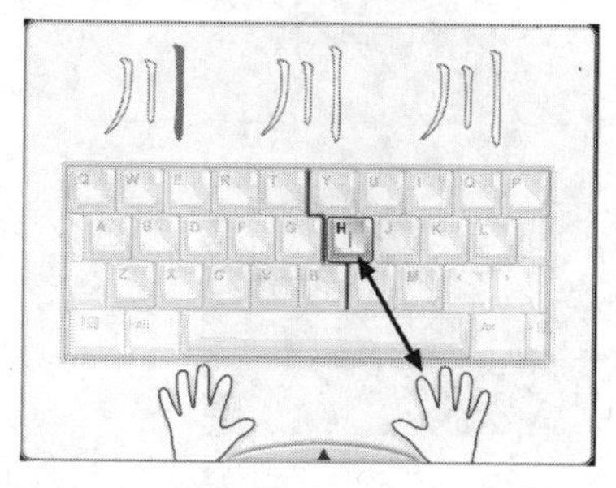

根据软件提示，进行相应练习。

2. 超过3画

打所在键和第 1、2、最末个笔画，例如：贝、虫、戈、甲、犬、石、文、西……。“贝”字打法如下。

❶ 第 1 个是“贝”所在键　　右手食指向下打 M 键

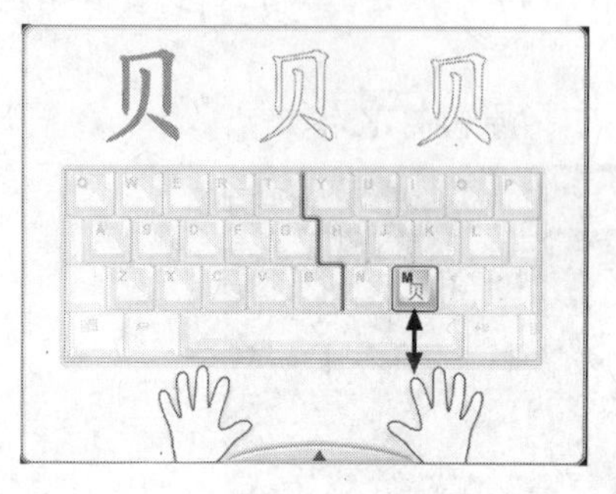

❷ 第 2 个是第 1 个笔画“丨”　　右手食指向中间打 H 键

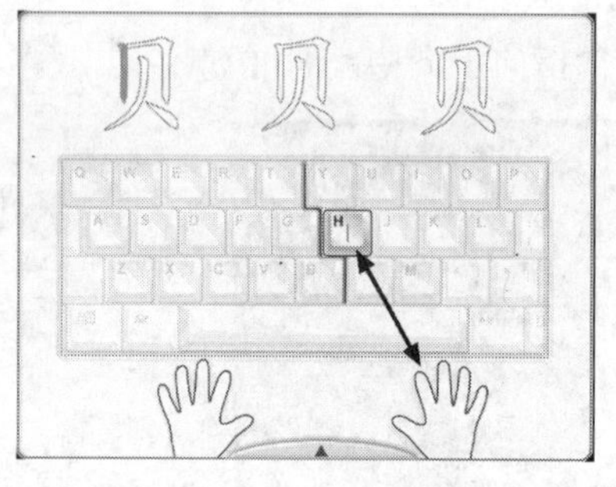

❸ 第 3 个是第 2 个笔画“乙”　　右手食指向下向中间打 N 键

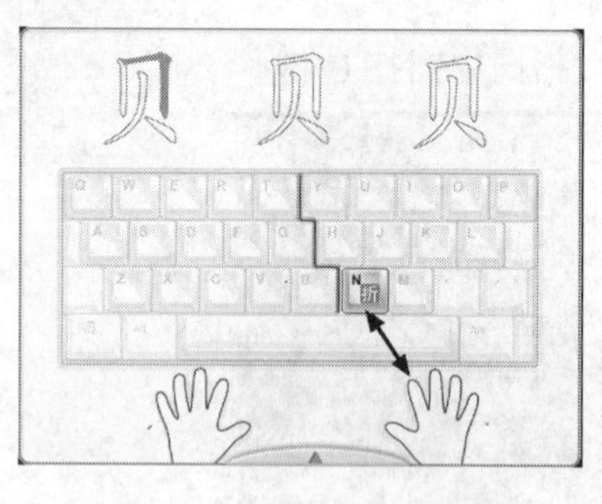

❹ 第 4 个是最末个笔画“、”　　右手食指向上向中间打 Y 键

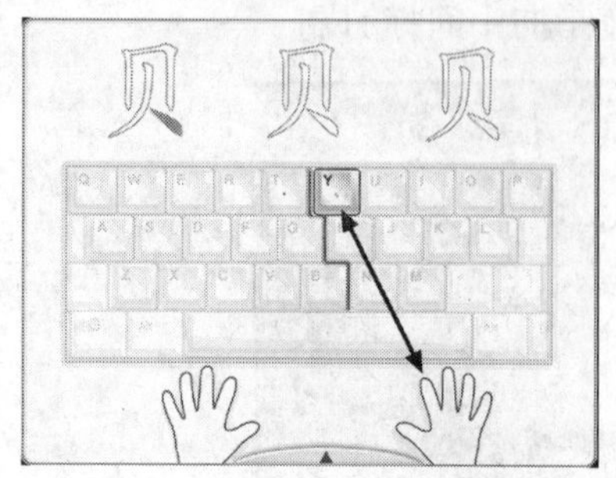

根据软件提示，进行相应练习。

3. 2画

打所在键和第1、2个笔画、空格，例如：八、卜、厂、丁、十、巴、耳、弓……。“八”字打法如下。

❶ 第1个是“八”所在键

左手无名指向上打W键

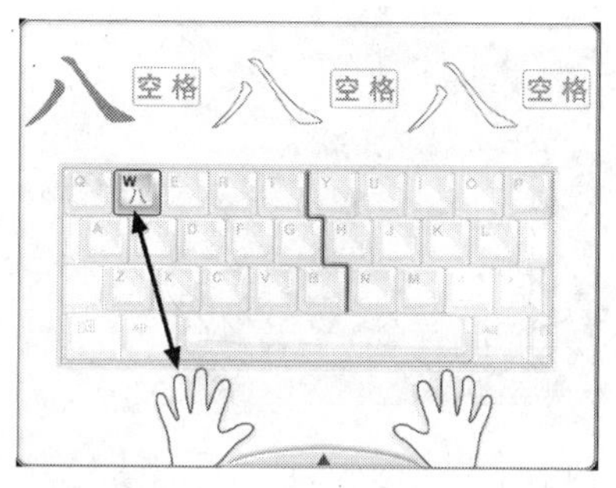

❷ 第2个是第1个笔画“丿”

左手食指向上向中间打T键

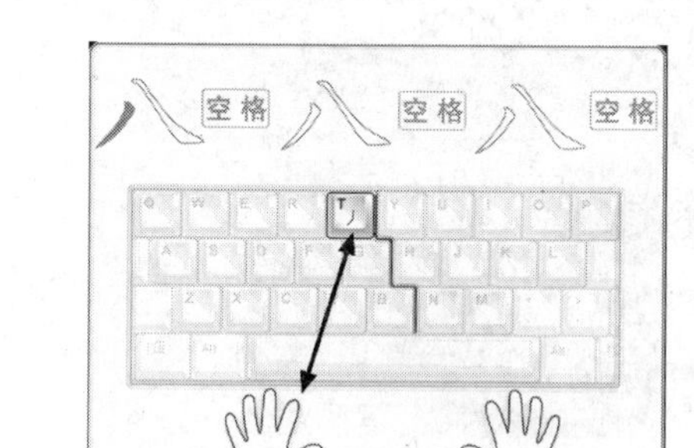

❸ 第3个是第2个笔画“丶”

右手食指向上向中间打Y键

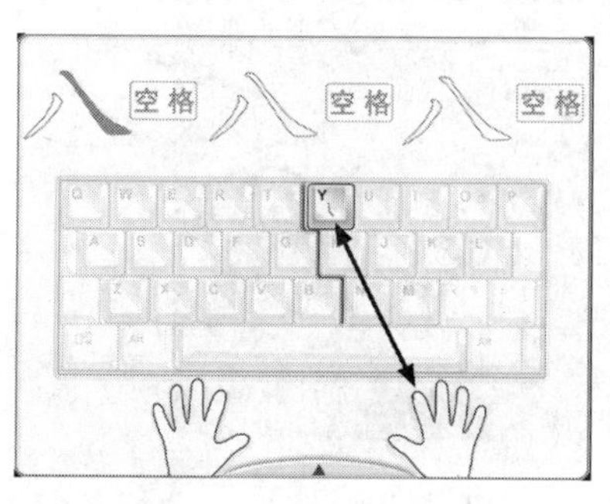

❹ 第4个是“空格”

右手拇指打空格键

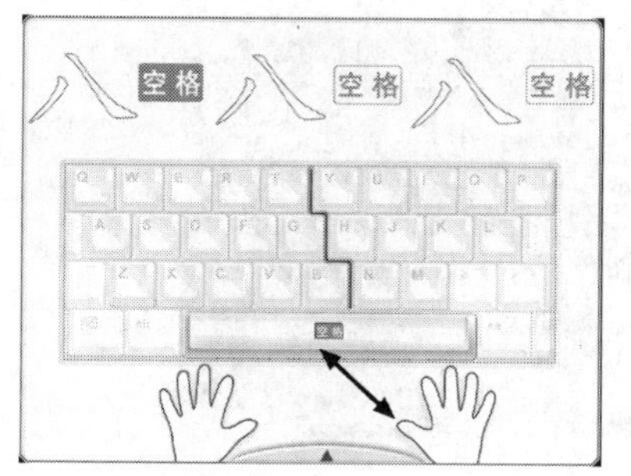

根据软件提示，进行相应练习。

2天学会五笔字型

4. 单笔画

打所在键和 2 下 L 键，例如：乙……。“乙”字打法如下。

❶ 第 1 个是“乙”所在键　　右手食指向下向中间打 N 键

❷ 第 2 个是“乙”所在键　　右手食指向下向中间打 N 键

❸ 第 3 个是“L”　　右手无名指原位打 L 键

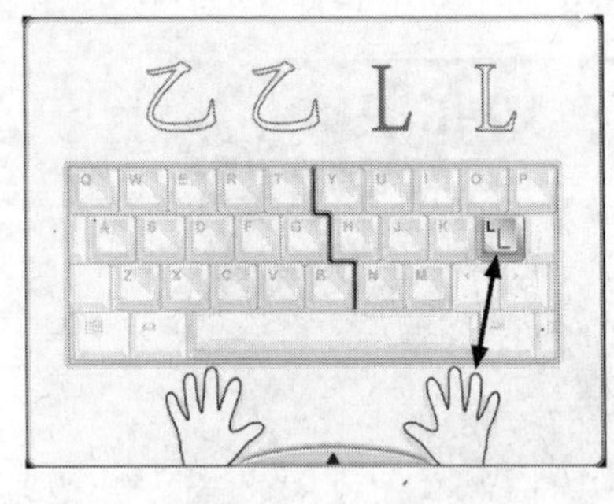

❹ 第 4 个是“L”　　右手无名指原位打 L 键

根据软件提示，进行相应练习。

2.3.11 词组（第2天15:00~16:00）

1. 2字词

打第 1 个字的第 1、第 2 个字根和第 2 个字的第 1、第 2 个字根，例如：尴尬、憧憬……。“尴尬”打法如下。

❶ 第 1 个是字根“ナ” 左手中指原位打 D 键

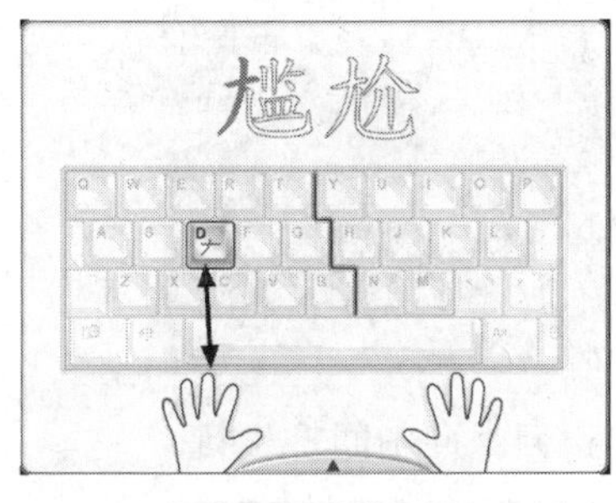

尴尬

❷ 第 2 个是字根“乙” 左手中指原位打 D 键

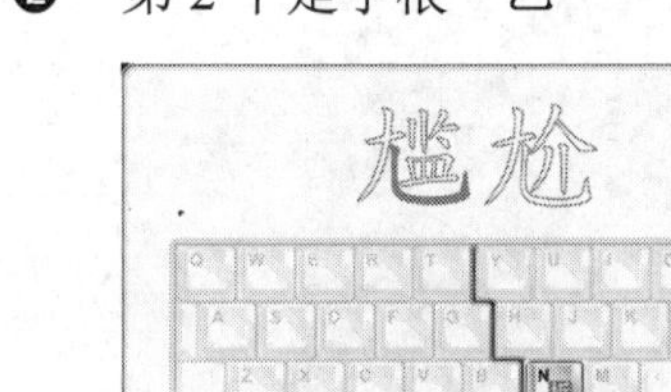

尴尬

❸ 第 3 个是字根“ナ” 右手食指向下向中间打 N 键

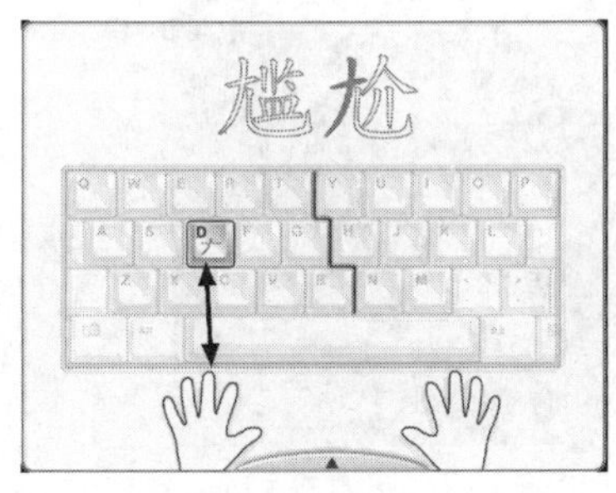

尴尬

❹ 第 4 个是字根“乙” 右手食指向下向中间打 N 键

尴尬

根据软件提示，进行相应练习。

2. 3字词

打第1个字的第1个字根、第2个字的第1个字根、第3个字的前2个字根，例如：计算机、交响乐……。“计算机”打法如下。

❶ 第1个字根是“讠”　　　　右手食指向上向中间打Y键

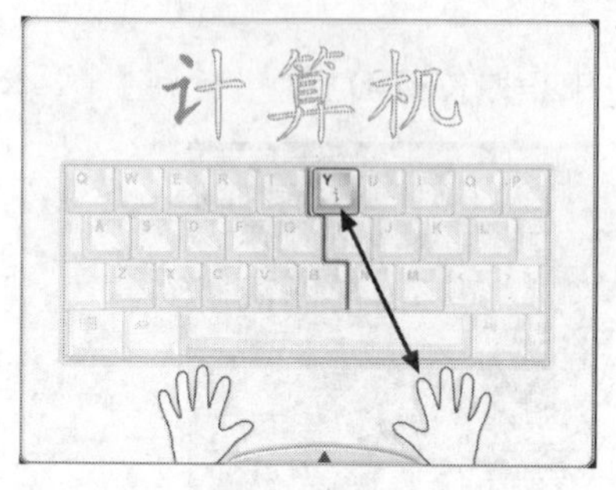
计算机

❷ 第2个字根是“⺮”　　　　左手食指向上向中间打T键

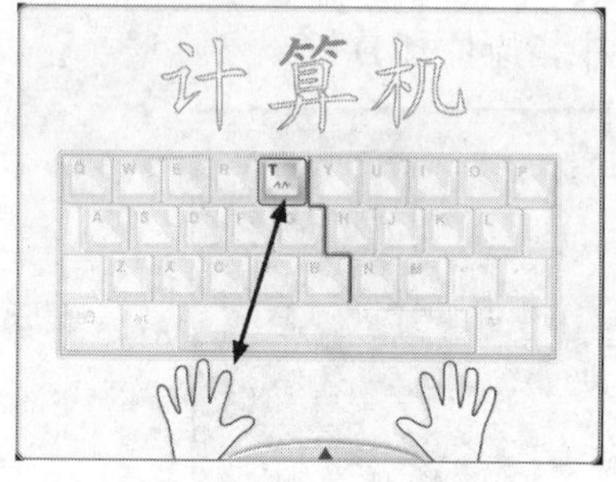
计算机

❸ 第3个字根是“木”　　　　左手无名指原位打S键

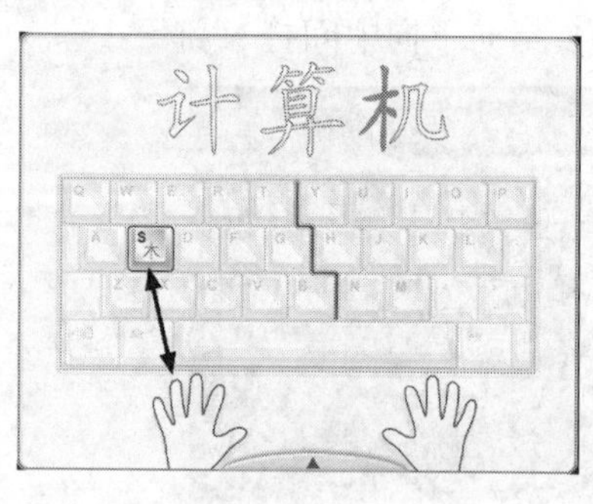
计算机

❹ 第4个字根是“几”　　　　右手食指向下打M键

计算机

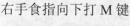

根据软件提示，进行相应练习。

3. 4字词

打每个字的第 1 个字根，例如：轻描淡写、莫名其妙……。“轻描淡写”打法如下。

❶ 第 1 个字根是“车”

右手无名指原位打 L 键

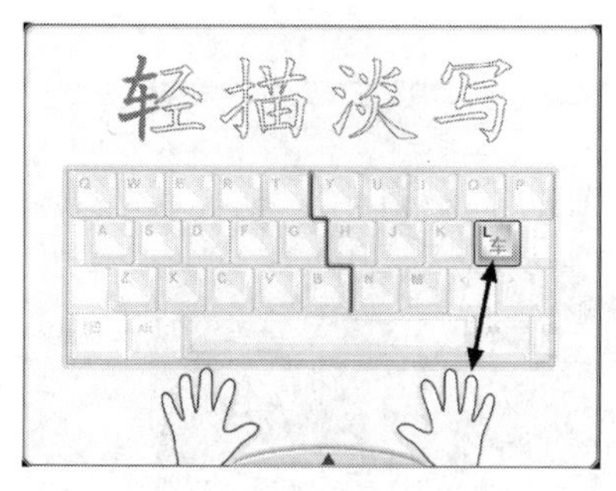

轻描淡写

❷ 第 2 个字根是“扌”

左手食指向上打 R 键

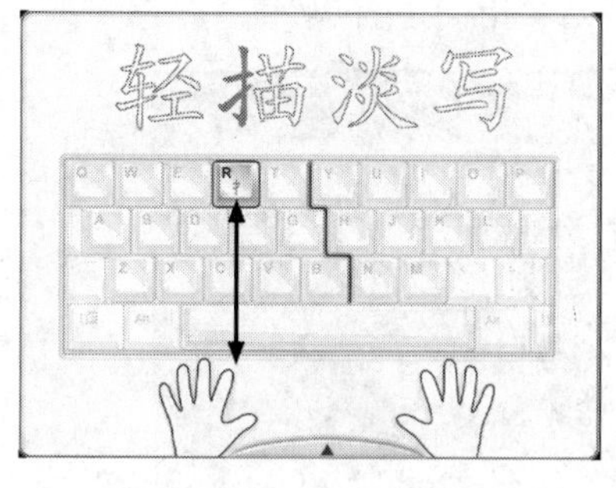

轻描淡写

❸ 第 3 个字根是“氵”

右手中指向上打 I 键

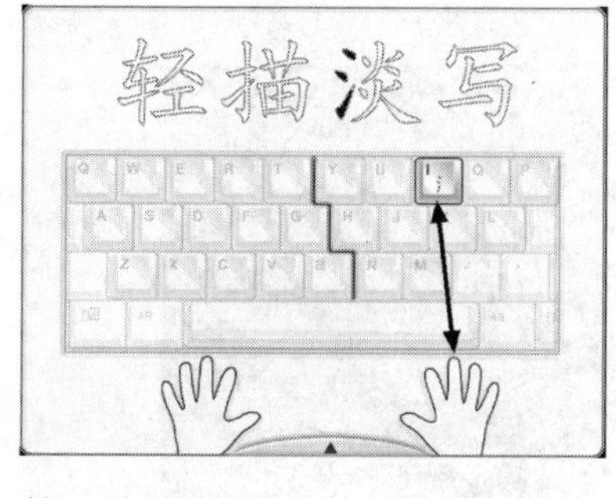

轻描淡写

❹ 第 4 个字根是“冖”

右手小指向上打 P 键

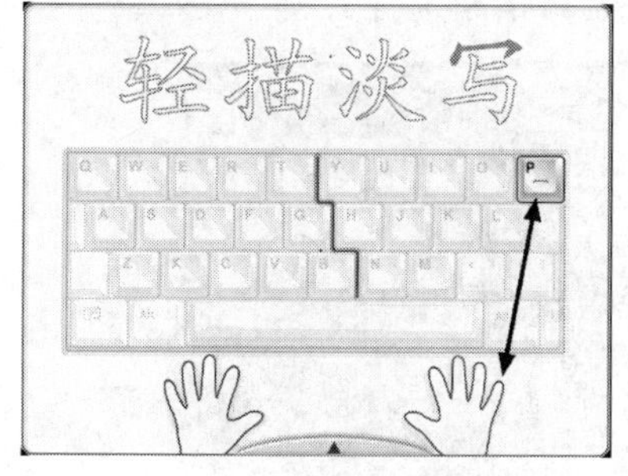

轻描淡写

根据软件提示，进行相应练习。

4. 多字词

打前 3 个字的第 1 个字根和最末字的第 1 个字根，例如：中华人民共和国、百闻不如一见……。“中华人民共和国”打法如下。

❶ 第 1 个字根是“口”

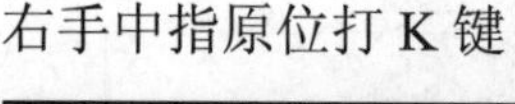

右手中指原位打 K 键

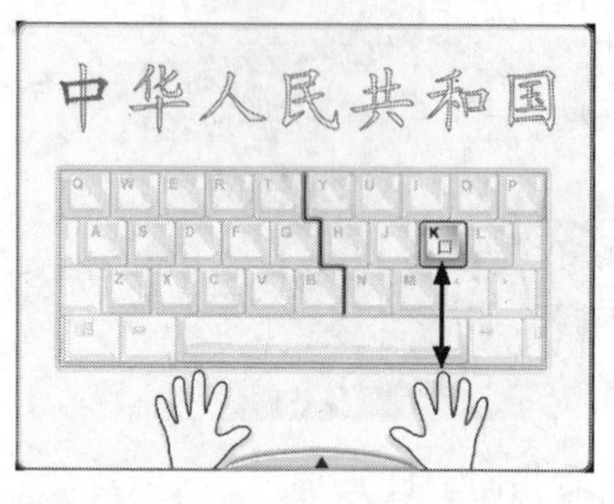

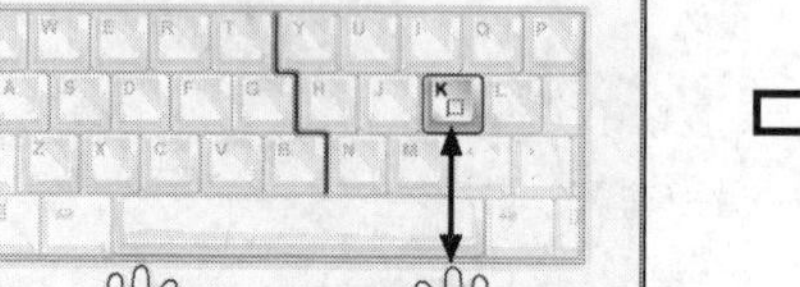

❷ 第 2 个字根是“亻”

左手无名指向上打 W 键

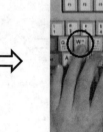

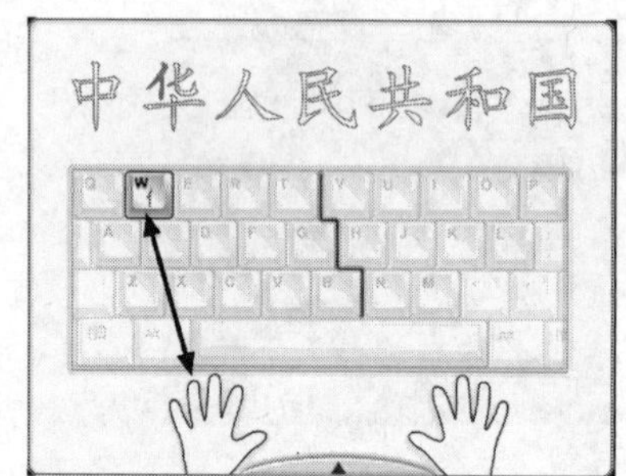

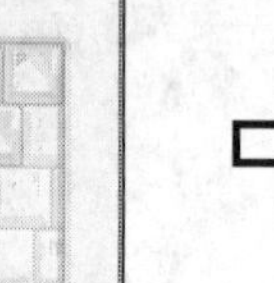

❸ 第 3 个字根是“人”

左手无名指向上打 W 键

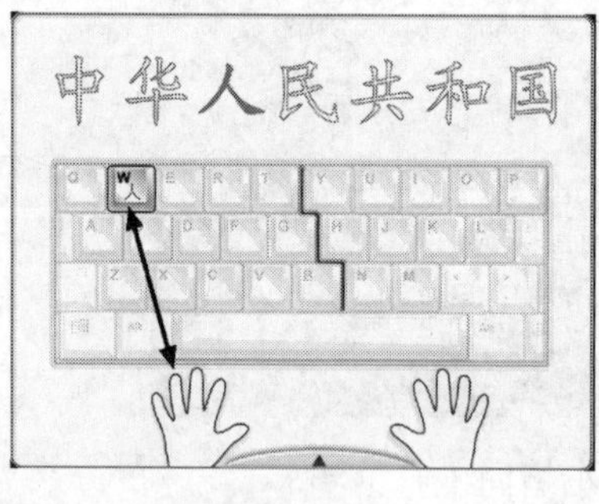

❹ 第 4 个字根是“口”

右手无名指原位打 L 键

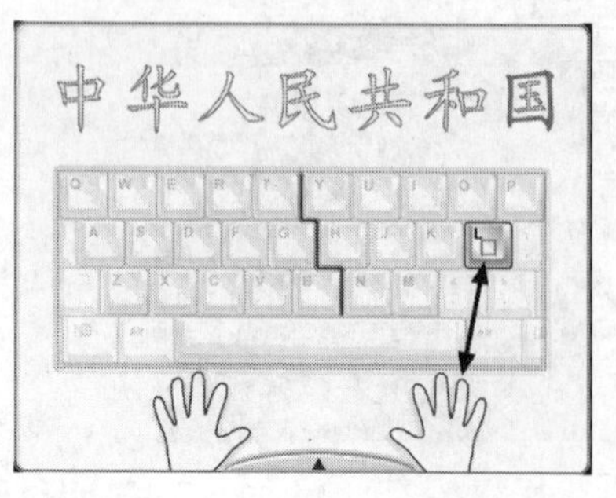

根据软件提示，进行相应练习。

第3章

五笔字型练快技巧

科学的练习

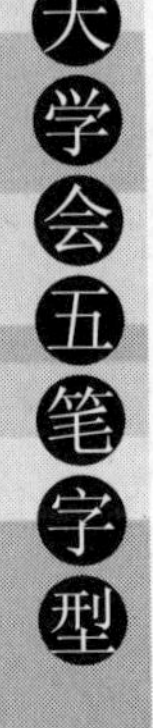
2天学会五笔字型

3.1 总结打法

同样的字，不同的打法击键次数不同，导致打字速度不同，例如：“中一国”两个字。

3.1.1 单字全码打法

“中”字包含“口丨”2个字根，属于2码加识别码，击键3次（空格忽略不计）。
“国”字包含“囗王丶”3个字根，属于3码加识别码，击键4次。

杂合
空格
K H K
杂合
L G Y I

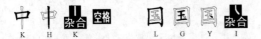

3.1.2 单字简码打法

“中”是1级简码，击键1次。
“国”也是1级简码，击键1次。

空格
K
空格
L

3.1.3 词组打法

“中国”2字词组，击键4次，平均每个字击键2次。
“中华人民共和国”多字词组，击键4次，平均每个字击键不到1次。

中 中 国 国　　中 华 人 民 共 和 国
K H L G　　K W W L

学习者在完成上述课程之后，下一步要对全部各类打法复习总结，进而能灵活巧妙合理运用——尽可能多采用击键次数最少的打法，发挥出五笔中文打字的优势，实现打字工作效率最大化。

3.2　快速提高速度

翻到本书直观字典正文部分，从头到尾至少打一遍，打过一遍速度就会提高很多。

和用文章或用其他打字软件进行速度练习相比较，用本书的直观速查字典的正文做为速度练习的素材更适合，因为字典包括了一级和二级 6 千多常用汉字，约占通常文章用字的 99% 以上，比选用文章练习效果更好，效率更高。

初学者打字慢是因为看到字时对字根、键位反应不够快，直观字典中字的表现形式是用空心字包含字根，下面有键位提示，练习者一目了然，可立刻做打字动作，在相同的时间比用文章或其他打字软件所能做出的打字动作多许多倍，重复的次数更多，条件反射的刺激就更强烈，人的头脑反应和动作的速度就会更快，练快效率成倍增加。

另外，字典中字的顺序也利于提高速度。选一页为例说明。

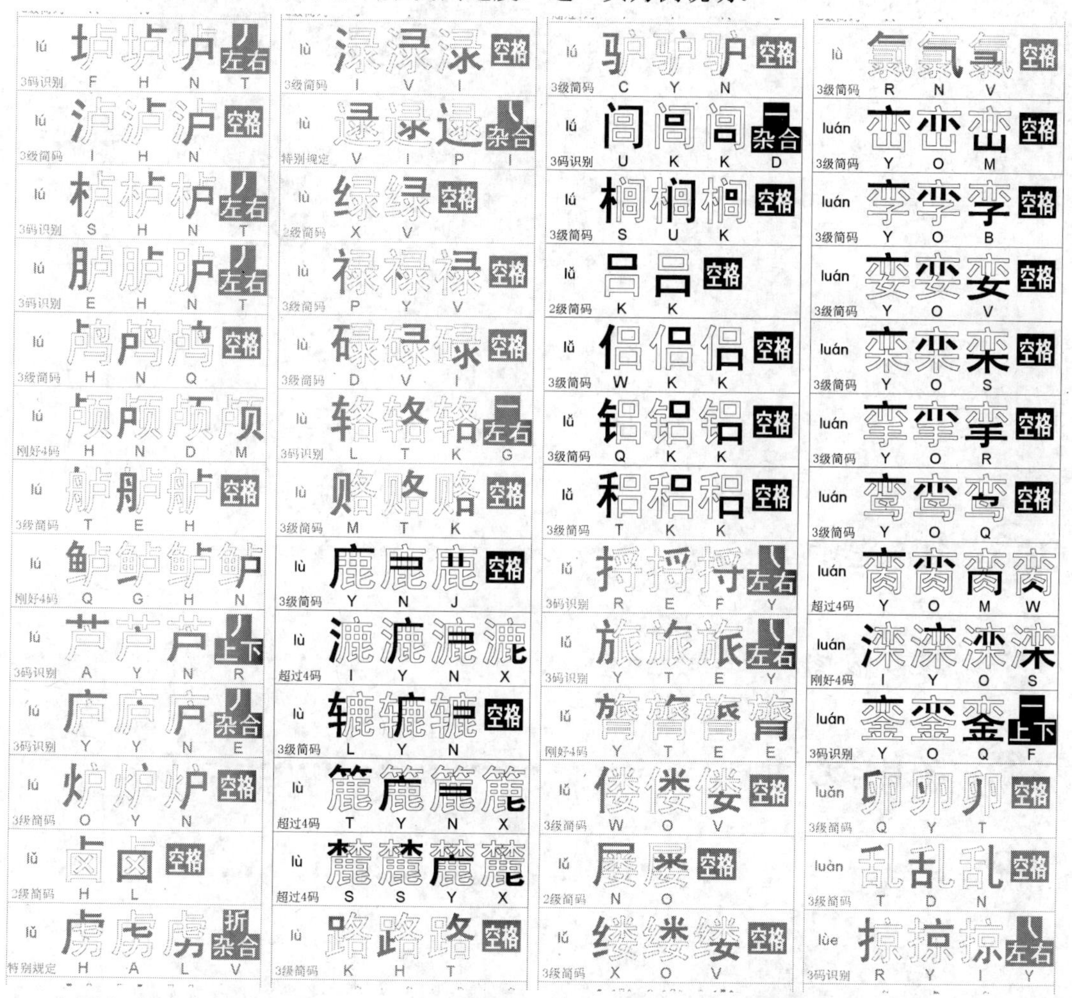

字	拼音	类别	编码	提示
垆	lú	3码识别	F H N T	丿 左右
泸	lú	3级简码	I H N	空格
栌	lú	3码识别	S H N T	丿 左右
胪	lú	3码识别	E H N T	丿 左右
鸬	lú	3级简码	H N Q	空格
颅	lú	刚好4码	H N D M	
舻	lú	3级简码	T E H	空格
鲈	lú	刚好4码	Q G H N	
芦	lú	3码识别	A Y N R	丿 上下
庐	lú	3码识别	Y Y N E	丿 杂合
炉	lú	3级简码	O Y N	空格
卤	lǔ	2级简码	H L	空格
虏	lǔ	特别规定	H A L V	折 杂合
渌	lù	3级简码	I V I	空格
逯	lù	特别规定	V I P I	乀 杂合
绿	lù	2级简码	X V	空格
禄	lù	3级简码	P Y V	空格
碌	lù	3级简码	D V I	空格
辂	lù	3码识别	L T K G	一 左右
赂	lù	3级简码	M T K	空格
鹿	lù	3级简码	Y N J	空格
漉	lù	超过4码	I Y N X	
辘	lù	3级简码	L Y N	空格
簏	lù	超过4码	T Y N X	
麓	lù	超过4码	S S Y X	
路	lù	3级简码	K H T	空格
驴	lǘ	3级简码	C Y N	空格
闾	lǘ	3码识别	U K K D	一 杂合
榈	lǘ	3级简码	S U K	空格
吕	lǚ	2级简码	K K	空格
侣	lǚ	3级简码	W K K	空格
铝	lǚ	3级简码	Q K K	空格
稆	lǚ	3级简码	T K K	空格
捋	lǚ	3码识别	R E F Y	丶 左右
旅	lǚ	3码识别	Y T E Y	乀 左右
膂	lǚ	刚好4码	Y T E E	
偻	lǚ	3级简码	W O V	空格
屡	lǚ	2级简码	N O	空格
缕	lǚ	3级简码	X O V	空格
氯	lù	3级简码	R N V	空格
峦	luán	3级简码	Y O M	空格
孪	luán	3级简码	Y O B	空格
娈	luán	3级简码	Y O V	空格
栾	luán	3级简码	Y O S	空格
挛	luán	3级简码	Y O R	空格
鸾	luán	3级简码	Y O Q	空格
脔	luán	超过4码	Y O M W	
滦	luán	刚好4码	I Y O S	
銮	luán	3码识别	Y O Q F	一 上下
卵	luǎn	3级简码	Q Y T	空格
乱	luàn	3级简码	T D N	空格
掠	lüe	3码识别	R Y I Y	乀 左右

本页包含汉字“鹿漉辘簏麓”，“闾榈吕侣铝稆”，“峦孪栾挛鸾脔滦銮”等。

“鹿类，亦类”等交叉相连结构重复出现，强化对字根组字的印象，消除疑难，头脑反应速度立即加快。

“广，口，亠”等字根可短时间内重复多次击键动作，手指的击键速度立即提高。经过这样的练习后，条件反射自然形成，无需思考，所以这种编排顺序更加科学有效。

速查字典

拼音检索 ………………………………………… 1

部首检索 ………………………………………… 3

疑难字检索 …………………………………… 17

字典正文 ………………………………………… 1

4.1 汉语拼音音节索引

1. 每一音节后举一字做例，可按例字读音去查同音的字。
2. 数字指本字典正文页码。

A

a 啊 1
ai 哀 1
an 安 1
ang 肮 1
ao 熬 1

B

ba 八 2
bai 白 2
ban 班 2
bang 帮 2
bao 包 3
bei 杯 3
ben 奔 3
beng 崩 3
bi 逼 4
bian 边 4
biao 标 5
bie 别 5
bin 宾 5
bing 兵 5
bo 玻 5
bu 不 6

C

ca 擦 6
cai 猜 6
can 餐 6
cang 仓 6
cao 操 6
ce 策 6
cen 岑 7
ceng 层 7
cha 插 7
chai 拆 7
chan 搀 7
chang 昌 7
chao 超 8
che 车 8
chen 尘 8
cheng 称 8
chi 吃 9
chong 充 9
chou 抽 9
chu 初 10
chuai 揣 10
chuan 川 10
chuang 窗 10
chui 吹 10
chun 春 10
chuo 戳 11
ci 词 11
cong 聪 11
cou 凑 11
cu 粗 11
cuan 撺 11
cui 崔 11
cun 村 12
cuo 搓 12

D

da 搭 12
dai 呆 12
dan 丹 12
dang 当 13
dao 刀 13
de 德 13
dei 得 13
deng 登 13
di 低 13
dia 嗲 14
dian 颠 14
diao 刁 14
die 爹 14
ding 丁 15
diu 丢 15
dong 东 15
dou 兜 15
du 都 15
duan 端 16
dui 堆 16
dun 吨 16
duo 多 16

E

e 鹅 16
ê 诶 17
en 恩 17
er 儿 17

F

fa 发 17
fan 帆 17
fang 方 17
fei 非 18
fen 分 18
feng 风 18
fo 佛 19
fou 否 19
fu 夫 19

G

ga 嘎 20
gai 该 20
gan 干 20
gang 钢 20
gao 高 21
ge 哥 21
gei 给 21
gen 根 21
geng 耕 21
gong 工 22
gou 沟 22
gu 姑 22
gua 瓜 23
guai 乖 23
guan 关 23
guang 光 23
gui 归 23
gun 棍 24
guo 锅 24

H

ha 哈 24
hai 孩 24
han 含 24
hang 杭 25
hao 蒿 25
he 喝 25
hei 黑 25
hen 痕 25
heng 恒 25
hng 哼 26
hong 烘 26
hou 喉 26
hu 呼 26
hua 花 27
huai 怀 27
huan 欢 27
huang 荒 27
hui 灰 28
hun 昏 28
huo 活 28

J

ji 机 29
jia 加 30
jian 尖 30
jiang 江 31
jiao 交 32
jie 阶 32
jin 今 33
jing 京 33
jiong 迥 34
jiu 究 34
ju 居 34
juan 捐 35
jue 决 35
jun 军 36

K

ka 咖 36
kai 开 36
kan 刊 36
kang 康 36
kao 考 36
ke 科 36
ken 肯 37
keng 坑 37
kong 空 37
kou 抠 37
ku 枯 37
kua 夸 37
kuai 快 37
kuan 宽 38
kuang 筐 38
kui 亏 38
kun 昆 38
kuo 阔 38

L

la 拉 38
lai 来 39
lan 兰 39
lang 狼 39
lao 捞 39
le 勒 39
lei 类 40
leng 冷 40
li 里 40
lia 俩 41
lian 连 41
liang 良 41
liao 疗 42
lie 列 42
lin 林 42
ling 玲 42
liu 留 43
lo 咯 43
long 龙 43
lou 搂 43
lu 卢 44
lü 吕 44
luan 乱 44
lüe 略 44
lun 抡 44
luo 罗 45

M

m 呒 45
ma 妈 45
mai 埋 45
man 蛮 45
mang 忙 46
mao 猫 46
me 么 46
mei 眉 46
men 门 46
meng 蒙 46
mi 迷 47
mian 面 47
miao 苗 47
mie 灭 48
min 民 48
ming 明 48
miu 谬 48
mo 摸 48
mou 谋 48
mu 木 49

N

n 嗯 49
na 那 49
nai 乃 49
nan 男 49
nang 囊 49
nao 闹 49
ne 讷 50
nei 内 50
nen 嫩 50
neng 能 50
ng 嗯 50
ni 泥 50
nian 年 50
niang 娘 50
niao 鸟 50
nie 捏 50
nin 您 50
ning 宁 50
niu 牛 51
nong 农 51
nou 耨 51
nu 奴 51
nü 女 51
nuan 暖 51
nüe 虐 51
nuo 挪 51

O

o 哦 51
ou 欧 51

P

pa 怕 51
pai 拍 51
pan 潘 52
pang 旁 52
pao 抛 52
pei 胚 52
pen 喷 52
peng 烹 52
pi 批 53
pian 偏 53
piao 飘 53
pie 撇 54
pin 拼 54
ping 乒 54
po 坡 54
pou 剖 54
pu 扑 54

Q

qi 七 55
qia 恰 56
qian 千 56
qiang 枪 56
qiao 敲 56
qie 切 57
qin 亲 57
qing 青 57
qiong 穷 58
qiu 秋 58
qu 区 58
quan 圈 59
que 缺 59
qun 群 59

R

ran 然 59
rang 嚷 59
rao 饶 59
re 热 59
ren 人 59
reng 扔 60
ri 日 60
rong 容 60
rou 柔 60
ru 如 60
ruan 软 60
rui 锐 60
run 润 60
ruo 弱 60

S

sa 撒 60
sai 赛 60

san	三	60
sang	桑	61
sao	搔	61
se	涩	61
sen	森	61
seng	僧	61
sha	杀	61
shai	筛	61
shan	山	61
shang	商	62
shao	烧	62
she	奢	62
shei	谁	62
shen	深	62
sheng	升	63
shi	诗	63
shou	收	64
shu	书	64
shua	刷	65
shuai	衰	65
shuan	闩	65
shuang	双	65
shui	水	65
shun	顺	65
shuo	说	65
si	思	65
song	松	66
sou	搜	66
su	苏	66
suan	酸	66
sui	虽	66
sun	孙	66
suo	梭	67
T		
ta	他	67
tai	胎	67
tan	贪	67
tang	汤	68
tao	涛	68
te	特	68
teng	疼	68
ti	梯	68
tian	天	69
tiao	挑	69
tie	贴	69
ting	听	69
tong	通	69
tou	偷	70
tu	突	70
tuan	团	70
tui	推	70
tun	吞	70
tuo	拖	70
W		
wa	挖	71
wai	歪	71
wan	弯	71
wang	汪	71
wei	危	71
wen	温	72
weng	翁	72
wo	窝	72
wu	污	73
X		
xi	西	73
xia	虾	74
xian	先	75
xiang	香	75
xiao	消	76
xie	些	76
xin	心	76
xing	星	77
xiong	兄	77
xiu	休	77
xu	需	77
xuan	宣	78
xue	靴	78
xun	勋	78
Y		
ya	呀	79
yan	烟	79
yang	央	80
yao	腰	80
ye	爷	81
yi	一	81
yin	音	82
ying	英	83
yo	唷	83
yong	拥	83
you	优	84
yu	于	84
yuan	渊	86
yue	约	86
yun	云	86
Z		
za	匝	87
zai	栽	87
zan	赞	87
zang	脏	87
zao	遭	87
ze	则	87
zei	贼	87
zen	怎	87
zeng	增	87
zha	扎	88
zhai	摘	88
zhan	沾	88
zhang	章	88
zhao	招	89
zhe	遮	89
zhei	这	89
zhen	针	89
zheng	征	90
zhi	之	90
zhong	忠	91
zhou	州	91
zhu	朱	91
zhua	抓	92
zhuai	拽	92
zhuan	专	92
zhuang	庄	92
zhui	追	92
zhun	准	93
zhuo	捉	93
zi	资	93
zong	宗	93
zou	邹	94
zu	租	94
zuan	钻	94
zui	最	94
zun	尊	94
zuo	作	94

2天学会五笔字型

4.2 部首检字表

1. 部首目录

部首	页	部首	页	部首	页	部首	页	部首	页	部首	页
一画		土	6	纟	10	火	12	臣	14	辛	16
一	4	工	6	幺	10	斗	13	西(覀)	14	八画	
丨	4	扌	6	巛	10	灬	13	页	14	青	16
丿	4	艹	7	四画		户	13	虍	15	其	16
丶	4	寸	7	王	10	礻	13	虫	15	雨(⻗)	16
乙(乛㇆乚)	4	廾	7	韦	11	心	13	缶	15	齿	16
二画		大	7	木	11	肀(聿)	13	舌	15	黾	16
二	4	尢	7	犬	11	毋(母)	13	竹(⺮)	15	隹	16
十	4	弋	7	歹	11	五画		臼	15	金	16
厂	4	小(⺌)	7	车	11	示	13	自	15	鱼	16
匚	4	口	7	戈	11	石	13	血	15	九画	
刂	4	囗	8	比	11	龙	13	舟	15	革	16
卜(⺊)	4	山	8	瓦	11	业	13	衣	15	骨	16
冂	4	巾	8	止	11	目	13	羊(⺶⺷)	15	鬼	16
亻	4	彳	8	支	11	田	13	米	15	食	16
八(丷)	5	彡	8	日	11	罒	13	艮(艮)	15	音	16
人(入)	5	犭	8	曰	12	皿	13	羽	15	十画	
勹	5	夕	8	贝	12	钅	13	糸	15	髟	16
儿	5	夂	8	水(氺)	12	矢	14	七画		十一画	
几(⺇)	5	饣	8	见	12	禾	14	麦	15	麻	16
亠	5	丬(爿)	8	牛(⺧)	12	白	14	走	15	鹿	16
冫	5	广	8	手	12	瓜	14	赤	15	十二画以上	
冖	5	门	9	毛	12	用	14	豆	15	黑	16
讠(言)	5	氵	9	气	12	鸟	14	酉	15	鼠	16
卩(㔾)	5	忄(⺗)	9	攵	12	疒	14	辰	15	鼻	16
阝(在左)	5	宀	9	片	12	立	14	豕	16		
阝(在右)	6	辶	10	斤	12	穴	14	卤	16		
凵	6	彐(⺕彑)	10	爪(⺤)	12	衤	14	里	16		
刀(⺈)	6	尸	10	父	12	疋(⺪)	14	足(⻊)	16		
力	6	己(巳)	10	月(⺼)	12	皮	14	身	16		
厶	6	弓	10	欠	12	矛	14	采	16		
又(ヌ)	6	子(孑)	10	风	12	六画		谷	16		
廴	6	屮	10	殳	12	耒	14	豸	16		
三画		女	10	文	12	老	14	角	16		
士	6	马	10	方	12	耳	14	言	16		

2. 检字表

一部

一 81
一画
丁 15
90
七 55
二画
三 60
干 20
于 84
上 62
才 6
下 74
丈 89
兀 73
与 84
亓 85
万 48
71
三画
丰 18
井 34
开 36
夫 19
天 69
元 86
无 73
韦 71
专 92
丐 20
廿 50
五 73
卅 60
不 6
友 84
丑 10
牙 79
屯 70
93
互 26
四画
末 48
未 72
击 29
正 90
甘 20
世 63
本 3
且 34
57
可 37
丙 5
左 94
丘 58
丕 53
右 84
布 6
册 6
平 54
东 15
丝 65
五画
考 36
老 39
共 22
亚 79
亘 21
吏 41
再 87
在 87
百 2
有 84
而 17
死 65
夹 20
30
夷 81
丞 9
尧 80
至 90
六画
严 79
巫 73
求 58
甫 19
更 21
22
束 64
两 41
丽 40
41
来 39
七画
奉 19
武 73
表 5
忝 69
其 55
画 27
事 64
枣 87
亟 29
55
八画
奏 94
毒 15
韭 34
甚 63
巷 25
75
柬 31
歪 71
甭 3
面 47
昼 91
九画
艳 80
泰 67
秦 57
恭 22
哥 21
鬲 21
41
孬 49
夏 74
十画以上
焉 79
堇 33
爽 65
棘 29
赖 39
暨 30
赜 87
整 90
噩 17
臻 89
囊 49
纛 13

丨部

二画
上 62
也 81
三画
丰 18
韦 71
中 91
内 50
书 64
四画
卡 36
56
北 3
凸 70
旧 34
归 23
且 34
57
甲 30
申 62
电 14
由 84
冉 59
央 80
史 63
半 2
凹 1
出 10
五至七画
师 63
曳 81
曲 58
肉 60
芈 47
县 75
串 10
非 18
果 24
畅 8
肃 66
八画以上
韭 34
临 42
将 31
32
禺 85
幽 84
艳 80
鼎 15
夥 28
冀 30
豳 5

丿部

一至二画
入 60
九 34
匕 4
乃 49
千 56
乞 55
川 10
义 82
么 45
46
80
久 34
丸 71
及 29
三画
午 73
壬 59
升 63
夭 80
长 7
88
币 4
反 17
爻 80
乏 17
氏 63
90
丹 12
乌 73
四画
生 63
失 63
乍 88
丘 58
史 63
卮 90
乎 26
用 84
甩 65
氐 13
14
乐 40
86
册 6
处 10
冬 15
务 73
五画
年 50
朱 91
丢 15
乔 57
乒 54
乓 52
向 75
囟 77
后 26
杀 61
兆 89
氽 11
危 71
各 21
色 61
六画
我 72
每 46
兵 5
囱 11
希 73
龟 23
36
58
卵 44
系 30
74
七画
垂 10
乖 23
秉 5
臾 84
卑 3
阜 20
质 91
肴 80
籴 14
周 91
八画
拜 2
重 9
91
复 20
禹 85
胤 83
九画
乘 9
63
十画以上
馗 38
甥 63
粤 86
弑 64
舞 73
毓 86
睾 21
鼐 49
疑 81
孵 19
靠 36
虢 68
爨 11

丶部

二至三画
丫 79
义 82
丸 71
之 90
卞 4
丹 12
为 72
四画
主 92
半 2
头 70
必 4
永 84
五画以上
州 91
农 51
良 41
卷 35
亲 57
58
叛 52
举 35
益 82
蠲 35

乙部
(乛フ乚)

乙 82
一至三画
刁 14
了 40
42
九 34
乜 48
50
孑 32
孓 35
也 81
乞 55
飞 18
习 74
幺 80
尹 83
尺 8
9
丑 10
巴 2
孔 37
以 82
予 84
85
书 64
四画
司 65
民 48
弗 19
疋 53
电 14
出 10
发 17
丝 65
五画
艮 21
尽 33
乱 29
丞 9
买 45
六至九画
君 36
即 29
乱 44
甬 84
肃 66
隶 41
承 9
亟 29
55
函 24
畅 8
虱 63
乳 60
既 30
昼 91
咫 90
胤 83
癸 23
十画以上
乾 56
暨 30
豫 85

二部

二 17
干 20
亍 10
于 84
亏 38
五 73
井 34
开 36
亓 55
元 86
无 73
云 86
专 92
互 26
丕 53
亚 79
亘 21
些 76

十部

十 63
一至五画
千 56
午 73
升 63
支 90
卉 28
古 22
考 36
毕 4
华 27
协 76
芈 47
克 37
孛 3
六画
卓 93
直 90
卑 3
阜 20
卒 11
94
丧 61
卖 45
七至十画
南 49
真 89
隼 67
索 67
乾 56
啬 61
博 5
韩 24
辜 22
十一画
以上
斡 73
兢 34
嘏 22
30
睾 21
翰 25
矗 10

厂部

厂 1
8
二至六画
厅 69
仄 87
历 40
厄 16
厉 40
压 79
厌 80
库 62
励 41
厕 6
七至八画
厘 40
厚 26
厝 12
原 86
九至十画
厢 75
厣 80
厩 34
厨 10
厦 61
75
雁 80
厥 35
十二画
以上
厮 65
靥 81
魇 80
餍 80
赝 80

匚部

二至四画
区 51
58
匹 53
巨 35
叵 54
匝 87
匡 38
匠 32
五画以上
匣 74
医 81
瓯 23
匿 50
匪 18
匮 38
匾 4
匵 87

刂部

二至三画
刈 82
刊 36
四画
刑 77
列 42
划 27
则 87
刚 20
创 10
刖 86
刎 72
刘 43
五画
别 5
钊 89
利 41
删 61
刨 3
52
判 52
到 34
六画
刺 11
刳 37
到 13
刿 23
剀 36
制 91
刮 23
刽 24
刹 7
61
剁 16
剂 30
刻 37
刷 65
七画
荆 33
剌 38
39
削 76
78
剐 23
剑 31
前 56
剃 69
八画
剞 29
剔 68
剖 54
剡 62
80
剜 71
剥 3
5
剧 35
九至
十一画
副 20
剩 63
割 21
蒯 37
剽 53
劁 8
32
十二画
以上
劂 35
劁 57
劐 28
劓 82

卜(⺊)部

卜 6
上 62
卞 4
卡 36
56
占 88
外 71
处 10
卢 44
贞 89
芈 47
卤 44
卣 84
卦 23
卧 72
卓 93
桌 93

冂部

冈 20
内 50
丹 12
冉 59
册 6
再 87
同 69
70
网 71
肉 60
周 91
罔 71

亻部

一画
亿 82
二画
仁 59
什 63
仃 15
仆 54
仉 88
化 27
仇 9
58
仂 39
仍 60
仅 33
三画
仨 60
仕 63
付 19
仗 89
代 12
仙 75
仟 56
仡 21
82
仫 49
们 46
仪 81
仔 87
93
他 67
仞 59
四画
伟 72
传 10
92
休 77
伍 73
伎 30
伏 19
伛 85
优 84
伢 79
伐 17
仳 53
伍 71
仲 91
仵 73
件 31
任 59
伤 62
伥 7
价 30
33
伦 45
份 18
伧 6
8
华 27
仰 80
伉 36
仿 18
伙 28
伪 72
伫 92
伊 81
似 64
65
五画
佞 51
估 22
23
体 68
69
何 25
佐 94
佑 84
伻 36
攸 84
但 13

伸 62
佃 14
69
佚 82
作 94
伯 2
5
伶 42
佣 83
84
低 13
你 50
佝 22
佟 70
住 92
位 72
伴 2
佗 70
伺 11
65
佛 19
伽 20
30
57

六画

佳 30
侍 64
佶 29
佬 39
佴 17
49
供 22
使 63
侑 84
佰 2
侉 37
例 41
侠 74
侥 32
80
侄 90
侦 89
侣 44
侗 15
69
70
侃 36
侧 6
87
88
侏 91
侨 57
侩 37
佻 69
佾 82
佩 52
侈 9
侪 7
佼 32
依 81
佯 80
侬 51
侔 48

七画

俦 9
俨 80
俅 58
便 4
53
俩 41
俪 41
修 77
俏 57
俣 85
俚 40
保 3
俜 54
促 11
俄 16
俐 41
侮 73
俭 31
俗 66
俘 19
信 77
侵 57
侯 26
俑 84
俟 55
65
俊 36

八画

俸 19
倩 56
债 88
借 33
偌 60
值 90
倚 82
俺 1
倾 57
倒 13
俳 51
倬 93
倏 64
倘 8
68
俱 35
倮 45
倡 8
候 26
倭 72
倪 50
俾 4
倜 69
俯 19
倍 3
倦 35
倌 23
倥 37
健 31
倨 35
倔 35
36

九画

偾 18
做 94
鸺 77
偃 80
偕 76
偿 8
偶 51
偈 30
33
假 71
傀 38
偷 70
偬 93
停 69
偻 43
44
偏 53
假 30

十画

傣 12
傲 2
傅 20
傈 41
傥 68
傍 3
傧 5
储 10
傩 51

十一画

催 11
傻 61
像 76
傺 9

十二画

僖 74
儆 34
僳 66
僚 42
僭 31
僬 32
僦 34
僮 70
92
僧 61

十三画

僵 31
儇 78
儋 12
僻 53

十四画以上

儒 60
儡 40

八(丷)部

八 2

一至二画

丫 79
兮 73
分 18
公 22
六 43
44

三至六画

兰 39
半 2
只 90
并 5
关 23
共 22
兴 77
兑 16
兵 5
谷 22
85
弟 14
卷 35
其 55
具 35
单 7
12
62
典 14

七至八画

差 7
11
养 80
叛 52
前 56
酋 58
首 64
兹 11
93
真 89
益 82
兼 31

九画以上

着 89
93
黄 27
兽 64
普 54
尊 94
奠 14
孳 93
曾 7
87
巽 79
舆 85
冀 30
黉 26
馘 24
輾 7
夔 38
蠲 35

人(入)部

人 59
入 60

一至三画

个 21
仄 87
介 33
从 11
仑 44
今 33
以 82
仓 6
仝 69
丛 11
令 43

四至六画

全 59
会 28
37
合 21
25
企 55
氽 70
汆 11
众 91
伞 60
佘 62
余 84
巫 73
佥 56
含 24
舍 62
命 48
臾 84
贪 67

七至十画

俞 65
85
俎 94
拿 49
衾 57
龛 36
盒 25
舒 64
畲 62
翕 74
禽 57

十一画以上

龠 86

勹部

勺 62
勿 73
匀 86
勾 22
句 22
35
匆 11
包 3
旬 78
匈 77
甸 14
匍 54
訇 26
匐 19
匏 52
够 22

力部

儿 17
兀 73
元 86
允 86
兄 77
尧 80
光 23
先 75
兆 89
充 9
克 37
兕 65
免 47
兑 16
兔 70
兖 80
党 13
竞 34
兜 15
兢 34

几(几)部

几 29
凡 17
风 18
凤 19
夙 66
凫 19
壳 37
57
秃 70
咒 91
凯 36
凭 54
凰 27
凳 13

亠部

一至四画

亡 71
73
卞 4
六 43
44
亢 36
市 63
玄 78
齐 55
交 32
亦 82
产 7
亥 24
充 9

五至六画

亩 49
亨 25
弃 55
变 4
京 33
享 75
夜 81
卒 11
94
兖 80
氓 46

七画

弯 71
哀 1
亭 69
亮 41
弈 82
奕 82
彦 80
帝 14

八画

衰 11
65
衷 91
高 21
亳 5
离 40
衮 24
旁 52

九画

毫 25
孰 64
烹 52
商 62
率 44
65
袤 46

十画

亵 76
脔 44
就 34
裒 54

十一至十四画

禀 5
雍 84
裹 24
豪 25
膏 21
褒 3
羸 83
壅 84

十五画以上

襄 75
羸 83
嬴 45
蠃 40

冫部

一至七画

习 74
冬 15
冯 18
冱 26
冲 9
冰 5
次 11
决 35
尽 33
冻 15
况 38
冷 40
冶 81
冽 42
冼 75
净 34

八画以上

凌 43
凇 66
凄 55
准 93
凋 14
凉 41
弱 60
凑 11
减 31
凘 65
凛 42
凝 51

冖部

冗 60
写 76
军 36
农 51
罕 24
冠 23
冢 91
冥 48
冤 86
幂 47

讠(言)部

二画

计 29
订 15
讣 19
认 59
讥 29

三画

讦 32
讧 26
讨 68
让 59
讪 61
讫 55
训 79
议 82
讯 79
记 29

四画

讲 31
讳 28
讴 51
讵 35
讶 79
讷 50
许 77
讹 16
45
讼 66
讽 18
设 62
访 18
诀 35

五画

证 90
诂 22
诃 25
评 54
诅 94
识 63
91
诈 88
诉 66
诊 89
诋 14
诌 91
词 11
诎 58
诏 89
译 82
诒 81

六画

诓 38
诔 40
试 64
诖 23
诗 63
诘 29
33
诙 28
诚 8
诛 91
诜 63
话 27
诞 13
诟 22
诠 59
诡 23
询 78
诣 82
诤 90
该 20
详 75
诧 7
诨 28
诩 78

七画

诫 33
诬 73
语 85
诮 57
误 73
诰 21
诱 84
诲 28
诳 38
说 65
86
诵 66
诶 17

八画

请 58
诸 92
诹 94
诺 51
读 15
诼 93
诽 18
课 37
诿 72
谀 85
谁 62
65
谂 63
调 14
69
谄 7
谅 41
谆 93
谇 66
谈 67
谊 82

九画

谋 48
谌 8
谍 14
谎 28
谏 31
谐 76
谑 78
谒 81
谓 72
谔 17
谕 85
谖 78
谗 7
谘 93
谙 1
谚 80
谛 14
谜 47
谝 53

十画

谟 48
谠 13
谡 66
谢 76
谣 81
谤 3
谥 64
谦 56
谧 47

十一画

谨 33
谩 45
谪 89
谫 31
谬 48

十二画以上

谭 67
谮 87
谯 57
谰 39
谱 54
谲 35
谳 80
谴 56
谵 88
雠 10
谶 8

卩(㔾)部

卫 72
叩 37
卮 90
印 83
卯 46
危 71
却 59
卵 44
卲 62
即 29
卷 35
卺 33
卸 76
卿 57

阝部(在左)

二至四画

队 16
阢 73
阡 56
阱 34
阮 60
阵 90
阳 80
阪 2
阶 32
阴 83
防 17

五画

际 30
陆 43
44
阿 1
16
陇 43
陈 8
阽 14
79
阻 94
阼 94
附 19
陀 70
陂 3
53
54
陉 77

六至八画

陋 43
陌 48
陕 61
降 32
75
陔 20
限 75
陡 15
陛 4
陟 91
陧 50
陨 86
除 10
险 75
院 86
陵 43
陬 94
陲 10
陴 53
陶 68
80
陷 75
陪 52

九画

隋 66
堕 16
随 66
隅 85
隈 71

隍 27
隗 38
72
隆 43
隐 83
十画以上
隔 21
隙 74
隘 1
障 89
隧 66
隰 74
隳 28

阝部（在右）

二至四画
邓 13
邗 24
邛 58
邝 38
邙 46
邦 2
邢 77
邪 76
81
邬 73
邡 17
祁 55
那 49
50
五画
邯 24
邴 5
邳 53
邶 3
邺 81
邮 84
邱 58
邻 42
邸 14
邹 94
邵 62
邰 67
六画
耶 81
郁 85
郏 30
郅 90
邾 91
郐 37
郄 57
郇 27
78
郊 32
郑 90
郎 39
郓 86
七画
郝 25
郦 41
郢 83
郧 86
郜 21
郗 73
郛 19
郡 36
八画
都 15
郴 8
郫 53
郭 24
部 6
郸 12
郯 67
九画
郾 80
鄄 35
鄂 17
十至十一画
鄢 79
鄞 83
鄙 4
鄣 88
十二画以上
鄱 54
鄯 62
鄹 94
酃 43
酆 18

凵部

凶 77
击 29
凸 70
出 10
凹 1
画 27
函 24
幽 84
鬯 8
凿 87
豳 5

刀(⺈)部

刀 13
刃 59
切 57
分 18
召 62
89
刍 10
危 71
负 19
争 90
色 61
龟 23
36
58
奂 27
免 47
初 10
兔 70
券 59
78
急 29
象 75
剪 31
棼 18
赖 39
詹 88
劈 53

力部

力 40
二至四画
办 2
劝 59
功 22
夯 3
25
劢 45
加 30
务 73
幼 84
动 15
劣 42
五至六画
劫 32
劳 39
励 41
助 92
男 49
劬 58
努 51
劭 62
劲 33
34
势 64
劾 25
七至九画
勃 5
勋 78
勉 47
勇 84
勖 21
勐 47
勘 36
勗 78
十画以上
募 49
甥 63
勤 57
勰 76

厶部

厶 65
幺 80
允 86
去 58
弁 4
台 67
牟 48
49
县 75
矣 82
叁 60
参 6
7
63
垒 40
畚 3
能 50

又(ヌ)部

又 84
一至四画
叉 7
支 90
友 84
反 17
邓 13
劝 59
双 65
圣 63
对 16
发 17
戏 26
74
观 23
欢 27
六至十画
取 58
叔 64
受 64
变 4
艰 31
竖 65
叟 66
叙 78
叛 52
难 49
曼 45
胬 51
十一画以上
叠 15
聚 35
燮 76
矍 36

廴部

廷 69
延 79
建 31

士部

士 63
壬 59
吉 29
壮 92
壳 37
57
志 91
声 63
壶 26
悫 59
喜 74
壹 81
鼓 22
嘉 30
熹 74
馨 77
鼙 53
懿 82
蠹 16

土部

土 70
二至三画
去 58
圣 63
圩 72
77
圬 73
圭 23
寺 65
在 87
至 90
尘 8
圪 21
考 36
老 39
圳 90
圾 29
圹 38
圮 53
圯 81
地 13
14
场 8
四画
坛 67
坏 27
坜 40
址 90
坚 30
坝 2
圻 55
坂 2
坐 94
坌 3
坎 36
坍 67
均 36
坞 73
坟 18
坑 37
坊 17
块 38
坠 92
五画
坩 20
茔 83
坷 36
37
坯 53
垅 43
垄 43
坪 54
坫 14
垆 44
坦 68
坤 38
坼 8
坻 9
14
垃 38
幸 77
坨 70
坭 50
坡 54
坳 2
六画
型 77
垫 14
垭 79
垩 17
垣 86
垮 37
城 8
垤 14
垌 15
69
垲 36
垡 17
埏 61
79
垧 62
垢 22
垛 16
垴 49
垓 20
垠 83
垦 37
垒 40
七画
埔 6
54
埂 21
埕 9
埘 63
埋 45
埚 24
埙 78
袁 86
埒 42
垸 86
埃 1
八画
堵 15
基 29
埴 90
域 85
埯 1
堑 56
堂 68
埸 82
堆 16
埤 53
埠 6
埝 50
堋 52
堍 70
培 52
埭 12
埽 61
堕 16
九画
堪 36
堞 14
塔 67
堰 80
堙 83
堤 13
塄 40
堡 3
6
55
堠 26
十画
墓 49
填 69
塥 21
塬 86
塌 67
塍 9
塘 68
塑 66
塞 60
61
十一画
墙 56
墟 77
墅 65
墁 45
塾 64
墉 83
境 34
墒 62
十二至十四画
墨 48
墩 16
增 87
墀 9
墼 29
臻 89
壅 84
壁 4
壑 25
壕 25
十五画以上
缰 31
壤 59

工部

工 22
左 94
巧 57
邛 58
功 22
式 64
巩 22
贡 22
汞 22
攻 22
巫 73
项 75
差 7
11
巯 58

扌部

一至二画
扎 87
88
打 12
扑 54
扒 2
51
扔 60
三画
扛 20
36
扣 37
扦 56
托 70
执 90
扩 38
扪 46
扫 61
扬 80
四画
扶 19
抚 19
抟 70
技 30
抠 37
扰 59
扼 16
拒 35
找 89
批 53
扯 8
抄 8
折 62
89
抓 92
扳 2
抡 44
45
扮 2
抢 56
抑 82
抛 52
投 70
抗 36
抖 15
护 26
抉 35
扭 51
把 2
报 3
拟 50
抒 64
五画
抹 45
48
拓 67
71
拢 43
拔 2
抨 52
拣 31
拈 50
担 12
13
押 79
抻 8
抽 9
拐 23
拖 70
拊 19
拍 51
拆 6
7
拎 42
拥 83
抵 14
拘 34
抱 3
拄 92
拉 38
拦 39
拌 2
拧 50
51
抿 48
拂 19
拙 93
招 89
披 53
拨 5
择 87
88
拚 52
54
抬 67
拇 49
拗 1
2
51
六画
拭 64
挂 23
持 9
拮 33
拷 36
拱 22
挝 72
92
挎 37
挞 67
挟 76
挠 49
挡 13
拽 81
92
挺 69
括 23
挢 32
拴 65
拾 63
挑 69
指 90
挣 90
挤 29
拼 54
挖 71
按 1
挥 28
挪 51
拯 90
拶 87
七画
捞 39
捕 6
捂 73
振 90
捎 62
捍 24
捏 50
捉 93
捆 38
捐 35
损 67
挹 82
捌 2
捡 31
挫 12
捋 44
45
换 27
挽 71
捣 13
捃 36
捅 70
挨 1
八画
捧 53
掭 69
揶 81
措 12
描 47
捱 1
捺 49
掎 29
掩 80
捷 33
排 51
52
掉 14
掳 44
掴 23
24
捶 10
推 70
捭 2
掀 75
授 64
捻 50
掏 68
掐 56
掬 34
掠 44
掂 14
掖 81
掊 54
接 32
掷 91
掸 12
62
控 37
捩 42
掮 56
探 68
据 34
35
掘 35
掺 7
掇 16
掼 23
九画
揍 94
搽 7
搭 12
揸 88
揠 79
揩 36
揽 39
提 13
68
揖 81
揭 32
揣 10
揿 57
插 7
揪 34
搜 66
揄 85
援 86
搀 7
揞 1
搁 21
搓 12
搂 43
搅 32
揎 78
握 72
摒 5
揆 38
搔 61
揉 60
掾 86
十画
摄 62
摸 48
搏 6
摅 64
摁 17
摆 2
携 76
搋 10
搬 2
摇 81
搞 21
搪 68
搐 10
搛 31
搠 65
摈 5
搌 88
搦 51
摊 67
搡 61
十一画
摺 42
摞 45
摧 11
撄 83
摭 90
摘 88

捽 65
撇 54
撖 24
摺 89
十二画
撵 50
撷 76
撕 65
撒 60
撅 35
撩 42
撑 8
撮 12
94
撬 57
播 5
擒 57
撸 44
撴 16
撞 92
撤 8
撙 94
撺 11
撰 92
十三画
擀 20
撼 24
擂 40
操 6
擐 27
擅 62
擞 66
擗 53
十四画
擤 77
擦 6
擢 93
十五至十七画
攉 28
攒 11
87
攘 59
十八画以上
攫 36
攥 94
攮 49

艹部

一至三画
艺 82
艾 1
82
艽 32
节 32
艿 49
芋 85
芏 15
共 22
芊 56
芍 62
芨 29
芄 71
芒 46
芝 90
芎 77
芑 55
芗 75
四画
芙 19
芫 79
86
芜 73
苇 72
芸 86
芾 18
19
芰 30
苈 40
苊 16
苣 35
58
芽 79
芷 90
芮 60
苋 75
苌 8
花 27
芹 57
芥 20
33
苁 11
芩 57
芬 18
苍 6
芪 55
芴 73
芡 56
芟 61
苄 4
芳 17
苎 92
芦 44
芯 76
77
劳 39
芤 37
芭 2
苏 66
苡 82
五画
茉 48
苷 20
苦 37
苯 3
苛 36
苤 54
若 60
茂 46
茏 43
茇 2
苹 54
苫 61
苜 49
苴 34
苗 47
英 83
苒 59
苘 58
茌 9
苻 19
苓 42
茚 83
苟 22
茆 46
茑 50
苑 86
苞 3
范 17
茔 83
茕 58
苠 48
茁 93
茄 30
57
苕 62
69
茎 33
苔 67
茅 46
六画
荆 33
茸 60
茜 56
73
茬 7
荐 31
巷 25
75
荚 30
荑 68
81
荛 59
荜 4
茈 11
93
草 6
茧 31
茼 69
莒 35
茵 82
茴 28
茱 92
莛 69
荞 57
茯 19
荏 59
荇 77
荃 59
荟 28
茶 7
荀 78
茗 48
荠 30
55
茭 32
茨 11
荒 27
茺 9
茳 31
茫 46
荡 13
荣 60
荤 28
荥 77
83
荧 83
荨 56
78
莨 21
荩 33
荪 66
荫 83
茹 60
荔 40
荬 45
荭 26
荮 91
药 81
七画
莰 36
荸 4
莆 54
莽 46
莱 39
莲 41
莳 64
莫 48
莴 72
莪 16
莉 41
莠 84
莓 46
荷 25
莜 84
莅 41
荼 70
莶 75
莩 19
53
荽 66
获 28
莸 84
荻 13
莘 63
76
莎 61
67
莞 23
71
莹 83
莨 39
莺 83
莼 10
八画
菁 33
菝 2
著 92
93
菱 43
萁 55
菥 74
菘 66
堇 33
黄 27
萘 49
萋 55
菲 18
78
菽 64
菖 7
萌 47
萜 69
萝 45
菌 36
萎 72
萸 85
萑 27
萆 4
菜 6
菔 19
菟 70
萄 68
萏 13
菊 35
萃 11
菩 54
菸 79
菏 25
萍 54
菹 94
菠 5
菪 13
菅 31
菀 71
萤 83
营 83
萦 83
萧 76
菰 22
菡 24
萨 60
菇 22
九画
葜 56
葑 18
19
葚 59
63
葫 26
葳 71
惹 59
蒇 7
葬 87
蒈 36
募 49
葺 55
葛 21
蒉 38
葸 74
萼 17
董 15
葆 3
葩 51
葡 54
葱 11
蒋 31
葶 69
蒂 14
蒌 43
蒎 52
落 39
45
萱 78
葭 30
葵 38
十画
蓁 89
蒜 66
蓍 63
蓐 60
蓝 39
墓 49
幕 49
蓦 48
蒽 17
蓓 3
蓖 4
蓊 72
蒯 37
蓟 30
蓬 53
蓑 67
蒿 25
蒺 29
蓠 40
蒡 3
蓄 78
蒹 31
蒴 65
蒲 54
蒗 39
蓉 60
蒙 46
47
蓥 83
蒸 90
蓣 85
十一画
蔫 50
蔷 56
蔌 66
慕 49
暮 49
摹 48
蔓 45
71
蔑 48
甍 47
蓰 74
蔹 41
蔸 15
蔡 6
蔗 89
蔟 11
蔺 42
蔽 4
蕖 58
蔻 37
蓿 78
蔼 1
蔚 72
85
蓼 42
十二画
蕙 28
蕈 79
蕨 35
蕤 60
蕞 94
蕺 29
瞢 47
蕉 32
蕃 17
蕲 55
蕊 60
蔬 64
蕴 87
十三画
蕻 26
薤 76
蕾 40
薯 64
薨 26
薛 78
薇 71
薪 77
薏 82
蕹 72
薮 66
薄 3
6
薜 4
薅 25
十四画
藉 29
33
薹 67
藏 6
87
薷 60
薰 78
藐 47
藓 75
十五画
藕 51
藜 40
藤 68
藩 17
十六画
藿 28
蘧 58
孽 50
蘅 25
蘑 48
藻 87
十七画以上
蘩 17
蘖 50
蘸 88
蘼 47

寸部

寸 12
二至七画
对 16
寺 65
寻 78
导 13
寿 64
封 18
耐 49
将 31
32
辱 60
射 62
八画以上
尉 72
85
尊 94
爵 36

廾部

开 36
卉 28
弁 4
异 82
弄 43
51
弃 55
弇 85
弈 82
羿 82
葬 87
弊 4
彝 82

大部

大 12
一至四画
夫 19
天 69
夭 80
太 67
央 80
失 63
头 70
夯 3
25
夸 37
夹 20
30
夺 16
尖 30
夼 38
夷 81
买 45
奁 41
奂 27
五画
奉 19
奈 49
奔 3
奇 29
55
卖 45
奄 79
奋 18
六画
契 55
76
奏 94
奎 38
耷 12
奖 31
奕 82
美 46
牵 56
癸 23
七至八画
套 68
奚 74
奘 87
92
匏 52
奢 62
爽 65
九画以上
奥 2
奠 14
樊 17

尢部

尢 84
尤 84
龙 43
尥 42
尬 20
就 34
尴 20

弋部

弋 82
式 64
忒 68
70
甙 12
鸢 86
贰 17
弑 64

小(⺌)部

小 76
一至三画
少 62
尔 17
尕 20
尘 8
尖 30
光 23
劣 42
当 13
四至七画
肖 76
尚 62
尜 20
省 63
77
尝 8
党 13
八画以上
雀 57
59
堂 68
常 8
辉 28
棠 68
掌 88
裳 8
62
耀 81

口部

口 37
二画
叶 76
81
古 22
叮 15
可 37
右 84
号 25
叵 54
占 88
卟 6
只 90
叭 2
史 63
叱 9
叽 29
兄 77
句 22
35
司 65
叼 14
叩 37
叫 32
叻 40
加 30
叨 13
68
另 43
召 62
89
叹 68
台 67
三画
吁 77
85
吐 70
吉 29
吓 25
74
吏 41
同 69
70
吕 44
吊 14
吃 9
吒 88
向 75
后 26
合 21
25
各 21
名 48
吸 73
吗 45
吆 80
四画
呈 9
呋 19
吴 73
吞 70
呒 45
呓 82
呆 12
杏 77
吾 73
吱 90
93
否 19
53
吠 18
呔 12
呕 51
呖 40
呃 16
呀 79
吨 16
吡 4
吵 8
呐 49
呙 24
呗 2
3
员 86
告 21
听 69
谷 22
85
吟 83
含 24
吩 18
呛 56
吻 72
吹 10
呜 73
吝 42
吭 25
37
启 55
吣 57
君 36
吲 83
吼 26
吧 2
邑 82
吮 65
五画
味 72
哎 1
咕 22
呵 1
25
咂 87
呸 52
咙 43
咔 36
咀 35
94
呷 74
呻 62
咒 91
知 90
咋 87
88
和 25
26
28
咐 20

7

速查字典

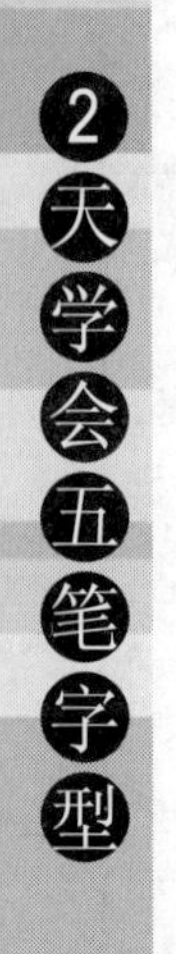

呱 22
23
呼 26
命 48
呤 43
周 91
咎 34
咚 15
鸣 48
咆 52
咛 51
咏 84
呢 50
咄 16
亟 29
55
呶 49
咖 20
36
呦 84
呲 65
六画
哐 38
哇 71
咭 29
哉 87
哄 26
哑 79
哂 63
咸 75
咴 28
哒 12
咧 42
咦 81
哓 76
哔 4
呲 93
咣 23
虽 66
品 54
咽 79
80
81
哕 86
咻 77
哗 27
咱 87
咿 81
响 75
哌 52
哙 38
哈 24
哚 16
咯 21
36
43
哆 16
咬 81
哀 1
咨 93
咳 24
37
咩 48
咪 47
咤 88
哝 51
哪 49
50
哏 21
哞 48
哟 83
七画
唛 45
哥 21
哧 9
哳 88
哲 89
哮 76
唠 39
哺 6
哽 21
唔 49
50
73
唇 10
哨 62
唢 67
哩 40
41
哭 37
哦 16
51
唣 87
唏 73
唑 94
唤 27
唁 80
哼 25
26
唐 68
唧 29
啊 1
唉 1
唆 67
八画
唪 19
啧 87
啪 51
啦 38
39
喏 51
59
喵 47
营 83
啉 42
啄 93
啭 92
啡 18
啃 37
啮 50
唬 26
75
唱 8
唾 71
唯 72
售 64
啤 53
啥 61
啁 89
91
啕 68
唿 26
啐 11
唼 61
商 62
啃 83
兽 64
啖 13
啵 6
啶 15
啷 39
唳 41
啸 76
唰 65
啜 10
11
九画
喷 52
喜 74
喋 14
88
嗒 12
67
喃 49
喳 7
88
喇 38
喊 24
喱 40
喹 38
喈 32
喁 84
喝 25
喂 72
喟 38
喘 10
啾 34
嗖 66
喉 26
喻 85
喑 83
啼 68
啬 9
善 62
嗟 32
喽 43
喾 37
喧 78
喀 36
喔 72
喙 28
十画
嗪 57
嗷 1
嗉 66
嘟 15
嗜 64
嗑 37
嗫 50
嗬 25
嗔 8
嗦 67
嗝 21
嗄 1
61
嗣 65
嗯 49
50
嗅 77
嗥 25
嗲 14
嗳 1
嗡 72
嗌 1
82
嗍 67
嗨 24
25
嗤 9
嗵 69
嗓 61
辔 52
十一画
嘉 30
嘞 40
嘏 22
30
嘈 6
嗽 66
嘌 54
嘁 55
嘎 20
嘘 63
77
嘣 3
嘤 83
嘛 45
嘀 14
嗾 66
嘧 47
十二画
嘻 74
嘭 52
噎 81
嘶 65
噶 20
嘲 8
89
噘 35
嘹 42
噗 54
嘬 10
94
嘿 25
48
噍 32
噢 51
噙 57
噜 44
噌 7
嘱 92
噔 13
十三画
嚆 25
噩 17
噤 33
嘴 94
噱 35
78
器 55
噪 87
噬 64
噫 81
噻 60
噼 53
十四画
嚏 69
嚅 60
嚎 25
嚓 6
7
十五至十七画
嚣 76
嚯 28
嚼 32
36
嚷 59
十八画以上
囊 49
囔 49

囗部

二至三画
囚 58
四 65
团 70
因 82
回 28
囟 77
囝 31
49
囡 49
四画
园 86
围 72
困 38
囤 16
70
囱 11
囵 45
囫 26
五至七画
国 24
固 23
囹 42
图 70
囿 84
圃 54
圄 85
圆 86
八画以上
圊 57
圉 85
啬 61
圈 35
59
圜 27
86

山部

山 61
三至四画
屿 85
屹 82
岌 29
岁 66
屺 55
岂 55
岍 56
岐 55
岖 58
岈 79
岗 20
岘 75
岙 1
岅 17
岑 7
岔 7
岚 39
岛 13
岜 2
五画
岵 27
岢 37
岸 1
岩 79
岽 15
岿 38
岬 30
岫 77
岳 86
岱 12
岭 43
岣 22
峁 46
岷 48
峄 82
六至七画
峙 64
91
炭 68
峡 74
峒 15
69
峤 32
57
峋 78
峥 90
峦 44
幽 84
崂 39
崃 39
峭 57
峨 16
峪 85
峰 18
峻 36
八画
崧 66
崖 79
崎 55
崦 79
崭 88
崮 23
崔 11
崤 76
崩 3
崞 24
崇 9
崆 37
崛 35
九画
嵌 56
嵘 60
崴 71
崽 87
嵬 72
嵛 85
嵯 12
嵝 43
嵫 93
嵋 46
十画
嵊 63
嵩 66
嵴 29
十一至十二画
嶂 89
嶙 42
嶝 13
十三画以上
豳 5
嶷 82
巅 14
巍 71

巾部

巾 33
一至四画
币 4
布 6
帅 65
市 63
师 63
吊 14
帆 17
帏 72
帐 89
希 73
五画
帖 69
帜 91
帙 91
帕 51
帛 5
帘 41
帚 91
帔 52
帑 68
六至九画
帮 2
带 12
帧 89
帝 14
帱 9
13
席 74
帻 87
常 8
帼 24
帷 72
幅 19
帽 46
幄 73
十画以上
幕 49
幌 28
幔 45
幛 89
幞 19
幡 17
幢 10
92

彳部

彳 9
三至五画
行 25
77
彻 8
役 82
彷 18
52
征 90
徂 11
往 71
彼 4
径 34
六至七画
待 12
徊 27
徇 79
徉 80
衍 80
律 44
很 25
後 26
徒 70
徕 39
徐 77
八画
徘 51
徙 74
徜 8
得 13
衔 75
九至十画
街 32
御 85
徨 27
循 78
衙 79
微 71
徭 81
十二画以上
德 13
徵 90
徼 32
衡 25
徽 28
衢 58

彡部

形 77
杉 61
彤 70
钐 61
衫 61
参 6
7
63
须 77
彦 80
彬 5
彪 5
彩 6
彭 53
彰 88
影 83

犭部

二至四画
犰 58
犯 17
犴 1
24
犷 23
犸 45
狂 38
犹 84
狈 3
狄 13
狃 51
狁 86
五至六画
狙 34
狎 74
狐 26
狗 22
狍 52
狞 51
狒 18
狨 60
狭 74
狮 63
独 15
狯 38
狰 90
狡 32
狩 64
狱 85
狠 25
狲 67
七画
获 28
狴 4
狸 40
狷 35
猁 41
狳 84
猃 75
狺 83
狼 39
狻 66
八画
猜 6
猪 92
猎 42
猫 46
猗 81
猖 7
猡 45
猊 50
猞 62
猝 11
猕 47
猛 47
九画
猢 26
猹 7
猩 77
猥 72
猬 72
猾 27
猴 26
猸 46
猱 49
十至十三画
猿 86
獐 88
獍 34
獗 35
獠 42
獭 67
獬 76
十四画以上
獯 78
獾 27

夕部

夕 73
外 71
舛 10
名 48
岁 66
多 16
夜 81
罗 45
梦 47
够 22
飧 67
夥 28
夤 83

夂部

处 10
冬 15
务 73
各 21
条 69
咎 34
备 3
昝 87
复 20
夏 74
惫 3
夔 38

饣部

二至四画
饥 29
饧 77
饨 70
饩 74
饪 59
饫 85
饬 9
饭 17
饮 83
五至六画
饯 31
饰 64
饱 3
饲 65
饴 81
饵 17
饶 59
蚀 63
饷 75
饺 32
饼 5
七至八画
饽 5
饿 17
馀 84
馁 50
馄 28
馅 75
馆 23
九至十一画
馇 7
馈 38
馊 66
馋 7
馍 48
馏 43
馐 77
馑 33
馒 45
十二画以上
馓 61
馔 92
馕 49

丬(爿)部

爿 52
壮 92
妆 92
状 92
将 31
32

广部

广 1
23
二至五画
庀 53
邝 38
庄 92

庆 58
庑 73
床 10
庋 23
库 37
庇 4
应 83
庐 44
序 78
庞 52
店 14
庙 47
府 19
底 13
14
庖 52
庚 21
废 18

六至七画

度 16
庭 69
庥 77
庠 75
席 74
座 94
唐 68
庶 65
庹 71
庵 1
庾 85
庳 3
4
廊 39
康 36
庸 83

九至十一画

赓 21
廒 1
廓 38
廉 41
廑 33
腐 19
廖 42

十二画

廛 7

十三画以上

廨 76
廪 42
膺 83
鹰 83

门部

门 46

一至四画

闩 65
闪 61
闫 79
闭 4
问 72
闯 10
闰 60
闱 72
闲 75
闳 26
间 30
31
闵 48
闶 36
闷 46

五至六画

闸 88
闹 50
闺 23
闻 72
闼 67
闽 48
闾 44
阀 17
阁 21
阂 25

七至八画

阃 38
阄 34
阅 86
阆 39
阈 85
阉 79
阊 7
阋 74
阌 72
阍 28
阎 79
阏 79
阐 7

九画

阑 39
阒 58
阔 38
阕 59

十画以上

阖 25
阗 69
阙 59
阚 24
36

氵部

二画

汀 69
汁 90
汇 28
汉 24

三画

汗 24
污 73
江 31
汕 61
汔 55
汐 73
汲 29
汛 79
汜 65
池 9
汝 60
汤 62
68
汊 7

四画

沣 18
汪 71
沅 86
沐 49
沛 52
沔 47
汰 67
沤 51
沥 40
沌 16
沏 55
沙 61
汩 22
汨 47
汽 55
沃 72
沂 81
沦 45
汹 77
汾 18
泛 17
沧 6
沟 22
没 46
48
汴 4
汶 72
沆 25
沩 72
沪 26
沉 8
沈 8
63
沁 57
泐 40

五画

沫 48
浅 30
56
法 17
泔 20
泄 76
沽 22
沭 64
河 25
泷 43
65
沾 88
泸 44
沮 35
泪 40
油 84
泱 80
泅 58
泗 65
沲 16
泊 5
54
泠 42
泺 45
54
沿 79
泖 46
泡 52
注 92
泣 55
泫 78
泮 52
泞 51
沱 70
泻 76
泌 4
47
泳 84
泥 50
泯 48
沸 18
泓 26
沼 89
波 5
泼 54
泽 87
泾 33
治 91

六画

洼 71
洁 33
洱 17
洪 26
洹 27
洒 60
洧 72
洌 42
浃 30
浇 32
浈 89
浊 93
洞 15
洇 82
洄 28
测 6
洙 92
洗 74
75
活 28
涎 75
洎 30
洫 78
派 52
浍 38
洽 56
洮 68
洵 78
洚 32
洛 45
浏 43
济 29
30
洋 80
洲 91
浑 28
浒 26
78
浓 51
津 33
浔 78
洳 60

七画

涛 68
浙 89
涝 39
浦 54
涑 66
浯 73
酒 34
涞 39
涟 41
涉 62
消 76
涅 50
涠 72
浞 93
涓 35
涡 24
72
涔 7
浩 25
海 24
浜 2
涂 70
浠 74
浴 85
浮 19
涣 27
浼 46
涤 14
流 43
润 60
涧 31
涕 69
浣 27
浪 39
浸 33
涨 88
89
涩 61
涌 84
浚 36
79

八画

清 57
渍 93
添 69
渚 92
鸿 26
淇 55
淋 42
淅 74
淞 66
渎 15
涯 79
淹 79
涿 93
渠 58
渐 31
淑 64
淖 50
淌 68
混 28
淠 53
涸 25
渑 47
63
淮 27
淦 20
淆 76
渊 86
淫 83
淝 18
渔 85
淘 68
淳 11
液 81
淬 11
涪 19
淤 84
淡 13
淙 11
淀 14
涫 23
深 63
渌 44
涮 65
涵 24
渗 63
淄 93

九画

湛 88
港 20
渫 76
滞 91
湖 26
湘 75
渣 88
渤 5
湮 79
83
湎 47
渺 47
湿 63
温 72
渴 37
渭 72
溃 28
38
湍 70
溅 30
31
滑 27
湃 52
湫 32
58
溲 66
湟 27
溆 78
渝 85
湓 52
湾 71
渡 16
游 84
湔 31
滋 93
渲 78
溉 20
渥 73
湄 46
滁 10

十画

滟 80
溱 57
89
溘 37
滠 62
满 45
漭 46
漠 48
滢 83
滇 14
溥 54
溧 41
溽 60
源 86
滤 44
滥 39
滆 67
溷 28
滗 4
溴 77
滏 19
滔 68
溪 74
溜 43
滦 44
漓 40
滚 24
溏 68
滂 52
溢 82
溯 66
滨 5
溶 60
滓 93
溟 48
溺 50
滩 67

十一画

潢 27
潆 83
潇 76
溇 39
漆 55
漕 6
漱 65
漂 53
54
滹 26
漫 46
漯 45
67
漶 27
潋 41
潴 92
漪 81
漉 44
漳 88
滴 13
漩 78
漾 80
演 80
澉 20
漏 43
潍 72

十二画

潜 56
澍 65
澎 52
53
澌 65
潮 8
潸 61
潭 67
潦 39
42
潲 62
澳 2
潘 52
潼 70
澈 8
澜 39
潺 7
澄 9
13

十三画

濑 39
濒 5
濉 66
潞 44
澧 40
澡 87
激 29
澹 13
67
澶 7
濂 41

十四画

濡 60
濮 54
濞 4
濠 25
濯 93

十五画

瀑 3
55

十六至十七画

瀚 25
瀣 76
瀛 83
灌 23
瀹 86
瀵 18

十八画以上

灏 25
灞 2

忄（⺗）部

一至四画

忆 82
忉 13
忖 12
忏 7
忙 46
忝 69
怃 73
忮 91
怀 27
怄 51
忧 84
忡 9
忤 73
忾 36
怅 8
忻 77
忪 66
91
怆 10
忭 4
忱 8
快 38
忸 51

五画

怔 90
怯 57
怙 27
怵 10
怖 6
怦 52
怛 12
怏 80
性 77
怍 94
怕 51
怜 41
怩 50
怫 18
19
怊 8
怿 82
怪 23
怡 81

六画

恸 70
恃 64
恭 22
恒 25
恹 79
恢 28
恍 28
恫 15
恺 36
恻 6
恬 69
恤 78
恰 56
恂 78
恪 37
恼 49
恽 86
恨 25

七画

悖 3
悟 73
悚 66
悭 56
悄 56
57
悍 24
悝 38
悃 38
悒 82
悔 28
悯 48
悦 86
悌 69
悛 59

八画

情 57
惬 57
悻 77
惜 74
惭 6
悱 18
悼 13
惝 8
68
惧 35
惕 69
惘 71
悸 30
惟 72
惆 9
惚 26
惊 33
惦 14
悴 11
惮 13
惋 71
惨 6
惯 23

九画

愤 18
慌 27
惰 16
愠 87
惺 77
愦 38
愕 17
惴 92
愣 40
愀 57
愎 4
惶 27
愧 38
愉 85
慨 36

十画

愫 66
慑 62
慕 49
慎 63
慊 56
57

十一画

慢 46
慵 83
慷 36

十二画

懂 15
憬 34
憔 57
懊 2
憧 9
憎 87

十三画

憷 10
懒 39
憾 24
懈 76
懔 42

十四画以上

懦 51
懵 47

宀部

二至四画

宁 50
51
宄 23
它 67
宇 85
守 64
宅 88
安 1
字 93
完 71
宋 66
宏 26
牢 39
灾 87

五至六画

宝 3
宗 93
定 15
宕 13
宠 9
宜 81
审 63
宙 91
官 23
宛 71
实 63
宓 47
宣 78
宦 27
宥 84
室 64
宫 22
宪 75
客 37

七画

害 24
宽 38
宸 8
家 30
33
宵 76
宴 80
宾 5
容 60
宰 87
案 1

八画

寇 37
寅 83
寄 30
寂 30
宿 66
77
密 47

九至十一画

寒 24
富 20
寓 85

甯 50
寐 46
塞 60
61
骞 56
寞 48
寝 57
寨 88
赛 60
搴 56
寡 23
察 7
蜜 47
寤 73
寥 42
十二画以上
寮 42
褰 56
寰 27
蹇 31
謇 31

辶部

二至四画
辽 42
边 4
迂 84
达 12
过 24
迈 45
迁 56
迄 55
迅 79
巡 78
进 33
远 86
违 71
运 86
还 24
27
连 41
迓 79
迕 73
近 33
返 17
迎 83
这 89
迟 9
五画
述 64
迪 13
迥 34
迭 14
迮 87
迤 81
82
迫 52
54
迩 17
迦 30
迢 69
迨 12
六画
选 78
适 38
64
追 92
逅 26
逃 68
逄 52
迹 30
迸 3
送 66
迷 47
逆 50
退 70
逊 79
七画
逝 64
逑 58
逋 6
速 66
逗 15
逦 40
逐 92
逍 76
逞 9
造 87
透 70
途 70
逛 23
逖 69
逢 18
递 14
通 69
70
逡 59
八画
逵 38
逻 45
逶 71
逸 82
逭 27
逮 12
逯 44
九画
逼 4
遇 85
遏 17
遗 72
81
遄 10
遑 27
遁 16
逾 85
遒 58
道 13
遂 66
遍 5
遐 74
十画
遨 1
遘 22
遢 67
遣 56
遥 81
遛 43
十一画
遭 87
遮 89
十二画
暹 75
遴 42
遵 94
十三画以上
遽 35
邀 80
邂 76
避 4
邈 47
邃 66
邋 38

彐(彑)部

归 23
刍 10
寻 78
当 13
灵 43
录 44
帚 91
彖 70
彗 28
彘 91
彝 82
蠡 40

尸部

尸 63
一至三画
尹 83
尺 8
9
尻 36
尼 50
尽 33
四至六画
层 7
屁 53
尿 50
66
尾 72
82
局 34
屉 69
居 34
届 33
屈 58
屋 73
昼 91
咫 90
屏 5
54
屎 63
七画以上
展 88
屑 76
屐 29
屙 16
屠 70
犀 74
属 64
92
屡 44
孱 6
7
屣 74
履 35
屦 44
羼 7

己(巳)部

己 29
已 82
巳 65
巴 2
包 3
导 13
异 82
岂 55
色 61
忌 29
巷 25
75
艳 80

弓部

弓 22
引 83
弗 19
弘 26
弛 9
张 88
弟 14
弧 26
弥 47
弦 75
弩 51
弭 47
弯 71
弱 60
艴 19
弹 13
67
弼 4
强 32
56
粥 91
彀 22
疆 31
鬻 86

子(孑)部

子 93
孑 32
孓 35
一至五画
孔 37
孕 86
存 12
孙 66
孝 76
孛 3
孜 93
孚 19
孟 47
孤 22
孢 3
享 75
学 78
孥 51
六画以上
孪 44
孩 24
孰 64
孳 93
孵 19
孺 60

屮部

屯 70
93
蚩 9

女部

女 51
二至三画
奶 49
奴 51
奸 30
如 60
妁 65
妆 92
妄 71
妇 19
妃 18
好 25
她 67
妈 45
四画
妍 79
妩 73
妓 30
妪 85
妣 4
妙 47
妊 59
妖 80
妥 71
妗 33
姊 93
妨 17
妫 23
妒 16
妞 51
姒 65
妤 84
五画
妹 46
姑 22
妻 55
姐 33
妲 12
妯 91
姓 77
委 71
72
姗 61
妾 57
妮 50
始 63
姆 49
六画
娃 71
姥 39
49
娅 79
要 80
81
威 71
耍 65
姨 81
娆 59
姻 82
姝 64
娇 32
姚 80
娈 44
姣 32
姿 93
姜 31
姘 54
娄 43
姹 7
娜 49
51
七画
姬 29
娠 63
孬 49
娌 40
娱 85
娉 54
娟 35
娲 71
娥 16
娩 47
娴 75
娣 14
娑 67
娘 50
娓 72
婀 16
八画
婧 34
婊 5
娶 58
婪 39
婕 33
娼 7
婴 83
婢 4
婚 28
婵 7
婆 54
婶 63
婉 71
胬 51
九画
媒 46
媪 1
嫂 61
媛 86
婷 69
媚 46
婿 78
婺 73
十画
媾 22
嫫 48
媳 74
媲 53
嫒 1
嫉 29
嫌 75
嫁 30
嫔 54
媸 9
十一画
嫠 40
嫣 79
嫱 56
嫩 50
嫖 53
嫦 8
嫘 40
嫜 88
嫡 14
十二画以上
嬉 74
嬗 62
嬴 83
嬖 4
嬲 50
嬷 48
孀 65

马部

马 45
二至四画
冯 18
驭 85
驮 16
70
驯 79
闯 10
驰 9
驱 58
驳 5
驴 44
五画
驵 87
驶 63
驷 65
驸 19
驹 34
驺 94
驻 92
驼 70
驽 51
驾 30
驿 82
骀 67
六至十画
骁 76
骂 45
骄 32
骅 27
骆 45
骇 24
骈 53
骊 40
骋 9
验 80
骏 36
骐 55
骑 55
骒 37
骓 92
骖 6
骗 53
骘 91
骚 61
骛 73
骜 2
腾 68
骝 43
骞 56
骟 62
十一画以上
骠 5
54
骡 45
骢 11
骣 7
骤 91
骥 30
骧 75

纟部

二至三画
纠 34
纡 84
红 22
26
纣 91
纤 56
75
纥 21
25
纨 71
约 80
86
级 29
纩 38
纪 29
纫 59
四画
纬 72
纭 86
纯 10
纰 53
纱 61
纲 20
纳 49
纵 94
纶 23
45
纷 18
纸 90
纹 72
纺 18
纽 51
纾 64
五画
线 75
绀 20
绁 76
绂 19
练 41
组 94
绅 62
细 74
织 90
终 91
绉 91
绊 2
绋 19
绌 10
绍 62
绎 82
经 33
绐 12
六画
绑 2
绒 60
结 32
33
绔 37
绕 59
绗 25
绘 28
给 21
29
绚 78
绛 32
络 39
45
绝 35
绞 32
统 70
七画
绠 21
绡 76
绢 35
绣 77
66
绥 68
绦 30
继 68
绨 69
八画
绩 30
绪 78
绫 43
续 78
绮 55
绯 18
绰 8
11
绱 62
绲 24
绳 63
维 72
绵 47
绶 64
绷 3
绸 9
绺 43
绻 59
综 88
93
绽 88
绾 71
绿 44
缀 92
缁 93
九画
缂 37
缃 75
缄 31
缅 47
缆 39
缇 68
缈 47
缉 29
55
缋 28
缌 65
缎 16
4
缑 22
缒 93
缓 27
缔 14
缕 44
编 4
缗 48
缘 86
十画
缙 33
缜 89
缚 20
缛 60
辔 52
缝 18
19
缟 21
缠 7
缡 40
缢 82
缣 31
缤 5
十一画
缥 53
缦 46
缧 40
缨 83
缩 66
67
缪 47
48
49
缫 61
十二画
缬 76
缭 42
缮 62
缯 87
88
十三画以上
缰 31
缱 56
缲 57
61
缳 27
缴 32
93
缵 94
纛 13

幺部

幺 80
乡 75
幻 27
幼 84
幽 84
兹 11
93

巛部

甾 87
邕 83
巢 8

王部

王 71
一至四画
玉 85
主 92
玎 15
全 59
玑 29
弄 43
51
玖 34
玛 45
玩 71
玮 72
环 27
现 75
玫 46
玢 5
18
五画
珏 35
珐 17
珂 37
珑 43
玷 14
玳 12
珀 54
皇 27
珍 89
玲 42
珊 61
珉 48
珈 30
玻 5
六画
珥 17
珙 22

2天学会五笔字型

莹 83
顼 77
琊 79
珠 92
珩 25
珧 80
玺 74
珞 45
班 2
珲 28
七画
球 58
琏 41
琐 67
理 40
望 71
琉 43
琅 39
八画
琵 53
琴 57
琶 51
琪 55
瑛 83
琳 42
琦 55
琢 93
94
琥 26
琨 38
琼 58
斑 2
琰 80
琮 11
琬 71
琛 8
琚 34
九画
瑟 61
瑚 26
瑁 46
瑞 60
瑰 23
瑜 85
瑗 86
瑕 74
瑙 50
十至十二画
瑶 81
瑷 1
璃 41
瑭 68
瑾 33
璜 27
璀 11
璎 83
璁 11
璋 88
璇 78
璞 54
噩 17
十三画以上
璨 6
璩 58
璐 44
璧 4
瓒 87
鼍 72

韦部

韦 71
韧 59
韩 24
韪 72
韫 87
韬 68

木部

木 49
一画
本 3
末 48
未 72
术 64
92
札 88
二画
朽 77
朴 53
54
朱 91
杀 61
机 29
朵 16
杂 87
权 59
三画
杆 20
杜 15
杠 20
材 6
村 12
杖 89
杌 73
杏 77
束 64
杉 61
杓 5
62
条 69
极 29
床 10
杞 55
李 40
杨 80
杈 7
四画
枉 71
林 42
枝 90
杯 3
枢 64
枥 40
柜 23
35
枇 53
杪 47
杳 81
果 24
枘 60
枧 31
枣 87
杵 10
枚 46
枨 9
析 74
板 2
枞 11
93
采 6
松 66
枪 56
枫 18
枭 76
构 22
杭 25
枋 17
杰 32
枕 89
杷 51
杼 92
五画
标 5
柰 49
栈 88
柑 20
某 49
荣 60
枯 37
栉 91
柯 37
柄 5
柘 89
栊 43
柩 34
枰 54
栋 15
栌 44
相 75
查 7
88
柙 74
枵 76
柚 84
枳 90
柬 31
柞 88
94
柏 2
5
6
柝 71
栀 90
柃 42
柢 14
栎 41
86
枸 22
35
栅 61
88
柳 43
柱 92
柿 64
亲 57
58
栏 39
柒 55
染 59
柠 51
柁 16
70
枷 30
架 30
柽 8
树 64
柔 60
六画
框 38
梆 2
桂 24
桔 33
35
栲 36
栳 39
栽 87
郴 8
桓 27
栖 55
73
栗 41
桡 59
桎 90
柴 7
桌 93
桢 89
桄 23
档 13
桐 69
桤 55
株 92
梃 69
栝 23
桥 57
桕 34
桦 27
桁 25
栓 65
桧 24
28
桃 68
桅 72
桀 33
格 21
栾 44
桨 31
桩 92
校 32
76
核 25
26
样 80
桊 35
桉 1
案 1
根 21
栩 78
桑 61
七画
械 76
彬 5
梵 17
梗 21
梧 73
梢 62
梏 23
梨 40
梅 46
检 31
桴 19
桷 35
梓 93
梳 64
梯 68
渠 58
桫 67
梁 41
棂 43
桶 70
梭 67
八画
棒 2
楮 10
棱 40
43
棋 55
椰 81
植 90
森 61
焚 18
椟 15
椅 81
82
椠 56
椒 32
棹 89
棠 68
棵 37
棍 24
棘 29
椤 45
棰 10
椎 10
92
集 29
棉 47
棫 64
棚 52
椋 41
椁 24
棕 93
棺 23
榔 39
楗 31
棣 14
椐 34
椭 71
九画
楔 76
椿 10
椹 63
89
楠 49
禁 33
楂 7
88
楚 10
楝 41
楷 32
36
榄 39
楫 29
榀 54
楞 40
榘 35
楸 58
椴 16
槐 27
槌 10
榆 85
楱 8
榈 44
槎 7
楼 43
榉 35
楦 78
概 20
楣 46
楹 83
椽 10
十画
榛 89
榧 18
模 48
49
槛 31
36
榻 67
榫 67
榭 76
槔 21
榴 43
榱 11
槁 21
榜 2
槊 65
槟 5
榨 88
榕 60
槠 92
榷 59
榍 76
十一画
槿 33
横 26
樯 56
槽 6
槭 55
樗 10
樘 68
樱 83
樊 17
橡 76
橥 92
槲 26
樟 88
橄 20
十二画
樾 86
檠 58
橐 70
橱 10
橛 35
橇 57
樵 57
檎 57
橹 44
樽 94
樨 74
橙 9
橘 35
橼 86
十三画
藁 21
檬 47
檑 40
檄 74
檐 79
檩 42
檀 67
檗 6
十四画
檫 7
十五画以上
蘖 50

犬部

犬 59
状 92
戾 41
畎 59
哭 37
臭 10
77
献 75
猷 84
獒 1

歹部

歹 12
二至四画
列 42
死 65
夙 66
歼 30
殁 48
五至六画
残 6
殂 11
殃 80
殇 62
殄 69
殆 12
毙 4
殊 64
殉 79
七画以上
殒 86
殓 41
殍 53
殖 64
90
殚 12
殛 29
殡 5
殪 82

车部

车 8
34
一至四画
轧 20
79
88
轨 23
军 36
轩 78
轫 59
转 92
轭 17
斩 88
轮 45
软 60
轰 26
五画
轱 22
轲 37
轳 44
轴 91
轵 90
轶 82
轷 26
轸 89
轹 41
轺 80
轻 57
六画
轼 64
载 87
轾 91
晕 86
轿 32
辁 59
辂 44
较 32
七至八画
辄 89
辅 19
辆 41
辇 50
辈 3
辉 28
辊 24
辋 71
辍 11
辎 93
九至十画
辏 11
毂 22
辐 19
辑 29
输 64
辔 52
辕 86
舆 85
辖 74
辗 88
十一画以上
辘 44
辙 89
辚 42

戈部

戈 21
一至二画
戋 30
戊 73
戎 60
划 27
戌 77
戍 64
成 8
戏 26
74
三至七画
戒 33
我 72
或 28
戗 56
戕 56
哉 87
战 88
咸 75
威 71
栽 87
载 87
盏 88
戚 55
戛 30
盛 8
63
八至九画
戟 29
裁 6
惑 28
戢 29
戡 36
戥 13
戤 20
十画以上
戬 31
截 33
臧 87
戮 44
戴 12
戳 11

比部

比 4
毕 4
昆 38
毗 53
皆 32
毖 4
毙 4
琵 53

瓦部

瓦 71
瓯 51
瓮 72
瓴 42
瓷 11
瓶 54
瓿 6
甄 89
甏 4
甑 88
甓 53

止部

止 90
正 90
此 11
步 6
武 73
歧 55
肯 37
齿 9
些 76
歪 71
耻 9
整 90

支部

敲 57

日部

日 60
一至三画
旦 12
旧 34
早 87
旯 38
旮 20
旭 78
旨 90
旬 78
旰 20
旱 24
时 63
旷 38
四画
旺 71
昊 25
昙 67
者 89
昔 74
杲 21
杳 81
昃 87
昆 38
昌 7
昕 77
明 48
昏 28
易 82
昀 86
昂 1
炅 23
34
五画
春 10
昧 46
是 64
显 75
映 83
星 77
昨 94
昴 46
昝 87
昱 85
昶 8
昵 50
昭 89
六画
晋 33
晒 61
晟 63
晓 76
晃 28
晔 81
晌 62
晁 8
晏 80
晖 28
晕 86
七画
匙 9
64
晡 6
19
晤 73
晨 8
晦 28
晗 24
晚 71
八画
晴 57
暑 64
晰 74
暂 87
晶 34
智 91
晷 23
晾 41
景 34
普 54
九画
韪 72
暖 51
暗 1
暄 78
暇 74
暌 38
十至十二画
暮 49
暧 1
暝 48
题 68
暴 3
55
暾 70
十三画

2天学会五笔字型

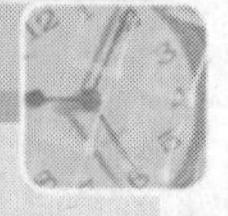

以上
曙 64
曛 78
曜 81
曝 3
55
曦 74
曩 49

曰部

曰 86
曲 58
曳 81
更 21
22
沓 12
67
冒 46
48
曷 25
曹 6
曼 45
冕 47
替 69
最 94
量 41
42
曾 7
87

贝部

贝 3
二至四画
贞 89
则 87
负 19
贡 22
财 6
员 86
责 87
贤 75
败 2
账 89
货 28
质 91
贩 17
贪 67
贫 54
贬 4
购 22
贮 92
贯 23
五画
贰 17
贱 31
贲 3
4
贳 63
贴 69
贵 24
贶 38
贷 12
贸 46
费 18
贺 25
贻 81
六至七画
贼 87
贽 91
贾 22
30
贿 28
赀 93
赁 42
赂 44
赃 87
资 93
赅 20
赆 33
赇 58
赈 90
赉 39
赊 62
八画
赋 20
赌 15
赎 64
赍 29
赏 62
赐 11
赓 21
赔 52
赕 12
九画以上
赖 39
赘 93
赙 20
赚 92
94
赛 60
赜 87
赝 80
赞 87
赠 88
赡 62
赢 83
赣 20

水(氺)部

水 65
永 84
求 58
汆 70
氽 11
凼 13
汞 22
隶 41
尿 50
66
沓 12
67
泰 67
荥 77
83
泵 3
泉 59
浆 31
32
淼 47
颍 83
黎 40
滕 68

见部

见 31
75
二至七画
观 23
规 23
觅 47
视 64
觇 7
览 39
觉 32
35
觊 30
舰 31
觋 74
八画以上
觌 14
觎 85
觏 22
觐 33
觑 58

牛(牜⺧)部

牛 51
二至四画
牝 54
牟 48
49
牡 49
告 21
牦 46
牧 49
物 73
五至六画
荦 45
牯 22
牵 56
牲 63
牮 31
特 68
牺 73
七至八画
牾 73
犁 40
犊 15
犄 29
犋 35
犍 31
56
犀 74
九画以上
犏 53
犒 36
靠 36
犟 32

手部

手 64
四至八画
拜 2
挈 57
挚 91
拿 49
挛 44
拳 59
挲 60
61
67
掌 88
掣 8
掰 2
十画以上
摹 48
搴 56
摩 45
48
擎 58
擘 2
6
攀 52

毛部

毛 46
尾 72
82
毡 88
耄 46
毪 49
毫 25
毳 11
毯 68
毽 31
毵 60
毹 64
麾 28
氅 8
氇 44
氆 54
氍 58

气部

气 55
氕 54
氘 13
氖 49
氙 75
氚 10
氛 18
氡 15
氟 19
氢 57
氩 79
氤 82
氦 24
氧 80
氨 1
氪 37
氰 57
氮 13
氯 44
氲 86

攵部

二至五画
收 64
攻 22
攸 84
改 20
孜 93
败 2
牧 49
放 18
政 90
故 23
畋 69
六至七画
敖 1
致 91
敌 14
效 76
赦 62
教 32
救 34
敕 9
敏 48
敛 41
敝 4
敢 20
八画以上
散 60
61
敬 34
敞 8
敦 16
敫 32
数 64
65
嫠 40
敷 19
整 90
𫐐 89

片部

片 53
版 2
牍 15
牌 52
牒 14
牖 84

斤部

斤 33
斥 9
斩 88
所 67
斧 19
欣 77
颀 55
断 16
斯 65
新 77

爪(爫)部

爪 89
92
孚 19
妥 71
采 6
觅 47
受 64
爬 51
乳 60
爰 86
舀 81
爱 1
奚 74
彩 6
舜 65
孵 19
虢 24
爵 36

父部

父 19
爷 81
斧 19
爸 2
釜 19
爹 14

月(⺝)部

月 86
一至三画
有 84
刖 86
肌 29
肋 39
40
肝 20
肟 72
肛 20
肚 15
16
肘 91
肖 76
肓 27
肠 8
四画
肼 34
肤 19
朊 60
肺 18
肢 90
肽 67
肱 22
肫 93
肯 37
肾 63
肿 91
肭 49
胀 89
肴 80
朋 52
肷 56
股 22
肮 1
肪 18
育 85
肩 31
肥 18
服 19
20
胁 76
五画
胡 26
胚 52
胧 43
胨 15
胩 36
背 3
胪 44
胆 12
胛 30
胂 63
胄 91
胃 72
胜 63
胙 94
胍 23
胗 89
胝 90
朐 58
胞 3
胤 83
胖 52
脉 45
48
胥 77
胫 34
胎 67
六画
胯 37
胰 81
胱 23
胴 15
胭 79
脍 38
脎 60
脆 11
脂 90
胸 77
胳 21
脏 87
脊 29
脐 55
胶 32
脑 50
胲 24
胼 53
朕 90
脒 47
朔 65
胺 1
朗 39
脓 51
能 50
七画
脚 32
35
脖 5
脯 19
54
豚 70
脶 45
脸 41
脞 12
脬 52
望 71
脱 70
脘 71
脲 50
八画
腈 33
期 29
55
腊 39
74
朝 8
89
腌 1
79
腓 18
腆 69
腴 85
脾 53
腋 81
腑 19
腙 93
腚 15
腔 56
腕 71
腱 31
九画
腻 50
腠 11
腩 49
腰 80
腼 47
腽 71
腥 77
腮 60
腭 17
腹 20
腺 75
腧 65
鹏 53
塍 9
媵 83
腾 68
腿 70
十画
膜 48
膊 6
膈 21
膏 21
膀 2
52
膂 44
膑 5
十一画
膝 74
膘 5
膛 68
滕 68
膣 91
十二画
膨 53
膪 10
膳 62
膦 42
十三画
臌 22
朦 47
臊 61
膻 61
膺 83
臁 41
臆 82
臃 84
臀 70
臂 3
4

欠部

欠 56
二至七画
次 11
欢 27
欤 84
欧 51
软 60
欣 77
炊 10
欷 74
欲 85
八画以上
款 38
欺 55
歇 76
歆 61
歃 77
歌 21
歉 56
歙 62
74

风部

风 18
飑 5
飒 60
飓 35
飕 66
飘 53
飙 5

殳部

殳 64
殴 51
殁 48
段 16
殷 79
83
般 2
毂 22
彀 22
毁 28
殿 14
毅 82

文部

文 72
刘 43
齐 55
吝 42
斋 88
虔 56
紊 72
斑 2
斌 5
斐 18
齑 29
斓 39

方部

方 17
邡 17
放 18
於 73
84
85
房 18
施 63
旆 52
旄 46
旅 44
旃 88
旁 52
旌 34
族 94
旎 50
旋 78
旒 43
旗 55
旖 82

火部

火 28
一至三画
灭 48
灰 28
灯 13
灶 87
灿 6
灼 93
灸 34
灾 87
灵 43
炀 80
四画
炜 72
炬 35
炖 16
炒 8
炅 23
34
炝 56
炙 91
炊 10
炕 36
炎 79
炉 44
炔 59
五画
荧 83
炳 5
炻 63
炼 41
炽 9
炭 68
炯 34
炸 88
烀 26
烁 65
炮 3
52
炷 92
炫 78
烂 39
烃 69
炱 67
六画
烤 36
耿 21
烘 26
烦 17
烧 62
烛 92
烟 79
烨 81
烩 28
烙 39
45
烊 80
烫 68
烬 33
七至八画
焐 73
焊 24
烯 74
焓 24
焕 27
烽 18
焖 46
烷 71
焚 18
焯 8
93
焰 80
粹 11
焙 3
焱 80
九画
煤 46
煳 26
煜 85
煨 71
煅 16
煲 3
煌 27
煊 78
煸 4
煺 70
十至十一画
熄 74
熘 43

熔 60
煽 61
熳 46
熵 62
熨 85
87
熠 82
十二画
燎 42
燠 86
燔 17
燃 59
燧 66
十三画
燥 87
十四画以上
燹 75
爆 3
爝 32
36
爨 11

斗部
斗 15
戽 26
料 42
斜 76
斛 26
斟 89
斡 73

灬部
四至八画
杰 32
点 14
烈 42
热 59
羔 21
焘 13
68
焉 79
烹 52
煮 92
舄 74
焦 32
然 59
九画以上
蒸 90
煦 78
照 89
煞 61
煎 31
熬 1
熙 74
罴 53
熏 78
79

熊 77
熟 64
熹 74
燕 79
80

户部
户 26
启 55
戾 41
肩 31
戽 26
房 18
扁 4
53
扃 34
扇 61
62
扈 27
扉 18
雇 23

礻部
一至四画
礼 40
祁 55
社 62
祀 65
祆 75
祉 90
视 64
祈 55
五画
祛 58
祜 27
祓 19
祖 94
神 63
祝 92
祚 94
祗 90
祢 47
祠 11
六画以上
祯 89
祧 69
祥 75
祷 13
祸 28
祺 55
禅 7
62
禄 44
禊 74
福 19
禚 93
禧 74
禳 59

心部
心 76
一至四画
必 4
志 91
忑 68
忒 68
70
忐 68
忘 71
忌 29
忍 59
态 67
忠 91
怂 66
念 50
忿 18
忽 26
五画
毖 4
思 65
怎 87
怨 86
急 29
总 93
怒 51
怼 16
怠 12
六画
恝 30
恚 28
恐 37
恶 16
17
73
恧 51
虑 44
恩 17
恁 50
息 74
恋 41
恣 93
恙 80
恳 37
恕 65
七至八画
悫 59
悬 78
患 27
悠 84
您 50
悉 74
恿 84
惹 59
惠 28
惑 28
悲 3
崽 87

惩 9
惫 3
九至十画
想 75
感 20
愚 85
愁 10
愆 56
愈 85
意 82
慈 11
愍 48
慝 68
愿 86
十一画
慧 28
蕊 60
憋 5
憨 24
慰 72
十二至十三画
憩 55
憝 16
懋 46
懑 46
十四画以上
懿 82
戆 21
92

肀(聿)部
聿 85
肃 66
隶 41
肆 66
肄 82
肇 89

毋(母)部
毋 73
母 49
每 46
毒 15
毓 86
纛 13

示部
示 63
佘 62
奈 49
柰 49
祟 66
票 54
祭 30
禁 33
禀 5

石部
石 12
63
二至四画
矶 29
矸 20
岩 79
矾 17
矽 73
矿 38
砀 13
码 45
砉 27
77
研 79
砖 92
砗 8
砑 79
砘 16
砒 53
砌 55
砂 61
泵 3
砚 80
斫 93
砭 4
砜 18
砍 36
五画
砝 17
砹 1
砸 87
砺 41
砻 43
砰 52
砧 89
砷 62
砟 88
砼 69
砥 14
砾 41
砬 38
砣 70
础 10
破 54
六至七画
硎 77
硅 23
硭 46
硒 73
硕 65
硖 74
硗 56
砦 88
硐 15
硇 49
硌 21
45
硬 83
硝 76
硪 73
硷 31
确 59
硫 43
八画
碛 55
碍 1
碘 14
碓 16
碑 3
硼 52
碉 14
碎 66
碚 3
碰 53
碇 15
碗 71
碌 43
44
碜 8
九画
碧 4
碡 91
碟 14
碴 7
碱 31
碣 33
碳 68
碲 14
磋 12
磁 11
碹 78
碥 4
十画
磕 37
磊 40
磐 52
磔 89
磙 24
磅 3
52
碾 50
磉 61
十一画
磬 58
磺 27
磨 48
磲 58
十二画以上
礁 32
礅 16
磷 42
磴 13
礞 47
礓 31
礤 6
礴 6

龙部
龙 43
垄 43
砻 43
聋 43
龚 22
龛 36
袭 74

业部
业 81
邺 81
凿 87
黹 90
黻 19
黼 19

目部
目 49
二至四画
盯 15
盱 77
盲 46
相 75
眄 47
眍 37
盹 16
眇 47
省 63
77
看 36
盾 16
盼 52
眨 88
眈 12
眉 46
五至七画
眚 63
眢 86
眩 78
眠 47
眙 81
眶 38
眭 66
眦 93
眺 69
眵 9
睁 90
着 89
93
眷 35
眯 47
眼 80
眸 48
睐 39
睑 31
睇 14
鼎 15
睃 67
八画
睛 33
睹 15
睦 49
瞄 47
睚 79
睫 33
督 15
睡 65
睨 50
睢 66
睥 4
53
睬 6
九至十画
睿 60
瞅 10
瞍 66
睽 38
瞀 46
瞌 37
瞒 45
瞢 47
瞎 74
瞑 48
十一画以上
瞟 54
瞠 8
瞥 54
瞰 36
瞧 57
瞬 65
瞳 70
瞵 42
瞩 92
瞪 13
瞽 22
瞿 58
瞻 88
矍 36

田部
田 69
甲 30
申 62
电 14
由 84
二至三画
町 15
69
甸 14
龟 23
36
58
亩 49
男 49
畀 4
画 27
备 3
甾 87
四画
畎 59
畏 72
毗 53
胃 72
禺 85
畋 69
畈 17
界 33
思 65
五至六画
畛 89
留 43
畜 10
78
畔 52
畚 3
畦 55
略 44
累 40
七画以上
畴 9
畲 62
番 17
52
富 20
畸 29
畹 71
畿 29
疃 70
[illegible] 50

罒部
四 65
三至八画
罗 45
罘 19
罚 17
罡 20
罢 2
罟 22
詈 41
署 64
置 91
罨 80
罪 94
罩 89
蜀 64
九画以上
罴 53
罱 39
罹 40
羁 29
罾 87
蠲 35

皿部
皿 48
三至五画
盂 84
孟 47
盅 91
盆 52
盈 83
盏 88
盐 79
盍 25
监 31
盎 1
益 82
六至九画
盔 38
盛 8
63
蛊 22
盘 52
盒 25
盗 13
盖 20
21
盟 47
十画以上
盥 23
蠲 35

钅部
金 33
一至二画
钆 20
钇 82
钉 15
针 89
钊 89
钋 54
钌 42
三画
钍 70
钎 56
钏 10
钐 61
钓 14
钒 17
钔 46
钕 51
钗 7
四画
钙 20
钚 6
钛 67
钝 16
钞 8
钟 91
钡 3
钠 49
钢 20
钣 2
钤 56
钥 81
86
钦 57
钧 36
钨 73
钩 22
钪 36
钫 17
钬 28
钭 15
70
钮 51
钯 2
51
五画
钰 85
钱 56
钲 90
钳 56
钴 22
钵 5
钶 37
钷 54
钹 5
钺 86
钻 94
钼 49
钽 68
钾 30
钿 14
69
铀 84
铁 69
铂 5
铃 42
铄 65
铅 56
79
铆 46
铈 64
铉 78
铊 67
70
铋 4
铌 50
铍 53
铎 16
六画
铐 36
铑 39
铒 17
铕 84
铖 8
铗 30
铙 49
铘 81
铛 8
13
铜 70
铝 44
铞 14
铟 83
铠 36
铡 88
铢 92
铣 74
75
铥 15
铤 69
铧 27
铨 59
铩 61
铪 24
铫 14
80
铭 48
铬 21
铮 90
铯 61
铰 32
铱 81
铲 7
铳 9
铴 68
铵 1
银 83
铷 60
七画
铸 92
铹 39
铺 54
55
铼 39
铽 68
链 41
铿 37
销 76
锁 67
锃 88
锄 10
锂 40
锅 24
锆 21
锇 16
锈 77
锉 12
锊 44
锋 18
锌 77
锍 43
锎 36
锏 31
锐 60
锑 68

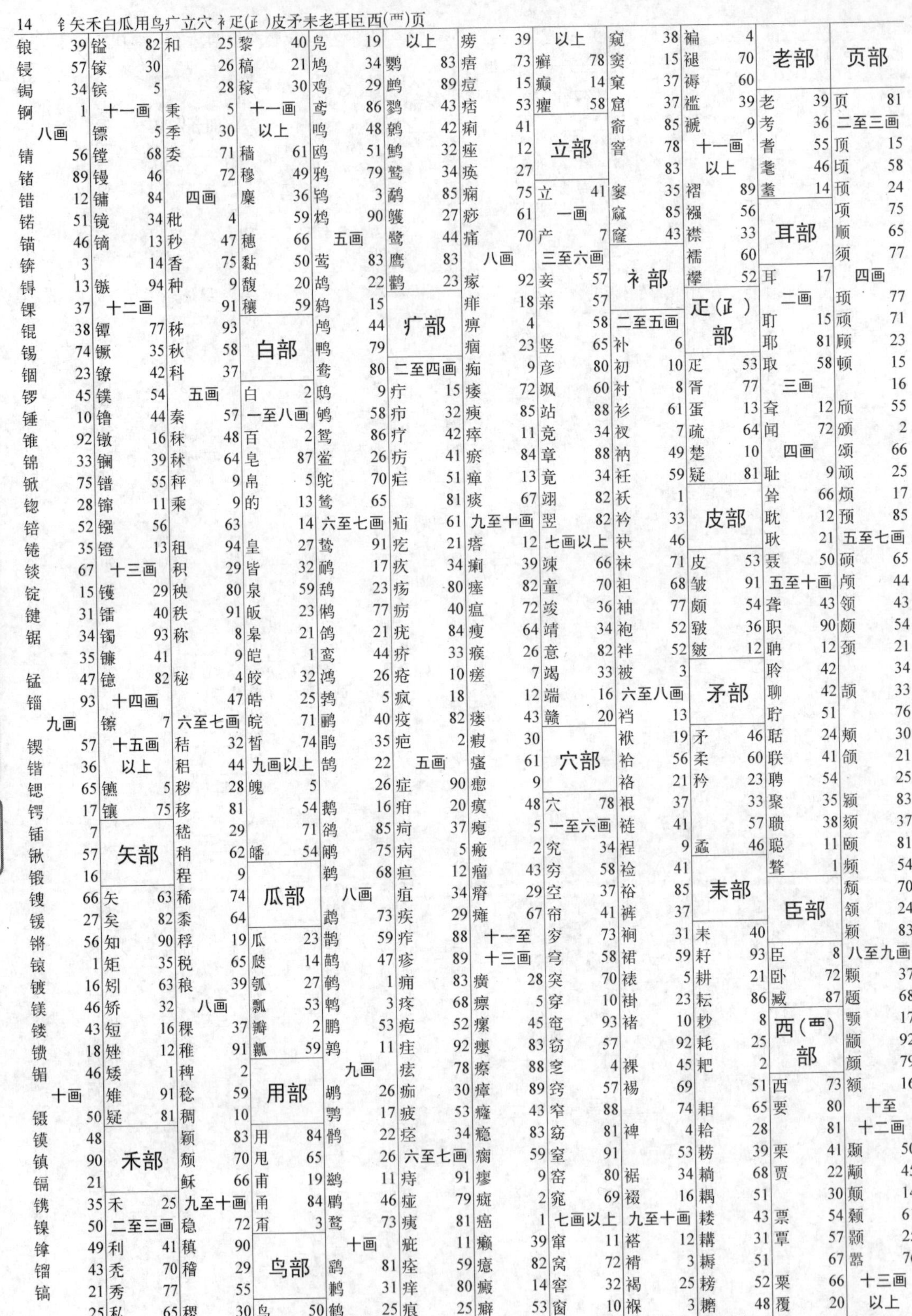

锒 39
锓 57
锔 34
锕 1
八画
锖 56
锗 89
错 12
锘 51
锚 46
锛 3
锝 13
锞 37
锟 38
锡 74
锢 23
锣 45
锤 10
锥 92
锦 33
锨 75
锪 28
锫 52
锩 35
锬 67
锭 15
键 31
锯 34
35
锰 47
锱 93
九画
锲 57
锴 36
锶 65
锷 17
锸 7
锹 57
锻 16
锼 66
锾 27
锵 56
锿 1
镀 16
镁 46
镂 43
镄 18
镅 46
十画
镊 50
镆 48
镇 90
镉 21
镌 35
镍 50
镎 49
镏 43
镐 21
25
镑 3

镒 82
镓 30
镔 5
十一画
镖 5
镗 68
镘 46
镛 84
镜 34
镝 13
14
镞 94
十二画
镡 77
镢 35
镣 42
镤 54
镥 44
镦 16
镧 39
镨 55
镩 11
镪 56
镫 13
十三画
镬 29
镭 40
镯 93
镰 41
镱 82
十四画
镲 7
十五画以上
镳 5
镶 75

矢部

矢 63
矣 82
知 90
矩 35
矧 63
矫 32
短 16
矬 12
矮 1
雉 91
疑 81

禾部

禾 25
二至三画
利 41
秃 70
秀 77
私 65
秆 20
和 25
26
28
秉 5
季 30
委 71
72
四画
秕 4
秒 47
香 75
种 9
91
秭 93
秋 58
科 37
五画
秦 57
秣 48
秫 64
秤 9
乘 9
63
租 94
积 29
秧 80
秩 91
称 8
9
秘 4
47
六至七画
秸 32
秳 44
秽 28
移 81
嵇 29
稍 62
程 9
稀 74
黍 64
稃 19
税 65
稂 39
八画
稞 37
稚 91
稗 2
稔 59
稠 10
颖 83
颓 70
稣 66
九至十画
稳 72
稹 90
稽 29
55
稷 30
稻 13
黎 40
稿 21
稼 30
十一画以上
穑 61
穆 49
穈 36
59
穗 66
黏 50
馥 20
穰 59

白部

白 2
一至八画
百 2
皂 87
帛 5
的 13
14
皇 27
皆 32
泉 59
皈 23
皋 21
皑 1
皎 32
皓 25
皖 71
皙 74
九画以上
魄 5
54
71
皤 54

瓜部

瓜 23
瓞 14
瓠 27
瓢 53
瓣 2
瓤 59

用部

用 84
甩 65
甫 19
甬 84
甭 3

鸟部

鸟 50
二至四画
凫 19
鸠 34
鸡 29
鸢 86
鸣 48
鸥 51
鸦 79
鸨 3
鸩 90
五画
莺 83
鸪 22
鸫 15
鸬 44
鸭 79
鸯 80
鸱 9
鸲 58
鸳 86
鸴 26
鸵 70
鸶 65
六至七画
鸷 91
鸸 17
鸹 23
鸺 77
鸽 21
鸾 44
鸿 26
鹁 5
鹂 40
鹃 35
鹄 22
26
鹅 16
鹆 85
鹇 75
鹈 68
八画
鹉 73
鹊 59
鹋 47
鹌 1
鹎 3
鹏 53
鹑 11
九画
鹕 26
鹗 17
鹘 22
26
鹚 11
鹛 46
鹜 73
十画
鹞 81
鹣 31
鹤 25
十一画以上
鹦 83
鹧 89
鹨 43
鹩 42
鹪 32
鹫 34
鹬 85
鹱 27
鹭 44
鹰 83
鹳 23

疒部

二至四画
疔 15
疖 32
疗 42
疠 41
疟 51
81
疝 61
疙 21
疚 34
疡 80
疬 40
疣 84
疥 33
疮 10
疯 18
疫 82
疤 2
五画
症 90
疳 20
疴 37
病 5
疸 12
疽 34
疾 29
痄 88
疹 89
痈 83
疼 68
疱 52
疰 92
痃 78
痂 30
疲 53
痉 34
六至七画
痔 91
痖 79
痍 81
疵 11
痊 59
痒 80
痕 25
痣 91
痨 39
痦 73
痘 15
痞 53
痢 41
痤 12
痪 27
痫 75
痧 61
痛 70
八画
瘃 92
痱 18
痹 4
痼 23
痴 9
痿 72
瘐 85
瘁 11
瘀 84
瘅 13
痰 67
九至十画
瘩 12
瘌 39
瘗 82
瘟 72
瘦 64
瘊 26
瘥 7
12
瘘 43
瘕 30
瘙 61
瘛 9
瘼 48
瘪 5
瘢 2
瘤 43
瘠 29
瘫 67
十一至十三画
癀 28
瘭 5
瘰 45
瘿 83
瘵 88
瘴 89
癃 43
瘾 83
瘸 59
瘳 9
癍 2
癌 1
癞 39
癔 82
癜 14
癖 53
十四画以上
癣 78
癫 14
癯 58

立部

立 41
一画
产 7
三至六画
妾 57
亲 57
58
竖 65
彦 80
飒 60
站 88
竞 34
章 88
竟 34
翊 82
翌 82
七画以上
竦 66
童 70
竣 36
靖 34
意 82
竭 33
端 16
赣 20

穴部

穴 78
一至六画
究 34
穷 58
空 37
帘 41
穸 73
穹 58
突 70
穿 10
窀 93
窃 57
窆 4
窍 57
窄 88
窈 81
窒 91
窑 80
窕 69
七画以上
窜 11
窝 72
窖 32
窗 10
窘 34
窥 38
窦 15
窠 37
窟 37
窬 85
窨 78
83
窭 35
窳 85
窿 43

衤部

二至五画
补 6
初 10
衬 8
衫 61
衩 7
衲 49
衽 59
袄 1
衿 33
袂 46
袜 71
袒 68
袖 77
袍 52
袢 52
被 3
六至八画
袺 13
袱 19
袷 56
袼 21
裉 37
裢 41
裎 9
裣 41
裕 85
裤 37
裥 31
裙 59
裱 5
褂 23
褚 10
92
裸 45
裼 69
74
裨 4
53
裾 34
裰 16
九至十画
褡 12
褙 3
褐 25
褓 3
褛 44
褊 4
褪 70
褥 60
褴 39
褫 9
十一画以上
褶 89
襁 56
襟 33
襦 60
襻 52

疋(⺪)部

疋 53
胥 77
蛋 13
疏 64
楚 10
疑 81

皮部

皮 53
皱 91
颇 54
皲 36
皴 12

矛部

矛 46
柔 60
矜 23
33
57
蟊 46

耒部

耒 40
耔 93
耕 21
耘 86
耖 8
耗 25
耙 2
51
耜 65
耠 28
耢 39
耥 68
耦 51
耧 43
耩 31
耨 51
耪 52
耱 48

老部

老 39
考 36
者 55
耄 46
耋 14

耳部

耳 17
二画
耵 15
耶 81
取 58
三画
耷 12
闻 72
四画
耻 9
耸 66
耽 12
耿 21
聂 50
五至十画
聋 43
职 90
聃 12
聆 42
聊 42
聍 51
聒 24
联 41
聘 54
聚 35
聩 38
聪 11
聱 1

臣部

臣 8
卧 72
臧 87

西(覀)部

西 73
要 80
81
栗 41
贾 22
30
票 54
覃 57
67
粟 66
覆 20

页部

页 81
二至三画
顶 15
顷 58
顸 24
项 75
顺 65
须 77
四画
顼 77
顽 71
顾 23
顿 15
16
颀 55
颁 2
颂 66
颃 25
烦 17
预 85
五至七画
硕 65
颅 44
领 43
颇 54
颈 21
34
颉 33
76
颊 30
颌 21
25
颍 83
颏 37
颐 81
频 54
颓 70
颔 24
颖 83
八至九画
颗 37
题 68
颚 17
颛 92
颜 79
额 16
十至十二画
颞 50
颟 45
颠 14
颡 61
颢 25
嚣 76
十三画以上
颤 7

88
颥 60
颦 54
颧 59

虍部

虎 26
虏 44
虐 51
虔 56
虑 44
虚 77
彪 5
虞 85
觑 58
虢 24

虫部

虫 9
一至三画
虬 58
虮 29
虱 63
虹 26
32
虾 24
74
虺 28
虿 7
虽 66
虼 21
虻 47
闽 48
蚁 82
蚤 87
蚂 45
四画
蚌 2
3
蚨 19
蚕 6
蚜 79
蚍 53
蚋 60
蚬 75
蚝 25
蚧 33
蚣 22
蚊 72
蚪 15
蚓 83
蚩 9
五画
蚶 24
萤 48
83
蛄 22
蛎 41
蛆 58
蚰 84
蚺 59
蛊 22
蚱 88
蚯 58
蛉 42
蛀 92
蛇 62
81
蛋 13
蛏 8
蚴 84
六画
蛙 71
蛩 58
蛰 89
蛱 30
蛲 49
蛭 91
蛳 65
蛐 58
蛔 28
蛛 92
蜓 69
蛞 38
蜒 79
蛤 21
24
蛮 45
蛴 55
蛟 32
蛘 80
蛑 48
七画
蜇 89
蜅 6
19
蜃 63
蛸 62
76
蜈 73
蜗 72
蜀 64
蛾 16
蜊 41
蜍 10
蜉 19
蜂 18
蜣 56
蜕 70
蛹 84
八画
蜻 57
蜞 55
蜡 39
88
蜥 74
蜮 85
蜚 18
蜾 24
蝈 24
蜴 82
蝇 83
蜘 90
蜱 53
蜩 69
蜷 59
蝉 7
蜿 71
蜜 47
螂 39
蜢 47
九画
蝽 10
蝶 15
蝾 60
蝴 26
蝻 49
蝠 19
蝰 38
蝎 76
蝌 37
蝮 20
螋 66
蝗 27
蝓 85
蝣 84
蝼 43
蝤 58
84
蝙 4
蝦 74
蝥 46
十画
螓 57
螯 1
螨 45
蟒 46
蟆 45
融 60
螈 86
螅 74
螭 9
螗 68
螃 52
螟 48
十一画
螫 64
89
蟥 28
螬 6
螵 53
螳 68
螺 45
蟋 74
蟓 76
螽 91
蟀 65
蟑 88
蟊 46
十二画
蟛 53
蟪 28
蟠 52
蟮 62
十三画
蠖 29
蠓 47
蟾 7
蟹 76
蠊 41
蠃 45
十四画
蠛 48
蠕 60
十五画以上
蠢 11
蠡 40
蠲 35
蠹 16
蠼 58

缶部

缶 19
缸 20
缺 59
罂 83
罄 58
罅 75
罐 23

舌部

舌 62
乱 44
舐 63
甜 69
鸹 23
舒 64
辞 11
舔 69

竹(⺮)部

竹 92
二至四画
竺 92
竿 20
竽 84
笈 29
笃 15
笄 29
笕 31
笔 4
笑 76
笊 89
笫 93
笏 27
笋 67
笆 2
五画
笺 30
筇 58
笨 3
笸 54
笼 43
笪 12
笛 13
笙 63
笮 87
94
符 19
笱 22
笠 41
笥 65
第 14
笤 69
笳 30
笾 4
笞 9
六画
筐 38
等 13
筘 37
筑 92
策 7
筚 4
筛 61
筒 70
筅 75
筏 17
筵 79
筌 59
答 12
筋 33
筝 90
七画
筹 9
筠 36
86
筢 51
筮 64
筻 20
筲 62
筱 76
签 56
简 31
筷 38
八画
箐 58
箦 87
箧 57
箝 56
箍 22
箸 92
箨 71
箕 29
箬 60
算 66
箅 4
箩 45
箪 12
箔 5
管 23
箜 37
箢 86
箫 76
九画
箱 75
箴 89
篑 38
篁 27
篌 26
篓 43
箭 31
篇 53
篆 92
十画
篝 22
篚 18
篥 41
篮 39
篡 11
篦 4
篪 9
篷 53
篙 21
篱 40
十一画
簧 28
簌 66
篾 48
篼 15
簏 44
簇 11
簖 16
簋 23
十二至十三画
簟 14
簪 87
簦 13
籀 91
簸 6
籁 39
簿 6
十四画以上
籍 29
纂 94

臼部

臼 34
臾 84
舁 85
舀 81
舂 9
舄 74
舅 34

自部

自 93
臬 50
臭 10
77
息 74
皋 21
鼻 4

血部

血 76
78
衄 51
衅 77

舟部

舟 91
舡 10
舢 61
舣 82
舰 31
舨 2
舱 6
般 2
航 25
舫 18
舸 21
舻 44
舳 92
盘 52
舴 87
舶 5
船 10
舷 75
舵 16
舾 73
艇 69
艄 62
艋 47
艘 66
艚 6
艟 9
艨 47

衣部

衣 81
82
二至六画
表 5
哀 1
衰 11
65
衷 91
衾 57
衮 24
袅 50
袭 74
袋 12
袈 30
袤 46
亵 76
裁 6
裂 42
裒 54
装 92
七画以上
裘 58
裔 82
裟 61
裴 52
裳 8
62
裹 24
褒 3
褰 56
襄 75
襞 4

羊(⺶⺷)部

羊 80
一至六画
羌 56
差 7
11
美 46
养 80
姜 31
羔 21
恙 80
羞 77
着 89
93
盖 20
21
羚 42
羝 13
羟 56
羡 75
善 62
翔 75
七画以上
群 59
羧 67
羯 33
羰 68
羲 74
羸 40
羹 21

米部

米 47
二至六画
籴 14
类 40
籼 75
屎 63
娄 43
籽 93
敉 47
粉 18
料 42
粑 2
粝 41
粘 50
88
粗 11
粕 54
粒 41
粜 69
粪 18
粞 73
粟 66
粤 86
粢 93
粥 91
七至十画
粳 34
粲 6
粱 41
粮 41
精 33
粼 42
粹 11
粽 94
糁 61
63
糊 26
27
糇 26
糌 87
糍 11
糈 78
糅 60
糙 6
糗 58
糖 68
糕 21
十一画以上
糟 87
糠 36
糨 32
糯 51
糵 50
鬻 86

艮(艮)部

艮 21
良 41
即 29
艰 31
垦 37
既 30
恳 37
暨 30

羽部

羽 85
三至八画
羿 82
翅 9
翁 72
扇 61
62
翎 42
翊 82
翌 82
翘 57
翕 74
翔 75
翥 92
翡 18
翟 14
88
翠 11
九画以上
翦 31
翩 53
翰 25
翮 25
翱 1
翳 82
翼 82
翻 17
耀 81

糸部

一画
系 30
74
四至七画
素 66
索 67
紧 33
紊 72
萦 83
累 40
絷 90
紫 93
絮 78
八画以上
綦 55
綮 58
繁 17
54
繇 81
84
91
縻 47
纂 94
纛 13

麦部

麦 45
麸 19
麴 58

走部

走 94
二至五画
赴 19
赵 89
赳 34
赶 20
起 55
越 86
趄 34
57
趁 8
趋 58
超 8
六画以上
趔 42
趑 93
趣 58
趟 68
趱 87

赤部

赤 9
郝 25
赦 62
赧 49
赫 25
赭 89

豆部

豆 15
豇 31
豉 9
壹 81
短 16
登 13
豌 71

酉部

酉 84
二至五画
酊 15
酋 58
酐 20
酎 91
酌 93
酒 34
配 52
酏 82
酝 86
酞 67
酗 78
酚 18
酣 24
酤 22
酢 11
94
酥 66
酡 70
六至七画
酮 70
酰 75
酯 90
酪 39
酩 48
酱 32
酬 10
酵 32
酽 80
酾 61
63
酲 9
酷 37
酶 46
酴 70
酹 40
酿 50
酸 66
八至十画
醋 11
醌 38
醇 11
醉 94
醅 52
醛 59
醐 26
醍 68
醒 77
醚 47
醑 78
醢 24
醣 68
十一画以上
醪 39
醭 6
醮 32
醯 74
醵 35
醴 40
醺 78

辰部

辰 8

辱 60
唇 10
晨 8
蜃 63

豕部

豕 63
彖 70
家 30
33
象 75
豢 27
豪 25
豫 85
豳 5
燹 75

卤部

卤 44
鹾 12

里部

里 40
厘 40
重 9
91
野 81
量 41
42
童 70

足(⻊)部

足 94
二至四画
趴 51
趸 16
趵 3
趿 67
趼 31
趺 19
距 35
趾 90
跃 86
跄 56
五画
践 31
跖 90
跋 2
跌 14
跗 19
跞 41
45
跚 61
跑 52
跎 70
跏 30
跛 6
跆 67
六画
跬 38
跫 58
跨 37
跷 56
跸 4
跣 75
跹 75
跳 69
跺 16
跪 24
路 44
跻 29
跤 32
跟 21
七至八画
踌 9
踅 78
踉 41
跽 30
踊 84
踔 11
踝 27
踢 68
踏 67
踟 9
踬 91
踩 6
踮 14
踣 6
踯 90
踪 93
踺 31
踞 35
九至十画
蹀 15
踹 10
踵 91
踽 35
踱 16
蹄 68
蹉 12
蹁 53
蹂 60
蹑 50
蹒 52
蹋 67
蹈 13
蹊 55
74
蹇 31
十一画
踷 10
蹙 11
蹦 4
蹩 5
十二画
蹰 10
蹶 35
36
蹼 55
蹯 17
蹴 11
蹲 12
16
蹭 7
蹿 11
蹬 13
十三画以上
躁 87
躅 92
躏 42
躔 7
躐 42
躜 94
躞 76

身部

身 62
射 62
躬 22
躯 58
躲 16
躺 68

采部

悉 74
番 17
52
釉 84
释 64

谷部

谷 22
85
欲 85
鹆 85
豁 28

豸部

豸 91
豺 7
豹 3
貂 14
貊 48
貅 77
貉 25
貌 46
貘 48
貔 53

角部

角 32
35
斛 26
觖 35
觞 62
觚 22
觜 93
94
觥 22
触 10
解 33
76
觫 66
觯 91
觳 26

言部

言 79
訇 26
詈 41
訾 93
詹 88
誊 68
誉 85
誓 64
謦 58
警 34
譬 53

辛部

辛 76
辜 22
辞 11
辟 4
53
辣 39
辨 5
辩 5
辫 5
瓣 2

青部

青 57
靓 34
41
靖 34
静 34
靛 14

其部

其 55
甚 63
基 29
斯 65
期 29
55
欺 55
綦 55

雨(⻗)部

雨 85
三至七画
雩 85
雪 78
雳 40
雯 72
雷 40
零 42
雾 73
雹 3
需 77
霆 69
霁 30
震 90
霄 76
霉 46
霈 52
八至十二画
霖 42
霏 18
霓 50
霍 28
霎 61
霜 65
霞 74
霪 83
霭 1
霰 75
十三画以上
霸 2
露 43
44
霹 53
霾 45

齿部

齿 9
龀 8
啮 50
龃 35
龄 43
龅 3
龆 69
龇 93
龈 37
83
龉 85
龊 11
龋 58
龌 73

黾部

黾 48
鼋 86
鼍 70

隹部

隹 92
二至六画
隼 67
隽 35
36
难 49
雀 57
59
售 64
集 29
雁 80
雄 77
雅 79
焦 32
雇 23
睢 34
雉 91
雏 10
雍 84
雌 11
雒 45
翟 14
88
八画以上
雕 14
瞿 58
雠 10
耀 81

金部

金 33
蓥 83
鉴 31
鋈 58
銮 44
鋆 73
錾 87
鍪 49
鏊 2
鎏 43
鏖 1
鐾 3
鑫 77

鱼部

鱼 85
二至七画
鱿 84
鲁 44
鲂 18
鲅 2
鲆 54
鲇 50
鲈 44
稣 66
鲋 19
鲍 3
鲎 26
鲐 67
鲑 23
鲒 33
鲔 72
鲚 30
鲛 32
鲜 75
鲞 75
鲟 78
鲠 21
鲡 40
鲢 41
鲣 30
鲥 63
鲤 40
鲦 69
鲧 24
鲨 61
鲩 27
鲫 30
八至十画
鲭 57
鲮 43
鲰 94
鲱 18
鲲 38
鲳 7
鲴 23
鲵 50
鲶 50
鲷 14
鲸 33
鲺 63
鲻 93
鲼 18
鲽 15
鳃 60
鳄 17
鳅 58
鳆 20
鳇 27
鳊 4
鳌 1
鳍 55
鳎 67
鳏 23
鳐 81
十一画以上
鳓 40
鳔 5
鳕 78
鳗 45
鳘 48
鳙 84
鳖 5
鳜 24
鳝 62
鳞 42
鳟 94
鳢 40

革部

革 21
29
二至四画
勒 40
靴 78
靳 33
靶 2
五画
靼 12
鞅 80
六画
鞋 76
鞑 12
鞒 57
鞍 1
七至八画
鞘 57
62
鞠 34
九画
鞯 31
鞭 4
鞫 34
鞣 60
十画
鞲 22
鞴 3

骨部

骨 22
骰 70
骷 37
骶 14
鹘 22
26
骺 26
骼 21
骸 24
髁 37
髀 4
髅 43
髂 56
髋 38
髌 5
髓 66
髑 15

鬼部

鬼 23
魂 28
魁 38
魅 46
魃 2
魄 5
54
71
魇 80
魉 41
魈 76
魍 71
魏 72
魑 9
魔 48

食部

食 63
65
飧 67
飨 75
餍 80
餐 6
餮 69
饕 68
饔 84

音部

音 83
歆 77
韵 87
韶 62

髟部

髡 38
髦 46
髯 59
髫 69
髻 30
髭 93
鬃 77
鬈 59
鬓 93
鬏 34
鬘 5
鬟 27
鬣 42

麻部

麻 45
麽 48
摩 45
48
麾 28
磨 48
糜 46
47
縻 47
靡 47
魔 48

鹿部

鹿 44
麂 29
麈 8
麋 47
麒 55
麓 44
麖 1
麝 62
麟 42

黑部

黑 25
墨 48
默 48
黔 56
黛 12
黝 84
黜 10
黠 74
黟 81
黢 58
黩 15
黧 40
黥 57
黯 1

鼠部

鼠 64
鼢 18
鼬 84
鼯 73
鼹 80
鼷 74

鼻部

鼻 4
劓 82
鼾 24

3. 难检字笔画表

一画
乙 82
二画
丁 15
90
七 55
九 34
匕 4
刁 14
了 40
42
乃 49
乜 48
50
三画
三 60
干 20
亍 10
于 84
亏 38
才 6
下 74
丈 89
与 84
85
万 48
71
上 62
千 56
乞 55
川 10
么 45
46
80
久 34
丸 71
及 29
亡 71
73
丫 79
义 82
之 90
已 82
巳 65
卫 72
孑 32
孓 35
也 81
飞 18
习 74
乡 75
四画
丰 18
井 34
开 36
亓 55
夫 19
天 69
元 86
无 73
云 86
专 92
丐 20
廿 50
五 73
支 90
卅 60
不 6
牙 79
屯 70
93
互 26
中 91
内 50
午 73
壬 59
升 63
夭 80
长 7
88
反 17
爻 80
乏 17
氏 63
90
丹 12
乌 73
卞 4
为 72
尹 83
尺 8
9
丑 10
巴 2
以 82
予 84
85
书 64
五画
末 48
未 72
击 29
戋 30
正 90
甘 20
世 63
本 3
术 64
92
可 37
丙 5
左 94
丕 53
右 84
布 6
戊 73
平 54
东 15
卡 36
56
北 3
凸 70
归 23
且 34
57
申 62
甲 30
电 14
由 84
史 63
央 80
冉 59
凹 1
生 63
失 63
乍 88
丘 58
斥 9
卮 90
乎 26
从 11
用 84
甩 65
氐 13
14
乐 40
86
匆 11
册 6
包 3
玄 78
兰 39
半 2
头 70
必 4
司 65
民 48
弗 19
疋 53
出 10
丝 65
六画
戎 60
考 36
老 39
亚 79
亘 21
吏 41
再 87
戌 77
在 87
百 2
而 17
戍 64
死 65
成 8
夹 20
30
夷 81
尧 80
至 90
乩 29
师 63
曳 81
曲 58
网 71
肉 60
年 50
朱 91
丢 15
乔 57
乒 54
乓 52
向 75
囟 77
后 26
兆 89
舛 10
产 7
关 23
州 91
兴 77
农 51
尽 33
丞 9
买 45
七画
戒 33
严 79
巫 73
求 58
甫 19
更 21
22
束 64
两 41
丽 40
41
来 39
芈 47
串 10
邑 82
我 72
囱 11
希 73
坐 94
龟 23
36
58
卵 44
岛 13
兑 16
弟 14
君 36
八画
奉 19
武 73
表 5
者 89
其 55
直 90
丧 61
或 28
事 64
枣 87
卖 45
非 18
些 76
果 24
畅 8
垂 10
乖 23
秉 5
臾 84
卑 3
阜 20
乳 60
周 91
枭 76
氓 46
卷 35
单 7
12
62
肃 66
隶 41
承 9
亟 29
55
九画
奏 94
哉 87
甚 63
巷 25
75
柬 31
咸 75
威 71
歪 71
面 47
韭 34
临 42
禺 85
幽 84
拜 2
重 9
91
禹 85
俎 94
胤 83
养 80
叛 52
首 64
举 35
昼 91
咫 90
癸 23
十画
艳 80
袁 86
哥 21
鬲 21
41
孬 49
乘 9
63
玺 74
高 21
离 40
弱 60
哿 21
能 50
十一画
焉 79
堇 33
黄 27
乾 56
啬 61
戚 55
匏 52
爽 65
匙 9
64
象 75
够 22
馗 38
孰 64
兽 64
艴 19
甯 51
十二画
棘 29
凿 90
辉 28
鼎 15
甥 63
黍 64
粤 86
舒 64
就 34
喾 37
巯 58
毳 91
十三画
鼓 22
赖 39
嗣 65
叠 15
十四画
嘉 30
截 33
赫 25
聚 35
斡 73
兢 34
嘏 22
30
臧 87
夥 28
舞 73
毓 86
睾 21
鼐 49
疑 81
孵 19
暨 30
十五画
赜 87
靠 36
虢 24
勰 76
豫 85
十六画
翰 25
噩 17
整 90
臻 89
冀 30
嬴 83
十七画
戴 12
豳 5
黻 19
黏 50
爵 36
赢 83
隳 28
十八画
馥 20
輾 7
十九画
黼 19
鼗 68
蠃 45
羸 40
疆 31
二十画以上
馨 77
耀 81
鼙 53
颦 54
赣 20
懿 82
囊 49
蠲 35
纛 13
矗 10

字典正文

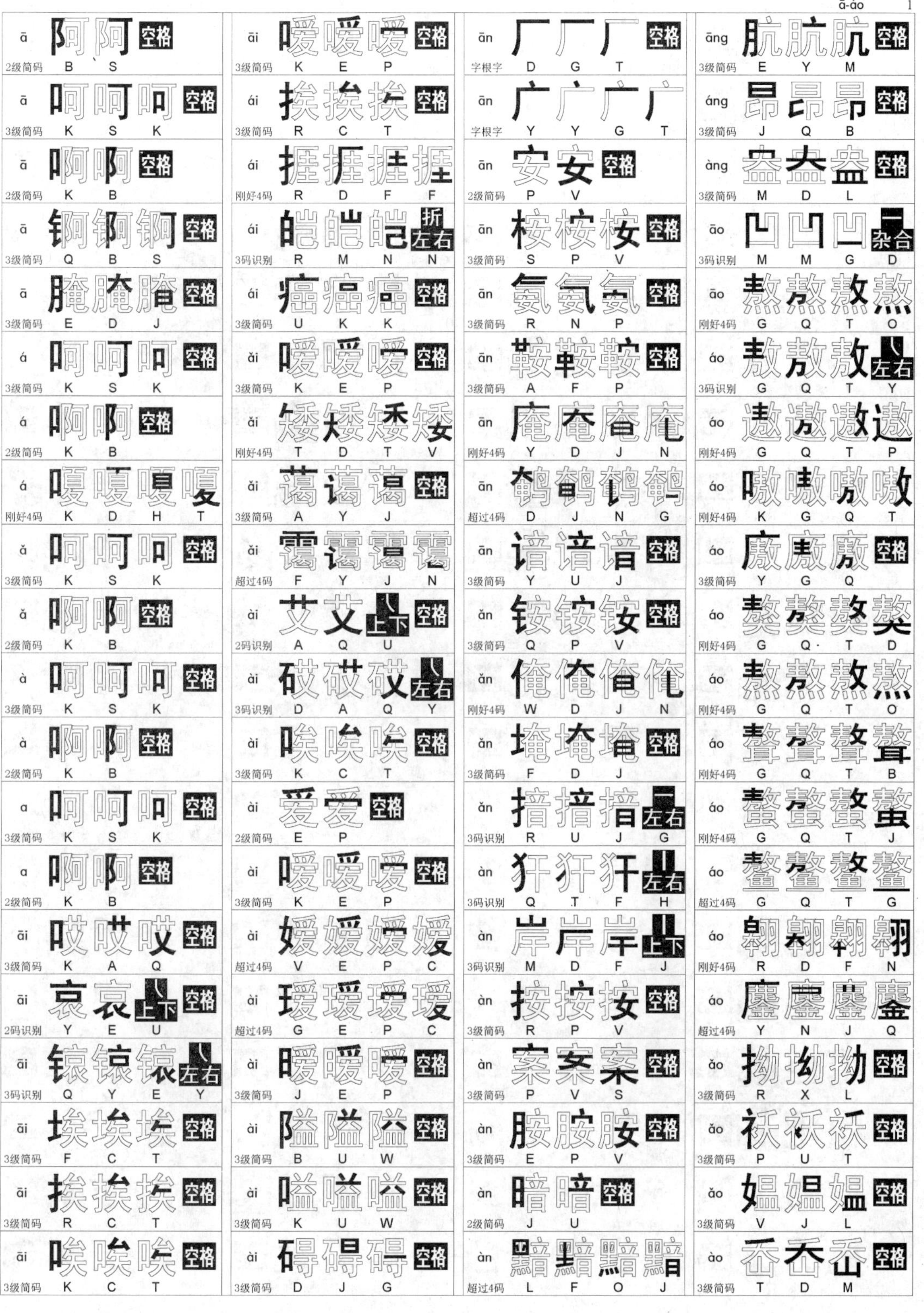

拼音	汉字	编码类型	编码
ā	阿	2级简码	B S 空格
ā	呵	3级简码	K S K 空格
ā	啊	2级简码	K B 空格
ā	锕	3级简码	Q B S 空格
ā	腌	3级简码	E D J 空格
á	呵	3级简码	K S K 空格
á	啊	2级简码	K B 空格
á	嗄	刚好4码	K D H T
ǎ	呵	3级简码	K S K 空格
ǎ	啊	2级简码	K B 空格
à	呵	3级简码	K S K 空格
à	啊	2级简码	K B 空格
a	呵	3级简码	K S K 空格
a	啊	2级简码	K B 空格
āi	哎	3级简码	K A Q 空格
āi	哀	2码识别	Y E U 空格
āi	锿	3码识别	Q Y E Y
āi	埃	3级简码	F C T 空格
āi	挨	3级简码	R C T 空格
āi	唉	3级简码	K C T 空格
āi	嗳	3级简码	K E P 空格
ái	挨	3级简码	R C T 空格
ái	捱	刚好4码	R D F F
ái	皑	3码识别	R M N N
ái	癌	3级简码	U K K 空格
ǎi	嗳	3级简码	K E P 空格
ǎi	矮	刚好4码	T D T V
ǎi	蔼	3级简码	A Y J 空格
ǎi	霭	超过4码	F Y J N
ài	艾	2码识别	A Q U 空格
ài	砹	3码识别	D A Q Y
ài	唉	3级简码	K C T 空格
ài	爱	2级简码	E P 空格
ài	嗳	3级简码	K E P 空格
ài	嫒	超过4码	V E P C
ài	瑷	超过4码	G E P C
ài	暧	3级简码	J E P 空格
ài	隘	3级简码	B U W 空格
ài	嗌	3级简码	K U W 空格
ài	碍	3级简码	D J G 空格
ān	厂	字根字	D G T 空格
ān	广	字根字	Y Y G T
ān	安	2级简码	P V 空格
ān	桉	3级简码	S P V 空格
ān	氨	3级简码	R N P 空格
ān	鞍	3级简码	A F P 空格
ān	庵	刚好4码	Y D J N
ān	鹌	超过4码	D J N G
ān	谙	3级简码	Y U J 空格
ǎn	铵	3级简码	Q P V 空格
ǎn	俺	刚好4码	W D J N
ǎn	埯	3级简码	F D J 空格
ǎn	揞	3码识别	R U J G
àn	犴	3码识别	Q T F H
àn	岸	3码识别	M D F J
àn	按	3级简码	R P V 空格
àn	案	3级简码	P V S 空格
àn	胺	3级简码	E P V 空格
àn	暗	2级简码	J U 空格
àn	黯	超过4码	L F O J
āng	肮	3级简码	E Y M 空格
áng	昂	3级简码	J Q B 空格
àng	盎	3级简码	M D L 空格
āo	凹	3码识别	M M G D
āo	熬	刚好4码	G Q T O
áo	敖	3码识别	G Q T Y
áo	遨	刚好4码	G Q T P
áo	嗷	刚好4码	K G Q T
áo	廒	3级简码	Y G Q 空格
áo	獒	刚好4码	G Q T D
áo	熬	刚好4码	G Q T O
áo	聱	刚好4码	G Q T B
áo	螯	刚好4码	G Q T J
áo	鳌	超过4码	G Q T G
áo	翱	刚好4码	R D F N
áo	鏖	超过4码	Y N J Q
ǎo	拗	3级简码	R X L 空格
ǎo	袄	3级简码	P U T 空格
ǎo	媪	3级简码	V J L 空格
ào	岙	3级简码	T D M 空格

拼音	字	类型	编码	末位
ào	坳	3级简码	F X L	空格
ào	拗	3级简码	R X L	空格
ào	傲	刚好4码	W G Q T	
ào	骜	刚好4码	G Q T C	
ào	鏊	刚好4码	G Q T Q	
ào	奥	3级简码	T M O	空格
ào	澳	3级简码	I T M	空格
ào	懊	3级简码	N T M	空格
bā	八	字根字	W T Y	空格
bā	扒	2码识别	R W Y（乀 左右）	空格
bā	叭	2码识别	K W Y（乀 左右）	空格
bā	巴	字根字	C N H	空格
bā	芭	2级简码	A C	空格
bā	吧	2级简码	K C	空格
bā	岜	2码识别	M C B（折 上下）	空格
bā	疤	2码识别	U C V（折 杂合）	空格
bā	笆	2码识别	T C B（折 上下）	空格
bā	粑	2码识别	O C N（折 左右）	空格
bā	捌	刚好4码	R K L J	
bá	拔	3级简码	R D C	空格

拼音	字	类型	编码	末位
bá	茇	3级简码	A D C	空格
bá	菝	3级简码	A R D	空格
bá	跋	刚好4码	K H D C	
bá	魃	超过4码	R Q C C	
bǎ	把	2码识别	R C N（折 左右）	空格
bǎ	钯	2码识别	Q C N（折 左右）	空格
bǎ	靶	3级简码	A F C	空格
bà	坝	2码识别	F M Y（乀 左右）	空格
bà	把	2码识别	R C N（折 左右）	空格
bà	爸	3级简码	W Q C	空格
bà	耙	3级简码	D I C	空格
bà	罢	3级简码	L F C	空格
bà	鲅	刚好4码	Q G D C	
bà	霸	3级简码	F A F	空格
bà	灞	3级简码	I F A	空格
ba	吧	2级简码	K C	空格
ba	罢	3级简码	L F C	空格
bāi	掰	刚好4码	R W V R	
bāi	擘	刚好4码	N K U R	
bái	白	键名	R R R R	

拼音	字	类型	编码	末位
bǎi	百	2级简码	D J	空格
bǎi	佰	3级简码	W D J	空格
bǎi	伯	2级简码	W R	空格
bǎi	柏	2码识别	S R G（一 左右）	空格
bǎi	捭	3级简码	R R T	空格
bǎi	摆	3级简码	R L F	空格
bài	呗	2码识别	K M Y（乀 左右）	空格
bài	败	2码识别	M T Y（乀 左右）	空格
bài	拜	3码识别	R D F H（丨 左右）	
bài	稗	刚好4码	T R T F	
bān	扳	3级简码	R R C	空格
bān	颁	3级简码	W V D	空格
bān	班	3级简码	G Y T	空格
bān	斑	3级简码	G Y G	空格
bān	癍	3级简码	U G Y	空格
bān	般	3级简码	T E M	空格
bān	搬	3级简码	R T E	空格
bān	瘢	超过4码	U T E C	
bǎn	阪	3码识别	B R C Y（乀 左右）	
bǎn	坂	3级简码	F R C	空格

拼音	字	类型	编码	末位
bǎn	板	3级简码	S R C	空格
bǎn	版	超过4码	T H G C	
bǎn	钣	3级简码	Q R C	空格
bǎn	舨	刚好4码	T E R C	
bàn	办	2级简码	L W	空格
bàn	半	2级简码	U F	空格
bàn	伴	3级简码	W U F	空格
bàn	拌	3码识别	R U F H（丨 左右）	
bàn	绊	3级简码	X U F	空格
bàn	扮	3级简码	R W V	空格
bàn	瓣	2级简码	U R	空格
bāng	邦	3级简码	D T B	空格
bāng	帮	2级简码	D T	空格
bāng	梆	3级简码	S D T	空格
bāng	浜	刚好4码	I R G W	
bǎng	绑	3级简码	X D T	空格
bǎng	榜	3级简码	S U P	空格
bǎng	膀	3级简码	E U P	空格
bàng	蚌	3级简码	J D H	空格
bàng	棒	3级简码	S D W	空格

拼音	汉字	类型	编码	备注
bàng	傍	3级简码	W U P	空格
bàng	谤	3级简码	Y U P	空格
bàng	蒡	刚好4码	A U P Y	
bàng	磅	3级简码	D U P	空格
bàng	镑	3级简码	Q U P	空格
bāo	包	2级简码	Q N	空格
bāo	苞	3级简码	A Q N	空格
bāo	孢	3级简码	B Q N	空格
bāo	胞	3级简码	E Q N	空格
bāo	炮	2级简码	O Q	空格
bāo	龅	超过4码	H W B N	
bāo	剥	3码识别	V I J H	左右
bāo	煲	刚好4码	W K S O	
bāo	褒	3级简码	Y W K	空格
báo	雹	3级简码	F Q N	空格
báo	薄	3级简码	A I G	空格
bǎo	饱	刚好4码	Q N Q N	
bǎo	宝	3级简码	P G Y	空格
bǎo	保	2级简码	W K	空格
bǎo	葆	3级简码	A W K	空格
bǎo	堡	刚好4码	W K S F	
bǎo	褓	超过4码	P U W S	
bǎo	鸨	3级简码	X F Q	空格
bào	报	2级简码	R B	空格
bào	刨	3码识别	Q N J H	左右
bào	抱	3级简码	R Q N	空格
bào	鲍	3级简码	Q G Q	空格
bào	趵	刚好4码	K H Q Y	
bào	豹	刚好4码	E E Q Y	
bào	暴	3级简码	J A W	空格
bào	瀑	3级简码	I J A	空格
bào	曝	3级简码	J J A	空格
bào	爆	3级简码	O J A	空格
bēi	陂	3级简码	B H C	空格
bēi	杯	3级简码	S G I	空格
bēi	卑	3码识别	R T F J	上下
bēi	庳	3级简码	Y R T	空格
bēi	碑	3级简码	D R T	空格
bēi	鹎	超过4码	R T F G	
bēi	背	3级简码	U X E	空格
bēi	悲	刚好4码	D J D N	
běi	北	2级简码	U X	空格
bèi	贝	字根字	M H N Y	
bèi	狈	3码识别	Q T M Y	左右
bèi	钡	2码识别	Q M Y	左右 空格
bèi	孛	3码识别	F P B F	上下
bèi	悖	刚好4码	N F P B	
bèi	邶	3级简码	U X B	空格
bèi	背	3级简码	U X E	空格
bèi	褙	超过4码	P U U E	
bèi	备	2码识别	T L F	上下 空格
bèi	惫	3级简码	T L N	空格
bèi	鞴	超过4码	A F A E	
bèi	倍	3级简码	W U K	空格
bèi	焙	3级简码	O U K	空格
bèi	蓓	刚好4码	A W U K	
bèi	碚	3级简码	D U K	空格
bèi	被	刚好4码	P U H C	
bèi	辈	刚好4码	D J D L	
bèi	鐾	刚好4码	N K U Q	
bei	呗	2码识别	K M Y	左右 空格
bei	臂	刚好4码	N K U E	
bēn	奔	3级简码	D F A	空格
bēn	锛	3级简码	Q D F	空格
bēn	贲	3级简码	F A M	空格
běn	本	2级简码	S G	空格
běn	苯	3级简码	A S G	空格
běn	畚	3级简码	C D L	空格
bèn	夯	特别规定	D L B	折 上下 空格
bèn	坌	3码识别	W V F F	上下
bèn	奔	3级简码	D F A	空格
bèn	笨	3级简码	T S G	空格
bēng	崩	3级简码	M E E	空格
bēng	嘣	3级简码	K M E	空格
bēng	绷	3级简码	X E E	空格
béng	甭	3级简码	G I E	空格
běng	绷	3级简码	X E E	空格
bèng	泵	2码识别	D I U	上下 空格
bèng	迸	3级简码	U A P	空格
bèng	蚌	3级简码	J D H	空格

3

速查字典

bèng	甏	超过4码	F K U N
bèng	蹦	超过4码	K H M E
bī	逼	刚好4码	G K L P
bí	荸	刚好4码	A F P B
bí	鼻	3级简码	T H L 空格
bǐ	匕	字根字	X T N 空格
bǐ	比	2级简码	X X 空格
bǐ	吡	3级简码	K X X 空格
bǐ	妣	3级简码	V X X 空格
bǐ	秕	3级简码	T X X 空格
bǐ	彼	3级简码	T H C 空格
bǐ	笔	2级简码	T T 空格
bǐ	俾	3级简码	W R T 空格
bǐ	鄙	3级简码	K F L 空格
bì	币	3级简码	T M H 空格
bì	必	2级简码	N T 空格
bì	泌	3级简码	I N T 空格
bì	毖	刚好4码	X X N T
bì	铋	3码识别	Q N T T（丿 左右）
bì	秘	2级简码	T N 空格
bì	毕	3级简码	X X F 空格
bì	荜	刚好4码	A X X F
bì	哔	刚好4码	K X X F
bì	筚	刚好4码	T X X F
bì	跸	超过4码	K H X F
bì	庇	3级简码	Y X X 空格
bì	陛	2级简码	B X 空格
bì	毙	超过4码	X X G X
bì	狴	超过4码	Q T X F
bì	闭	3级简码	U F T 空格
bì	畀	3级简码	L G J 空格
bì	痹	刚好4码	U L G J
bì	箅	3级简码	T L G 空格
bì	贲	3级简码	F A M 空格
bì	庳	3级简码	Y R T 空格
bì	婢	3级简码	V R T 空格
bì	睥	3级简码	H R T 空格
bì	裨	3级简码	P U R 空格
bì	髀	超过4码	M E R F
bì	敝	3级简码	U M I 空格
bì	蔽	3级简码	A U M 空格
bì	弊	超过4码	U M I A
bì	弼	3级简码	X D J 空格
bì	愎	刚好4码	N T J T
bì	蓖	3级简码	A T L 空格
bì	萆	3级简码	A R T 空格
bì	篦	超过4码	T T L X
bì	滗	3级简码	I T T 空格
bì	辟	3级简码	N K U 空格
bì	薜	3级简码	A N K 空格
bì	壁	刚好4码	N K U F
bì	避	2级简码	N K 空格
bì	嬖	刚好4码	N K U V
bì	臂	刚好4码	N K U E
bì	璧	超过4码	N K U Y
bì	襞	超过4码	N K U E
bì	碧	3级简码	G R D 空格
bì	濞	超过4码	I T H J
biān	边	2级简码	L P 空格
biān	笾	3级简码	T L P 空格
biān	砭	3级简码	D T P 空格
biān	编	超过4码	X Y N A
biān	煸	超过4码	O Y N A
biān	蝙	超过4码	J Y N A
biān	鳊	超过4码	Q G Y A
biān	鞭	3级简码	A F W 空格
biǎn	贬	3级简码	M T P 空格
biǎn	窆	刚好4码	P W T P
biǎn	扁	刚好4码	Y N M A
biǎn	匾	超过4码	A Y N A
biǎn	碥	超过4码	D Y N A
biǎn	褊	超过4码	P U Y A
biàn	卞	2码识别	Y H U（上下） 空格
biàn	苄	3级简码	A Y H 空格
biàn	汴	3级简码	I Y H 空格
biàn	忭	3码识别	N Y H Y（左右）
biàn	弁	2码识别	C A J（上下） 空格
biàn	变	2级简码	Y O 空格
biàn	便	3级简码	W G J 空格
biàn	缏	超过4码	X W G Q

拼音	汉字	类型	编码	结束
biàn	遍	3级简码	Y N M	空格
biàn	辨	3级简码	U Y T	空格
biàn	辩	3级简码	U Y U	空格
biàn	辫	3级简码	U X U	空格
biāo	杓	3码识别	S Q Y Y	左右
biāo	标	3级简码	S F I	空格
biāo	飑	刚好4码	M Q Q N	
biāo	彪	刚好4码	H A M E	
biāo	骠	3级简码	C S F	空格
biāo	膘	3级简码	E S F	空格
biāo	镖	3级简码	Q S F	空格
biāo	瘭	3级简码	U S F	空格
biāo	飙	超过4码	D D D Q	
biāo	镳	超过4码	Q Y N O	
biǎo	表	2级简码	G E	空格
biǎo	婊	3码识别	V G E Y	左右
biǎo	裱	刚好4码	P U G E	
biào	鳔	3级简码	Q G S	空格
biē	瘪	超过4码	U T H X	
biē	憋	超过4码	U M I N	
biē	鳖	超过4码	U M I G	
bié	别	3级简码	K L J	空格
bié	蹩	超过4码	U M I H	
biě	瘪	超过4码	U T H X	
biè	别	3级简码	K L J	空格
bīn	玢	3级简码	G W V	空格
bīn	宾	2级简码	P R	空格
bīn	傧	3级简码	W P R	空格
bīn	滨	3级简码	I P R	空格
bīn	缤	3级简码	X P R	空格
bīn	槟	3级简码	S P R	空格
bīn	镔	3级简码	Q P R	空格
bīn	彬	3级简码	S S E	空格
bīn	斌	3级简码	Y G A	空格
bīn	濒	超过4码	I H I M	
bīn	豳	3级简码	E E M	空格
bìn	摈	3级简码	R P R	空格
bìn	殡	3级简码	G Q P	空格
bìn	膑	3级简码	E P R	空格
bìn	髌	超过4码	M E P W	
bìn	鬓	超过4码	D E P W	
bīng	冰	2级简码	U I	空格
bīng	并	2级简码	U A	空格
bīng	兵	3级简码	R G W	空格
bīng	槟	3级简码	S P R	空格
bǐng	丙	3级简码	G M W	空格
bǐng	邴	刚好4码	G M W B	
bǐng	柄	3级简码	S G M	空格
bǐng	炳	3级简码	O G M	空格
bǐng	秉	3级简码	T G V	空格
bǐng	饼	3级简码	Q N U	空格
bǐng	屏	3级简码	N U A	空格
bǐng	禀	超过4码	Y L K I	
bìng	并	2级简码	U A	空格
bìng	摒	刚好4码	R N U A	
bìng	病	3级简码	U G M	空格
bō	拨	3级简码	R N T	空格
bō	波	3级简码	I H C	空格
bō	玻	3级简码	G H C	空格
bō	菠	3级简码	A I H	空格
bō	钵	3级简码	Q S G	空格
bō	饽	超过4码	Q N F B	
bō	剥	3码识别	V I J H	左右
bō	播	刚好4码	R T O L	
bó	伯	2级简码	W R	空格
bó	帛	3级简码	R M H	空格
bó	泊	2级简码	I R	空格
bó	柏	2码识别	S R G	左右 空格
bó	铂	2码识别	Q R G	左右 空格
bó	舶	3级简码	T E R	空格
bó	箔	3级简码	T I R	空格
bó	魄	刚好4码	R R Q C	
bó	驳	3级简码	C Q Q	空格
bó	勃	3级简码	F P B	空格
bó	脖	3级简码	E F P	空格
bó	鹁	超过4码	F P B G	
bó	渤	3级简码	I F P	空格
bó	钹	3码识别	Q D C Y	左右
bó	亳	刚好4码	Y P T A	
bó	博	3级简码	F G E	空格

拼音	字	类型	编码
bó	搏	超过4码	R G E F
bó	膊	超过4码	E G E F
bó	薄	3级简码	A I G
bó	礴	3级简码	D A I
bó	踣	刚好4码	K H U K
bǒ	跛	刚好4码	K H H C
bǒ	簸	超过4码	T A D C
bò	柏	2码识别	S R G
bò	薄	3级简码	A I G
bò	檗	刚好4码	N K U S
bò	擘	刚好4码	N K U R
bò	簸	超过4码	T A D C
bo	卜	字根字	H H Y
bo	啵	3级简码	K I H
bū	逋	超过4码	G E H P
bū	晡	超过4码	J G E Y
bú	醭	超过4码	S G O Y
bǔ	卜	字根字	H H Y
bǔ	卟	2码识别	K H Y
bǔ	补	3级简码	P U H
bǔ	捕	3级简码	R G E
bǔ	哺	3级简码	K G E
bǔ	堡	刚好4码	W K S F
bù	不	1级简码	I
bù	钚	3码识别	Q G I Y
bù	布	3级简码	D M H
bù	怖	3级简码	N D M
bù	步	2级简码	H I
bù	埔	超过4码	F G E Y
bù	部	2级简码	U K
bù	瓿	3级简码	U K G
bù	埠	3级简码	F W N
bù	簿	3级简码	T I G
cā	拆	3级简码	R R Y
cā	擦	超过4码	R P W I
cā	嚓	3级简码	K P W
cǎ	礤	3级简码	D A W
cāi	猜	刚好4码	Q T G E
cái	才	2级简码	F T
cái	材	3级简码	S F T
cái	财	2级简码	M F
cái	裁	3级简码	F A Y
cǎi	采	2级简码	E S
cǎi	彩	3级简码	E S E
cǎi	睬	3级简码	H E S
cǎi	踩	刚好4码	K H E S
cài	采	2级简码	E S
cài	菜	2级简码	A E
cài	蔡	3级简码	A W F
cān	参	2级简码	C D
cān	骖	3级简码	C C D
cān	餐	2级简码	H Q
cán	残	3级简码	G Q G
cán	蚕	3级简码	G D J
cán	惭	2级简码	N L
cǎn	惨	3级简码	N C D
càn	灿	2级简码	O M
càn	孱	3级简码	N B B
càn	粲	刚好4码	H Q C O
càn	璨	3级简码	G H Q
cāng	仓	2码识别	W B B
cāng	伧	3码识别	W W B N
cāng	苍	3级简码	A W B
cāng	沧	3级简码	I W B
cāng	舱	3级简码	T E W
cáng	藏	超过4码	A D N T
cāo	操	3级简码	R K K
cāo	糙	3级简码	O T F
cáo	曹	3级简码	G M A
cáo	嘈	超过4码	K G M J
cáo	漕	超过4码	I G M J
cáo	槽	超过4码	S G M J
cáo	螬	超过4码	J G M J
cáo	艚	超过4码	T E G J
cǎo	草	2码识别	A J J
cè	册	2级简码	M M
cè	厕	3码识别	D M J K
cè	侧	3级简码	W M J
cè	测	3级简码	I M J
cè	恻	3级简码	N M J

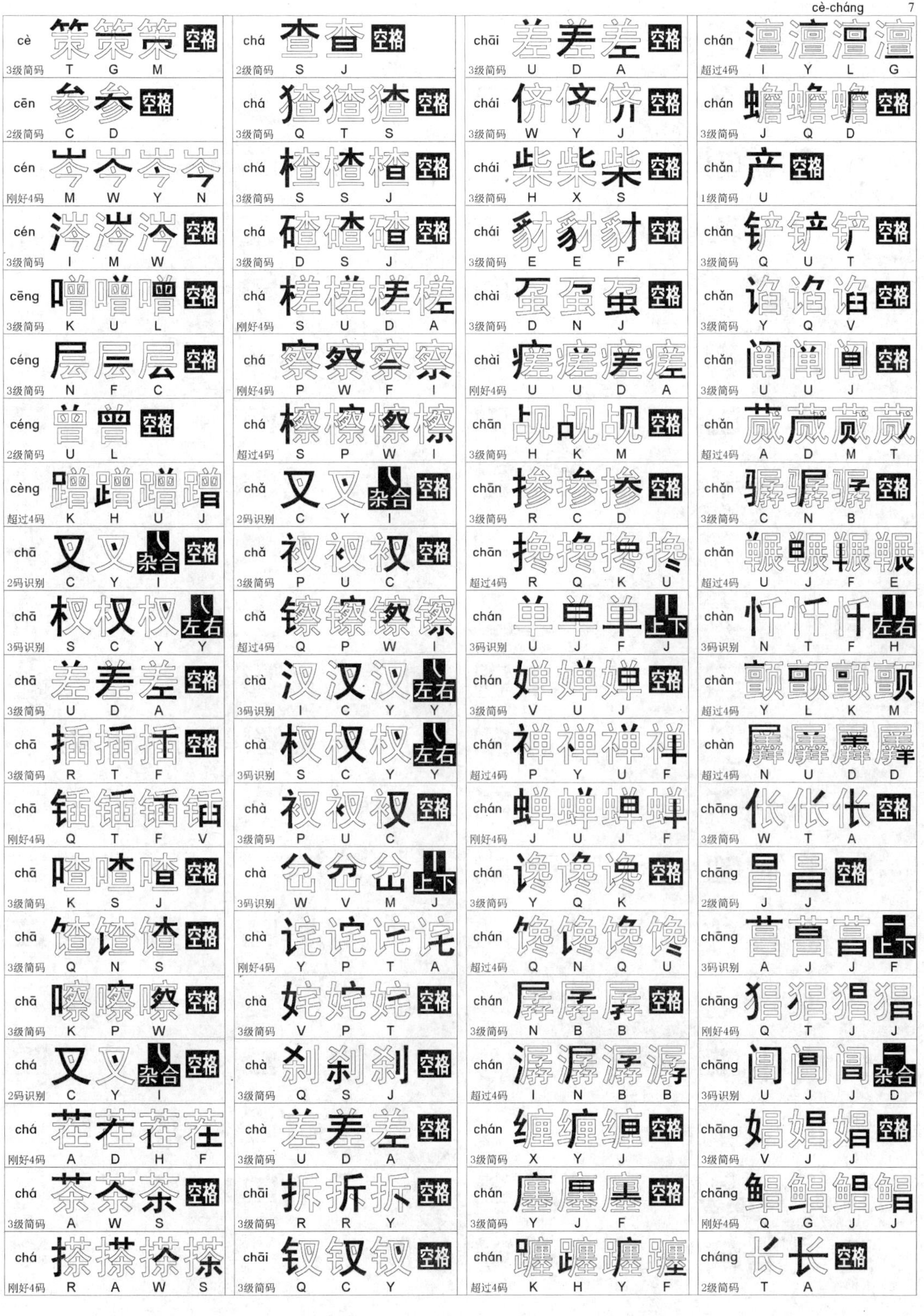

拼音	汉字	编码类型	键位	附注
cè	策	3级简码	T G M	空格
cēn	参	2级简码	C D	空格
cén	岑	刚好4码	M W Y N	
cén	涔	3级简码	I M W	空格
cēng	噌	3级简码	K U L	空格
céng	层	3级简码	N F C	空格
céng	曾	2级简码	U L	空格
cèng	蹭	超过4码	K H U J	
chā	叉	2码识别	C Y I	杂合 空格
chā	杈	3码识别	S C Y Y	左右
chā	差	3级简码	U D A	空格
chā	插	3级简码	R T F	空格
chā	锸	刚好4码	Q T F V	
chā	喳	3级简码	K S J	空格
chā	馇	3级简码	Q N S	空格
chā	嚓	3级简码	K P W	空格
chá	叉	2码识别	C Y I	杂合 空格
chá	茬	刚好4码	A D H F	
chá	茶	3级简码	A W S	空格
chá	搽	刚好4码	R A W S	
chá	查	2级简码	S J	空格
chá	猹	3级简码	Q T S	空格
chá	楂	3级简码	S S J	空格
chá	碴	3级简码	D S J	空格
chá	槎	刚好4码	S U D A	
chá	察	刚好4码	P W F I	
chá	檫	超过4码	S P W I	
chǎ	叉	2码识别	C Y I	杂合 空格
chǎ	衩	3级简码	P U C	空格
chǎ	镲	超过4码	Q P W I	
chà	汊	3码识别	I C Y Y	左右
chà	杈	3码识别	S C Y Y	左右
chà	衩	3级简码	P U C	空格
chà	岔	3码识别	W V M J	上下
chà	诧	刚好4码	Y P T A	
chà	姹	3级简码	V P T	空格
chà	刹	3级简码	Q S J	空格
chà	差	3级简码	U D A	空格
chāi	拆	3级简码	R R Y	空格
chāi	钗	3级简码	Q C Y	空格
chāi	差	3级简码	U D A	空格
chái	侪	3级简码	W Y J	空格
chái	柴	3级简码	H X S	空格
chái	豺	3级简码	E E F	空格
chài	虿	3级简码	D N J	空格
chài	瘥	刚好4码	U U D A	
chān	觇	3级简码	H K M	空格
chān	掺	3级简码	R C D	空格
chān	搀	超过4码	R Q K U	
chán	单	3码识别	U J F J	上下
chán	婵	3级简码	V U J	空格
chán	禅	超过4码	P Y U F	
chán	蝉	刚好4码	J U J F	
chán	谗	3级简码	Y Q K	空格
chán	馋	超过4码	Q N Q U	
chán	孱	3级简码	N B B	空格
chán	潺	超过4码	I N B B	
chán	缠	3级简码	X Y J	空格
chán	廛	3级简码	Y J F	空格
chán	躔	超过4码	K H Y F	
chán	澶	超过4码	I Y L G	
chán	蟾	3级简码	J Q D	空格
chǎn	产	1级简码	U	空格
chǎn	铲	3级简码	Q U T	空格
chǎn	谄	3级简码	Y Q V	空格
chǎn	阐	3级简码	U U J	空格
chǎn	蒇	超过4码	A D M T	
chǎn	骣	3级简码	C N B	空格
chǎn	冁	超过4码	U J F E	
chàn	忏	3码识别	N T F H	左右
chàn	颤	超过4码	Y L K M	
chàn	羼	超过4码	N U D D	
chāng	伥	3级简码	W T A	空格
chāng	昌	2级简码	J J	空格
chāng	菖	3码识别	A J J F	上下
chāng	猖	刚好4码	Q T J J	
chāng	阊	3码识别	U J J D	杂合
chāng	娼	3级简码	V J J	空格
chāng	鲳	刚好4码	Q G J J	
cháng	长	2级简码	T A	空格

拼音	汉字	类型	编码	补码
cháng	苌	3级简码	A T A	空格
cháng	场	3码识别	F N R T	丿左右
cháng	肠	3级简码	E N R	空格
cháng	尝	3级简码	I P F	空格
cháng	偿	2级简码	W I	空格
cháng	倘	3级简码	W I M	空格
cháng	徜	3级简码	T I M	空格
cháng	常	超过4码	I P K H	
cháng	嫦	超过4码	V I P H	
cháng	裳	超过4码	I P K E	
chǎng	厂	字根字	D G T	
chǎng	场	3码识别	F N R T	丿左右
chǎng	昶	刚好4码	Y N I J	
chǎng	惝	3级简码	N I M	空格
chǎng	敞	刚好4码	I M K T	
chǎng	氅	超过4码	I M K N	
chàng	怅	3级简码	N T A	空格
chàng	畅	刚好4码	J H N R	
chàng	倡	3码识别	W J J G	一左右
chàng	唱	3级简码	K J J	空格

拼音	汉字	类型	编码	补码
chàng	鬯	3级简码	Q O B	空格
chāo	抄	3级简码	R I T	空格
chāo	吵	2级简码	K I	空格
chāo	钞	3级简码	Q I T	空格
chāo	怊	3级简码	N V K	空格
chāo	超	3级简码	F H V	空格
chāo	绰	3级简码	X H J	空格
chāo	焯	3级简码	O H J	空格
chāo	剿	刚好4码	V J S J	
cháo	晁	3码识别	J I Q B	折上下
cháo	巢	3级简码	V J S	空格
cháo	朝	3级简码	F J E	空格
cháo	嘲	3级简码	K F J	空格
cháo	潮	3级简码	I F J	空格
chǎo	吵	2级简码	K I	空格
chǎo	炒	2级简码	O I	空格
chào	耖	刚好4码	D I I T	
chē	车	字根字	L G	空格
chē	砗	2码识别	D L H	丨左右 空格
chě	尺	2码识别	N Y I	丶杂合 空格

拼音	汉字	类型	编码	补码
chě	扯	2码识别	R H G	一左右 空格
chè	彻	特别规定	T A V N	折左右
chè	坼	3级简码	F R Y	空格
chè	掣	超过4码	R M H R	
chè	撤	3级简码	R Y C	空格
chè	澈	超过4码	I Y C T	
chēn	抻	3级简码	R J H	空格
chēn	郴	3级简码	S S B	空格
chēn	琛	3级简码	G P W	空格
chēn	嗔	刚好4码	K F H W	
chén	臣	3级简码	A H N	空格
chén	辰	3级简码	D F E	空格
chén	宸	刚好4码	P D F E	
chén	晨	2级简码	J D	空格
chén	尘	2码识别	I F F	一上下 空格
chén	塵	超过4码	Y N J G	
chén	沈	3级简码	I P Q	空格
chén	忱	2级简码	N P	空格
chén	沉	3级简码	I P M	空格
chén	陈	2级简码	B A	空格

拼音	汉字	类型	编码	补码
chén	谌	超过4码	Y A D N	
chěn	碜	3级简码	D C D	空格
chèn	衬	3级简码	P U F	空格
chèn	龀	刚好4码	H W B X	
chèn	称	2级简码	T Q	空格
chèn	趁	刚好4码	F H W E	
chèn	榇	3级简码	S U S	空格
chèn	谶	超过4码	Y W W G	
chen	伧	3码识别	W W B N	折左右
chēng	柽	3码识别	S C F G	一左右
chēng	蛏	3码识别	J C F G	一左右
chēng	称	2级简码	T Q	空格
chēng	铛	3级简码	Q I V	空格
chēng	撑	3级简码	R I P	空格
chēng	瞠	3级简码	H I P	空格
chéng	成	2级简码	D N	空格
chéng	诚	3级简码	Y D N	空格
chéng	城	2级简码	F D	空格
chéng	盛	超过4码	D N N L	
chéng	铖	3级简码	Q D N	空格

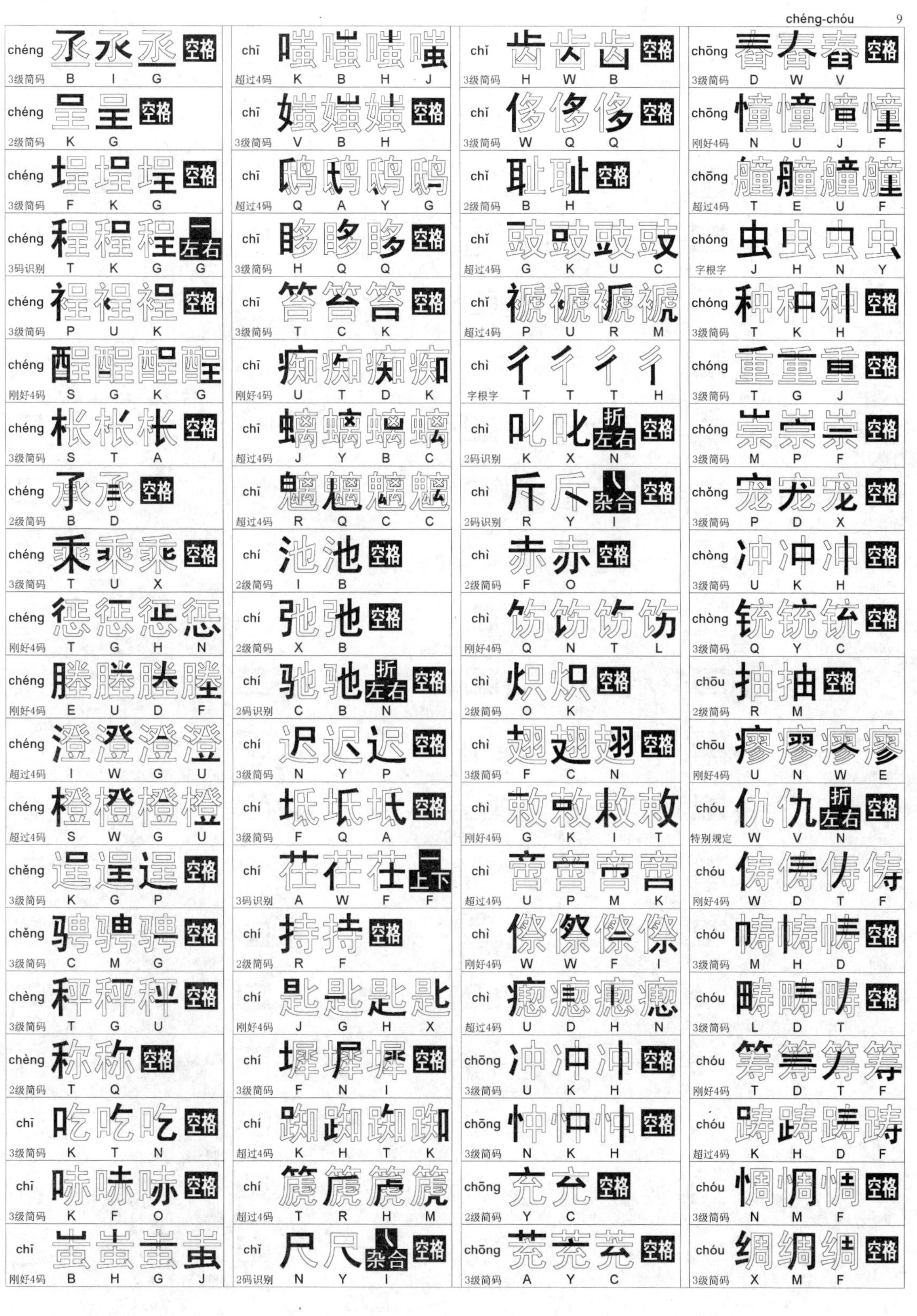

chéng	丞	3级简码	B	I	G	空格
chéng	呈	2级简码	K	G	空格	
chéng	埕	3级简码	F	K	G	空格
chéng	程	3码识别	T	K	G	G（一 左右）
chéng	裎	3级简码	P	U	K	空格
chéng	酲	刚好4码	S	G	K	G
chéng	枨	3级简码	S	T	A	空格
chéng	承	2级简码	B	D	空格	
chéng	乘	3级简码	T	U	X	空格
chéng	惩	刚好4码	T	G	H	N
chéng	塍	刚好4码	E	U	D	F
chéng	澄	超过4码	I	W	G	U
chéng	橙	超过4码	S	W	G	U
chěng	逞	3级简码	K	G	P	空格
chěng	骋	3级简码	C	M	G	空格
chèng	秤	3级简码	T	G	U	空格
chèng	称	2级简码	T	Q	空格	
chī	吃	3级简码	K	T	N	空格
chī	哧	3级简码	K	F	O	空格
chī	蚩	刚好4码	B	H	G	J
chī	嗤	超过4码	K	B	H	J
chī	媸	3级简码	V	B	H	空格
chī	鸱	超过4码	Q	A	Y	G
chī	眵	3级简码	H	Q	Q	空格
chī	笞	3级简码	T	C	K	空格
chī	痴	刚好4码	U	T	D	K
chī	螭	超过4码	J	Y	B	C
chī	魑	超过4码	R	Q	C	C
chí	池	2级简码	I	B	空格	
chí	弛	2级简码	X	B	空格	
chí	驰	2码识别	C	B	N（折 左右）	空格
chí	迟	3级简码	N	Y	P	空格
chí	坻	3级简码	F	Q	A	空格
chí	茌	3码识别	A	W	F	F（一 上下）
chí	持	2级简码	R	F	空格	
chí	匙	刚好4码	J	G	H	X
chí	墀	3级简码	F	N	I	空格
chí	踟	超过4码	K	H	T	K
chí	篪	超过4码	T	R	H	M
chǐ	尺	2码识别	N	Y	I（㇏ 杂合）	空格
chǐ	齿	3级简码	H	W	B	空格
chǐ	侈	3级简码	W	Q	Q	空格
chǐ	耻	2级简码	B	H	空格	
chǐ	豉	超过4码	G	K	U	C
chǐ	褫	超过4码	P	U	R	M
chì	彳	字根字	T	T	T	H
chì	叱	2码识别	K	X	N（折 左右）	空格
chì	斥	2码识别	R	Y	I（㇏ 杂合）	空格
chì	赤	2级简码	F	O	空格	
chì	饬	刚好4码	Q	N	T	L
chì	炽	2级简码	O	K	空格	
chì	翅	3级简码	F	C	N	空格
chì	敕	刚好4码	G	K	I	T
chì	啻	超过4码	U	P	M	K
chì	傺	刚好4码	W	W	F	I
chì	瘛	超过4码	U	D	H	N
chōng	冲	3级简码	U	K	H	空格
chōng	忡	3级简码	N	K	H	空格
chōng	充	2级简码	Y	C	空格	
chōng	茺	3级简码	A	Y	C	空格
chōng	舂	3级简码	D	W	V	空格
chōng	憧	刚好4码	N	U	J	F
chōng	艟	超过4码	T	E	U	F
chóng	虫	字根字	J	H	N	Y
chóng	种	3级简码	T	K	H	空格
chóng	重	3级简码	T	G	J	空格
chóng	崇	3级简码	M	P	F	空格
chǒng	宠	3级简码	P	D	X	空格
chòng	冲	3级简码	U	K	H	空格
chòng	铳	3级简码	Q	Y	C	空格
chōu	抽	2级简码	R	M	空格	
chōu	瘳	刚好4码	U	N	W	E
chóu	仇	特别规定	W	V	N（折 左右）	空格
chóu	俦	刚好4码	W	D	T	F
chóu	帱	3级简码	M	H	D	空格
chóu	畴	3级简码	L	D	T	空格
chóu	筹	刚好4码	T	D	T	F
chóu	踌	超过4码	K	H	D	F
chóu	惆	3级简码	N	M	F	空格
chóu	绸	3级简码	X	M	F	空格

拼音	字	类别	编码
chóu	稠	刚好4码	T M F K
chóu	酬	超过4码	S G Y H
chóu	愁	3码识别	T O N U 上下
chóu	雠	3级简码	W Y Y 空格
chǒu	丑	2码识别	N F D 杂合 空格
chǒu	瞅	3级简码	H T O 空格
chòu	臭	3码识别	T H D U 上下
chū	出	2级简码	B M 空格
chū	初	3级简码	P U V 空格
chū	樗	刚好4码	S F F N
chú	刍	2码识别	Q V F 上下 空格
chú	雏	3级简码	Q V W 空格
chú	除	3级简码	B W T 空格
chú	滁	3级简码	I B W 空格
chú	蜍	3级简码	J W T 空格
chú	厨	超过4码	D G K F
chú	橱	超过4码	S D G F
chú	蹰	超过4码	K H D F
chú	锄	刚好4码	Q E G L
chú	躇	超过4码	K H A J

拼音	字	类别	编码
chǔ	处	2级简码	T H 空格
chǔ	杵	3码识别	S T F H 左右
chǔ	础	3级简码	D B M 空格
chǔ	楮	刚好4码	S F T J
chǔ	储	3级简码	W Y F 空格
chǔ	褚	超过4码	P U F J
chǔ	楚	3级简码	S S N 空格
chù	亍	2码识别	F H K 杂合 空格
chù	处	2级简码	T H 空格
chù	怵	2级简码	N S 空格
chù	绌	3级简码	X B M 空格
chù	黜	超过4码	L F O M
chù	畜	3级简码	Y X L 空格
chù	搐	刚好4码	R Y X L
chù	触	3码识别	Q E J Y 左右
chù	憷	3级简码	N S S 空格
chù	矗	超过4码	F H F H
chuāi	揣	3级简码	R M D 空格
chuāi	搋	超过4码	R R H M
chuǎi	揣	3级简码	R M D 空格

拼音	字	类别	编码
chuài	啜	超过4码	K C C C
chuài	揣	3级简码	R M D 空格
chuài	踹	超过4码	K H M J
chuài	嘬	3级简码	K J B 空格
chuài	膪	超过4码	E U P K
chuān	川	字根字	K T H H
chuān	氚	3码识别	R N K J 上下
chuān	穿	超过4码	P W A T
chuán	传	刚好4码	W F N Y
chuán	船	刚好4码	T E M K
chuán	舡	3级简码	T E A 空格
chuán	遄	3级简码	M D M 空格
chuán	椽	3级简码	S X E 空格
chuǎn	舛	3级简码	Q A H 空格
chuǎn	喘	3级简码	K M D 空格
chuàn	串	3级简码	K K H 空格
chuàn	钏	2码识别	Q K H 左右 空格
chuāng	创	3级简码	W B J 空格
chuāng	疮	3级简码	U W B 空格
chuāng	窗	3级简码	P W T 空格

拼音	字	类别	编码
chuáng	床	2码识别	Y S I 杂合 空格
chuáng	幢	3级简码	M H U 空格
chuǎng	闯	2码识别	U C D 杂合 空格
chuàng	创	3级简码	W B J 空格
chuàng	怆	3级简码	N W B 空格
chuī	吹	3级简码	K Q W 空格
chuī	炊	3级简码	O Q W 空格
chuí	垂	3级简码	T G A 空格
chuí	陲	超过4码	B T G F
chuí	捶	超过4码	R T G F
chuí	棰	3级简码	S T G 空格
chuí	锤	超过4码	Q T G F
chuí	椎	3码识别	S W Y G 左右
chuí	槌	3级简码	S W N 空格
chūn	春	2级简码	D W 空格
chūn	椿	刚好4码	S D W J
chūn	蝽	刚好4码	J D W J
chún	纯	3级简码	X G B 空格
chún	莼	3级简码	A X G 空格
chún	唇	刚好4码	D F E K

拼音	汉字	编码类型	编码
chún	淳	3级简码	I Y B 空格
chún	鹑	3级简码	Y B Q 空格
chún	醇	刚好4码	S G Y B
chǔn	蠢	超过4码	D W J J
chuō	踔	刚好4码	K H H J
chuō	戳	刚好4码	N W Y A
chuò	龊	超过4码	H W B H
chuò	啜	超过4码	K C C C
chuò	辍	超过4码	L C C C
chuò	绰	3级简码	X H J 空格
cī	刺	3级简码	G M I 空格
cī	差	3级简码	U D A 空格
cī	疵	3级简码	U H X 空格
cí	词	刚好4码	Y N G K
cí	祠	超过4码	P Y N K
cí	茈	3级简码	A H X 空格
cí	雌	3级简码	H X W 空格
cí	茨	刚好4码	A U Q W
cí	瓷	超过4码	U Q W N
cí	兹	3级简码	U X X 空格
cí	慈	刚好4码	U X X N
cí	磁	2级简码	D U 空格
cí	鹚	超过4码	U X X G
cí	糍	3级简码	O U X 空格
cí	辞	3码识别	T D U H 左右
cǐ	此	2级简码	H X 空格
cì	次	3级简码	U Q W 空格
cì	伺	3级简码	W N G 空格
cì	刺	3级简码	G M I 空格
cì	赐	3级简码	M J Q 空格
cōng	匆	3级简码	Q R Y 空格
cōng	葱	超过4码	A Q R N
cōng	苁	3码识别	A W W U 上下
cōng	枞	3级简码	S W W 空格
cōng	囱	3码识别	T L Q I 杂合
cōng	骢	3级简码	C T L 空格
cōng	璁	3级简码	G T L 空格
cōng	聪	刚好4码	B U K N
cóng	从	2级简码	W W 空格
cóng	丛	3级简码	W W G 空格
cóng	淙	刚好4码	I P F I
cóng	琮	3级简码	G P F 空格
còu	凑	3级简码	U D W 空格
còu	辏	3级简码	L D W 空格
còu	腠	3级简码	E D W 空格
cū	粗	2级简码	O E 空格
cú	徂	3码识别	T E G G 左右
cú	殂	3级简码	G Q E 空格
cù	卒	刚好4码	Y W W F
cù	猝	超过4码	Q T Y F
cù	促	3级简码	W K H 空格
cù	酢	超过4码	S G T F
cù	醋	3级简码	S G A 空格
cù	蔟	3级简码	A Y T 空格
cù	簇	3级简码	T Y T 空格
cù	蹙	超过4码	D H I H
cù	蹴	超过4码	K H Y N
cuān	汆	3码识别	T Y I U 上下
cuān	撺	超过4码	R P W H
cuān	镩	3级简码	Q P W 空格
cuān	蹿	超过4码	K H P H
cuán	攒	超过4码	R T F M
cuàn	窜	3级简码	P W K 空格
cuàn	篡	刚好4码	T H D C
cuàn	爨	超过4码	W F M O
cuī	衰	刚好4码	Y K G E
cuī	榱	3级简码	S Y K 空格
cuī	崔	3级简码	M W Y 空格
cuī	催	3级简码	W M W 空格
cuī	摧	3级简码	R M W 空格
cuǐ	璀	刚好4码	G M W Y
cuì	脆	3级简码	E Q D 空格
cuì	萃	3级简码	A Y W 空格
cuì	啐	3级简码	K Y W 空格
cuì	淬	超过4码	I Y W F
cuì	悴	超过4码	N Y W F
cuì	瘁	3级简码	U Y W 空格
cuì	粹	3级简码	O Y W 空格
cuì	翠	超过4码	N Y W F
cuì	毳	超过4码	T F N N

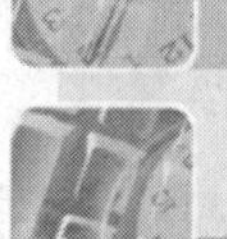

拼音	汉字	类型	编码
cūn	村	2级简码	S F 空格
cūn	皴	超过4码	C W T C
cún	存	3级简码	D H B 空格
cún	蹲	超过4码	K H U F
cǔn	忖	2码识别	N F Y（左右）空格
cùn	寸	字根字	F G H Y
cuō	搓	3级简码	R U D 空格
cuō	磋	3级简码	D U D 空格
cuō	蹉	超过4码	K H U A
cuō	撮	3级简码	R J B 空格
cuó	嵯	3级简码	M U D 空格
cuó	瘥	刚好4码	U U D A
cuó	鹾	超过4码	H L Q A
cuó	矬	3级简码	T D W 空格
cuó	痤	3级简码	U W W 空格
cuǒ	脞	3级简码	E W W 空格
cuò	挫	3级简码	R W W 空格
cuò	锉	3级简码	Q W W 空格
cuò	厝	3级简码	D A J 空格
cuò	措	3级简码	R A J 空格
cuò	错	3级简码	Q A J 空格
dā	耷	2码识别	D B F（上下）空格
dā	哒	3级简码	K D P 空格
dā	搭	超过4码	R A W K
dā	嗒	超过4码	K A W K
dā	褡	3级简码	P U A 空格
dā	答	2级简码	T W 空格
dá	打	2级简码	R S 空格
dá	达	2级简码	D P 空格
dá	鞑	刚好4码	A F D P
dá	沓	2码识别	I J F（上下）空格
dá	怛	3级简码	N J G 空格
dá	妲	3级简码	V J G 空格
dá	笪	3码识别	T J G F（上下）
dá	靼	刚好4码	A F J G
dá	答	2级简码	T W 空格
dá	瘩	3级简码	U A W 空格
dǎ	打	2级简码	R S 空格
dà	大	键名	D D 空格
da	瘩	3级简码	U A W 空格
dāi	呆	2级简码	K S 空格
dāi	呔	3码识别	K D Y Y（左右）
dāi	待	3码识别	T F F Y（左右）
dǎi	歹	2码识别	G Q I（杂合）空格
dǎi	逮	3级简码	V I P 空格
dǎi	傣	3级简码	W D W 空格
dài	大	键名	D D 空格
dài	代	2级简码	W A 空格
dài	岱	3码识别	W A M J（上下）
dài	玳	3级简码	G W A 空格
dài	贷	3级简码	W A M 空格
dài	袋	刚好4码	W A Y E
dài	黛	3级简码	W A L 空格
dài	甙	3码识别	A A F D（杂合）
dài	迨	3级简码	C K P 空格
dài	绐	3级简码	X C K 空格
dài	殆	3级简码	G Q C 空格
dài	怠	3级简码	C K N 空格
dài	带	3级简码	G K P 空格
dài	待	3码识别	T F F Y（左右）
dài	埭	3级简码	F V I 空格
dài	逮	3级简码	V I P 空格
dài	戴	超过4码	F A L W
dān	丹	2码识别	M Y D（杂合）空格
dān	担	3级简码	R J G 空格
dān	单	3码识别	U J F J（上下）
dān	郸	刚好4码	U J F B
dān	殚	3级简码	G Q U 空格
dān	箪	刚好4码	T U J F
dān	眈	3级简码	H P Q 空格
dān	耽	3级简码	B P Q 空格
dān	聃	3码识别	B M F G（左右）
dān	儋	3级简码	W Q D 空格
dǎn	担	3级简码	R J G 空格
dǎn	胆	2级简码	E J 空格
dǎn	疸	3级简码	U J G 空格
dǎn	掸	刚好4码	R U J F
dǎn	赕	3级简码	M O O 空格
dàn	石	字根字	D G T G
dàn	旦	2码识别	J G F（上下）空格

拼音	汉字	类型	编码
dàn	但	3级简码	W J G 空格
dàn	担	3级简码	R J G 空格
dàn	诞	刚好4码	Y T H P
dàn	萏	3码识别	A Q V F（上下）
dàn	啖	3级简码	K O O 空格
dàn	淡	2级简码	I O 空格
dàn	氮	3级简码	R N O 空格
dàn	惮	3级简码	N U J 空格
dàn	弹	3级简码	X U J 空格
dàn	瘅	刚好4码	U U J F
dàn	蛋	3级简码	N H J 空格
dàn	澹	超过4码	I Q D Y
dāng	当	2级简码	I V 空格
dāng	铛	3级简码	Q I V 空格
dāng	裆	刚好4码	P U I V
dǎng	挡	3级简码	R I V 空格
dǎng	党	3级简码	I P K 空格
dǎng	谠	3级简码	Y I P 空格
dàng	当	2级简码	I V 空格
dàng	挡	3级简码	R I V 空格

拼音	汉字	类型	编码
dàng	档	2级简码	S I 空格
dàng	凼	2码识别	I B K（杂合） 空格
dàng	砀	3级简码	D N R 空格
dàng	荡	3级简码	A I N 空格
dàng	宕	2码识别	P D F（上下） 空格
dàng	菪	3级简码	A P D 空格
dāo	刀	字根字	V N 空格
dāo	叨	特别规定	K V N（折 左右） 空格
dāo	忉	特别规定	N V N（折 左右） 空格
dāo	氘	3级简码	R N J 空格
dǎo	导	2级简码	N F 空格
dǎo	岛	刚好4码	Q Y N M
dǎo	捣	超过4码	R Q Y M
dǎo	倒	3级简码	W G C 空格
dǎo	祷	3级简码	P Y D 空格
dǎo	蹈	刚好4码	K H E V
dào	到	2级简码	G C 空格
dào	倒	3级简码	W G C 空格
dào	帱	3级简码	M H D 空格
dào	焘	刚好4码	D T F O

拼音	汉字	类型	编码
dào	盗	刚好4码	U Q W L
dào	悼	3码识别	N H J H（左右）
dào	道	刚好4码	U T H P
dào	稻	3级简码	T E V 空格
dào	纛	3级简码	G X F 空格
dé	得	2级简码	T J 空格
dé	锝	刚好4码	Q J G F
dé	德	3级简码	T F L 空格
de	地	1级简码	F 空格
de	的	1级简码	R 空格
de	底	3级简码	Y Q A 空格
de	得	2级简码	T J 空格
děi	得	2级简码	T J 空格
dēng	灯	2级简码	O S 空格
dēng	登	刚好4码	W G K U
dēng	噔	超过4码	K W G U
dēng	簦	超过4码	T W G U
dēng	蹬	超过4码	K H W U
děng	等	3码识别	T F F U（上下）
děng	戥	刚好4码	J T G A

拼音	汉字	类型	编码
dèng	邓	2级简码	C B 空格
dèng	凳	超过4码	W G K M
dèng	嶝	超过4码	M W G U
dèng	澄	超过4码	I W G U
dèng	磴	超过4码	D W G U
dèng	瞪	3级简码	H W G 空格
dèng	镫	超过4码	Q W G U
dèng	蹬	超过4码	K H W U
dī	氐	3级简码	Q A Y 空格
dī	低	3级简码	W Q A 空格
dī	羝	3级简码	U D Q 空格
dī	堤	刚好4码	F J G H
dī	提	2级简码	R J 空格
dī	滴	3级简码	I U M 空格
dí	镝	3级简码	Q U M 空格
dí	狄	3码识别	Q T O Y（左右）
dí	荻	刚好4码	A Q T O
dí	迪	2级简码	M P 空格
dí	笛	2码识别	T M F（上下） 空格
dí	的	1级简码	R 空格

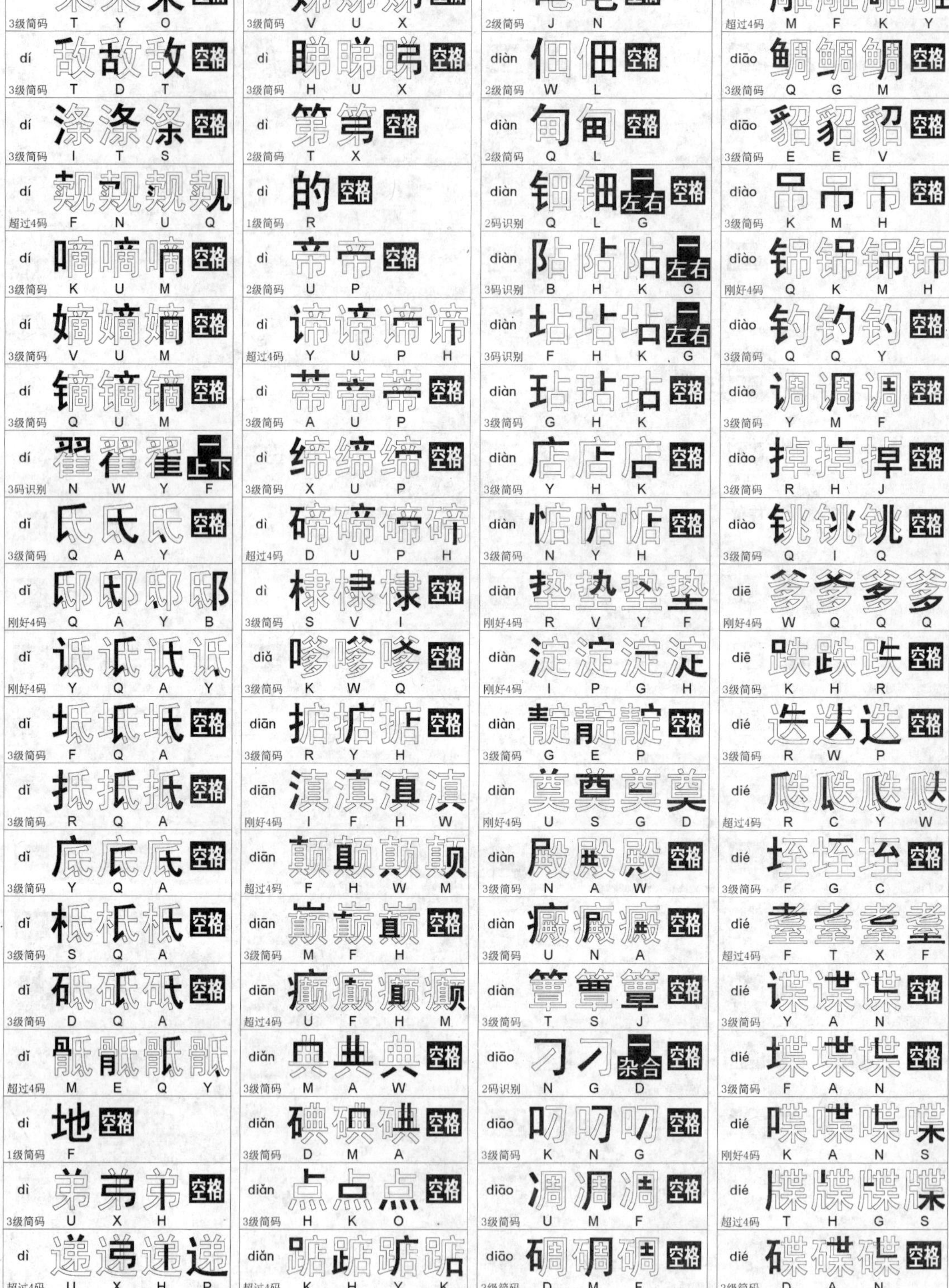

拼音	字	类型	编码
dí	籴	3级简码	T Y O 空格
dí	敌	3级简码	T D T 空格
dí	涤	3级简码	I T S 空格
dí	觌	超过4码	F N U Q
dí	嘀	3级简码	K U M 空格
dí	嫡	3级简码	V U M 空格
dí	镝	3级简码	Q U M 空格
dí	翟	3码识别	N W Y F（一 上下）
dǐ	氐	3级简码	Q A Y 空格
dǐ	邸	刚好4码	Q A Y B
dǐ	诋	刚好4码	Y Q A Y
dǐ	坻	3级简码	F Q A 空格
dǐ	抵	3级简码	R Q A 空格
dǐ	底	3级简码	Y Q A 空格
dǐ	柢	3级简码	S Q A 空格
dǐ	砥	3级简码	D Q A 空格
dǐ	骶	超过4码	M E Q Y
dì	地	1级简码	F 空格
dì	弟	3级简码	U X H 空格
dì	递	超过4码	U X H P
dì	娣	3级简码	V U X 空格
dì	睇	3级简码	H U X 空格
dì	第	2级简码	T X 空格
dì	的	1级简码	R 空格
dì	帝	2级简码	U P 空格
dì	谛	超过4码	Y U P H
dì	蒂	3级简码	A U P 空格
dì	缔	3级简码	X U P 空格
dì	碲	超过4码	D U P H
dì	棣	3级简码	S V I 空格
diǎ	嗲	3级简码	K W Q 空格
diān	掂	3级简码	R Y H 空格
diān	滇	刚好4码	I F H W
diān	颠	超过4码	F H W M
diān	巅	3级简码	M F H 空格
diān	癫	超过4码	U F H M
diǎn	典	3级简码	M A W 空格
diǎn	碘	3级简码	D M A 空格
diǎn	点	3级简码	H K O 空格
diǎn	踮	超过4码	K H Y K
diàn	电	2级简码	J N 空格
diàn	佃	2级简码	W L 空格
diàn	甸	2级简码	Q L 空格
diàn	钿	2码识别	Q L G（一 左右） 空格
diàn	阽	3码识别	B H K G（一 左右）
diàn	坫	3码识别	F H K G（一 左右）
diàn	玷	3级简码	G H K 空格
diàn	店	3级简码	Y H K 空格
diàn	惦	3级简码	N Y H 空格
diàn	垫	刚好4码	R V Y F
diàn	淀	刚好4码	I P G H
diàn	靛	3级简码	G E P 空格
diàn	奠	刚好4码	U S G D
diàn	殿	3级简码	N A W 空格
diàn	癜	3级简码	U N A 空格
diàn	簟	3级简码	T S J 空格
diāo	刁	2码识别	N G D（一 杂合） 空格
diāo	叼	3级简码	K N G 空格
diāo	凋	3级简码	U M F 空格
diāo	碉	3级简码	D M F 空格
diāo	雕	超过4码	M F K Y
diāo	鲷	3级简码	Q G M 空格
diāo	貂	3级简码	E E V 空格
diào	吊	3级简码	K M H 空格
diào	铞	刚好4码	Q K M H
diào	钓	3级简码	Q Q Y 空格
diào	调	3级简码	Y M F 空格
diào	掉	3级简码	R H J 空格
diào	铫	3级简码	Q I Q 空格
diē	爹	刚好4码	W Q Q Q
diē	跌	3级简码	K H R 空格
dié	迭	3级简码	R W P 空格
dié	瓞	超过4码	R C Y W
dié	垤	3级简码	F G C 空格
dié	耋	超过4码	F T X F
dié	谍	3级简码	Y A N 空格
dié	堞	3级简码	F A N 空格
dié	喋	刚好4码	K A N S
dié	牒	超过4码	T H G S
dié	碟	3级简码	D A N 空格

2天学会五笔字型

拼音	汉字	类型	编码	末键
dié	蝶	3级简码	J A N	空格
dié	蹀	超过4码	K H A S	
dié	鲽	3级简码	Q G A	空格
dié	叠	超过4码	C C C G	
dīng	丁	字根字	S G H	空格
dīng	仃	2码识别	W S H	左右 空格
dīng	叮	2码识别	K S H	左右 空格
dīng	玎	2码识别	G S H	左右 空格
dīng	盯	2级简码	H S	空格
dīng	町	2码识别	L S H	左右 空格
dīng	钉	2级简码	Q S	空格
dīng	疔	2码识别	U S K	杂合 空格
dīng	耵	2码识别	B S H	左右 空格
dǐng	酊	3级简码	S G S	空格
dǐng	顶	3级简码	S D M	空格
dǐng	酊	3级简码	S G S	空格
dǐng	鼎	3级简码	H N D	空格
dìng	订	2级简码	Y S	空格
dìng	钉	2级简码	Q S	空格
dìng	定	2级简码	P G	空格

拼音	汉字	类型	编码	末键
dìng	啶	刚好4码	K P G H	
dìng	腚	3级简码	E P G	空格
dìng	碇	刚好4码	D P G H	
dìng	锭	2级简码	Q P	空格
diū	丢	3级简码	T F C	空格
diū	铥	刚好4码	Q T F C	
dōng	东	2级简码	A I	空格
dōng	岽	3级简码	M A I	空格
dōng	鸫	3级简码	A I Q	空格
dōng	冬	2码识别	T U U	上下 空格
dōng	咚	3码识别	K T U Y	左右
dōng	氡	刚好4码	R N T U	
dǒng	董	3级简码	A T G	空格
dǒng	懂	3级简码	N A T	空格
dòng	动	3级简码	F C L	空格
dòng	冻	3级简码	U A I	空格
dòng	栋	3级简码	S A I	空格
dòng	胨	3级简码	E A I	空格
dòng	侗	刚好4码	W M G K	
dòng	垌	3级简码	F M G	空格

拼音	汉字	类型	编码	末键
dòng	峒	刚好4码	M M G K	
dòng	洞	刚好4码	I M G K	
dòng	恫	3级简码	N M G	空格
dòng	胴	3级简码	E M G	空格
dòng	硐	3级简码	D M G	空格
dōu	都	刚好4码	F T J B	
dōu	兜	刚好4码	Q R N Q	
dōu	蔸	超过4码	A Q R Q	
dōu	篼	超过4码	T Q R Q	
dǒu	斗	2码识别	U F K	杂合 空格
dǒu	抖	3码识别	R U F H	左右
dǒu	钭	3级简码	Q U F	空格
dǒu	蚪	3码识别	J U F H	左右
dǒu	陡	3级简码	B F H	空格
dòu	斗	2码识别	U F K	杂合 空格
dòu	豆	3级简码	G K U	空格
dòu	逗	刚好4码	G K U P	
dòu	痘	刚好4码	U G K U	
dòu	读	3级简码	Y F N	空格
dòu	窦	超过4码	P W F D	

拼音	汉字	类型	编码	末键
dū	都	刚好4码	F T J B	
dū	嘟	超过4码	K F T B	
dū	督	刚好4码	H I C H	
dú	毒	刚好4码	G X G U	
dú	独	3级简码	Q T J	空格
dú	顿	超过4码	G B N M	
dú	读	3级简码	Y F N	空格
dú	渎	超过4码	I F N D	
dú	椟	3级简码	S F N	空格
dú	犊	超过4码	T R F D	
dú	牍	超过4码	T H G D	
dú	黩	超过4码	L F O D	
dú	髑	3级简码	M E L	空格
dǔ	肚	2码识别	E F G	左右 空格
dǔ	笃	2码识别	T C F	上下 空格
dǔ	堵	3级简码	F F T	空格
dǔ	赌	刚好4码	M F T J	
dǔ	睹	3级简码	H F T	空格
dù	芏	2码识别	A F F	上下 空格
dù	杜	2码识别	S F G	左右 空格

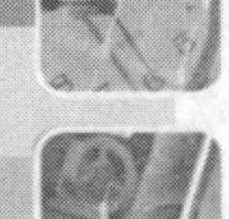

拼音	汉字	编码	识别码	类型
dù	肚	E F G	一 左右	2码识别
dù	妒	V Y N T	丿 左右	3码识别
dù	度	Y A		2级简码
dù	渡	I Y A		3级简码
dù	镀	Q Y A		3级简码
dù	蠹	G K H J		超过4码
duān	端	U M D		3级简码
duǎn	短	T D G		3级简码
duàn	段	W D M		3级简码
duàn	缎	X W D		3级简码
duàn	椴	S W D		3级简码
duàn	煅	O W D		3级简码
duàn	锻	Q W D		3级简码
duàn	断	O N		2级简码
duàn	簖	T O N R		刚好4码
duī	堆	F W Y		3级简码
duì	队	B W		2级简码
duì	对	C F		2级简码
duì	怼	C F N		3级简码
duì	兑	U K Q B	折 上下	3码识别
duì	敦	Y B T		3级简码
duì	憝	Y B T N		刚好4码
duì	镦	Q Y B		3级简码
duì	碓	D W Y G	一 左右	3码识别
dūn	吨	K G B		3级简码
dūn	敦	Y B T		3级简码
dūn	墩	F Y B		3级简码
dūn	礅	D Y B		3级简码
dūn	镦	Q Y B		3级简码
dūn	蹲	K H U F		超过4码
dǔn	盹	H G B		3级简码
dǔn	趸	D N K		3级简码
dùn	囤	L G B		3级简码
dùn	沌	I G B		3级简码
dùn	炖	O G B N		刚好4码
dùn	砘	D G B		3级简码
dùn	钝	Q G B N		刚好4码
dùn	顿	G B N M		超过4码
dùn	盾	R F H		3级简码
dùn	遁	R F H P		刚好4码
duō	多	Q Q		2级简码
duō	哆	K Q Q		3级简码
duō	咄	K B M		3级简码
duō	掇	R C C		3级简码
duō	裰	P U C C		超过4码
duó	夺	D F		2级简码
duó	度	Y A		2级简码
duó	踱	K H Y C		超过4码
duó	铎	Q C F		3级简码
duǒ	朵	M S		2级简码
duǒ	垛	F M S		3级简码
duǒ	哚	K M S		3级简码
duǒ	躲	T M D S		超过4码
duò	驮	C D Y	丶 左右	2码识别
duò	剁	M S J		3级简码
duò	垛	F M S		3级简码
duò	跺	K H M		3级简码
duò	沲	I T B		3级简码
duò	柁	S P X		3级简码
duò	舵	T E P X		刚好4码
duò	堕	B D E F		刚好4码
duò	惰	N D A		3级简码
ē	阿	B S		2级简码
ē	屙	N B S		3级简码
ē	婀	V B S		3级简码
é	讹	Y W X N	折 左右	特别规定
é	俄	W T R		3级简码
é	莪	A T R		3级简码
é	哦	K T R		3级简码
é	峨	M T R		3级简码
é	娥	V T R		3级简码
é	锇	Q T R T		超过4码
é	鹅	T R N G		超过4码
é	蛾	J T R		3级简码
é	额	P T K M		超过4码
ě	恶	G O G N		刚好4码
è	厄	D B V	折 杂合	2码识别
è	扼	R D B		3级简码
è	苊	A D B		3级简码
è	呃	K D B		3级简码

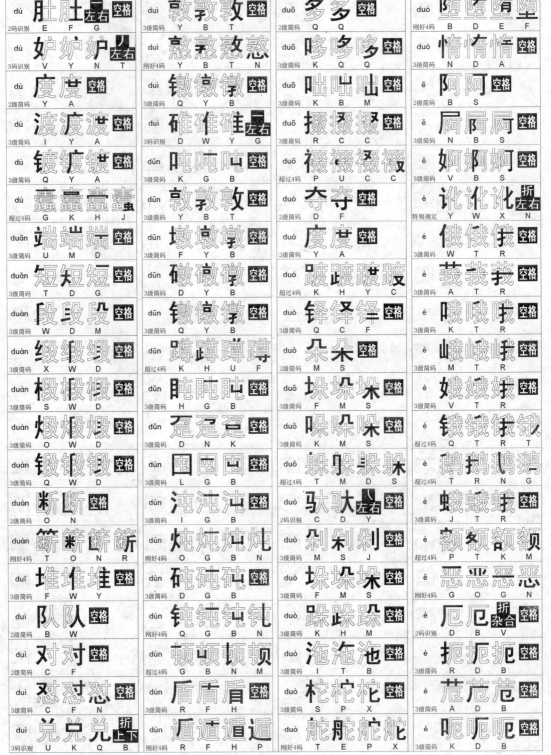

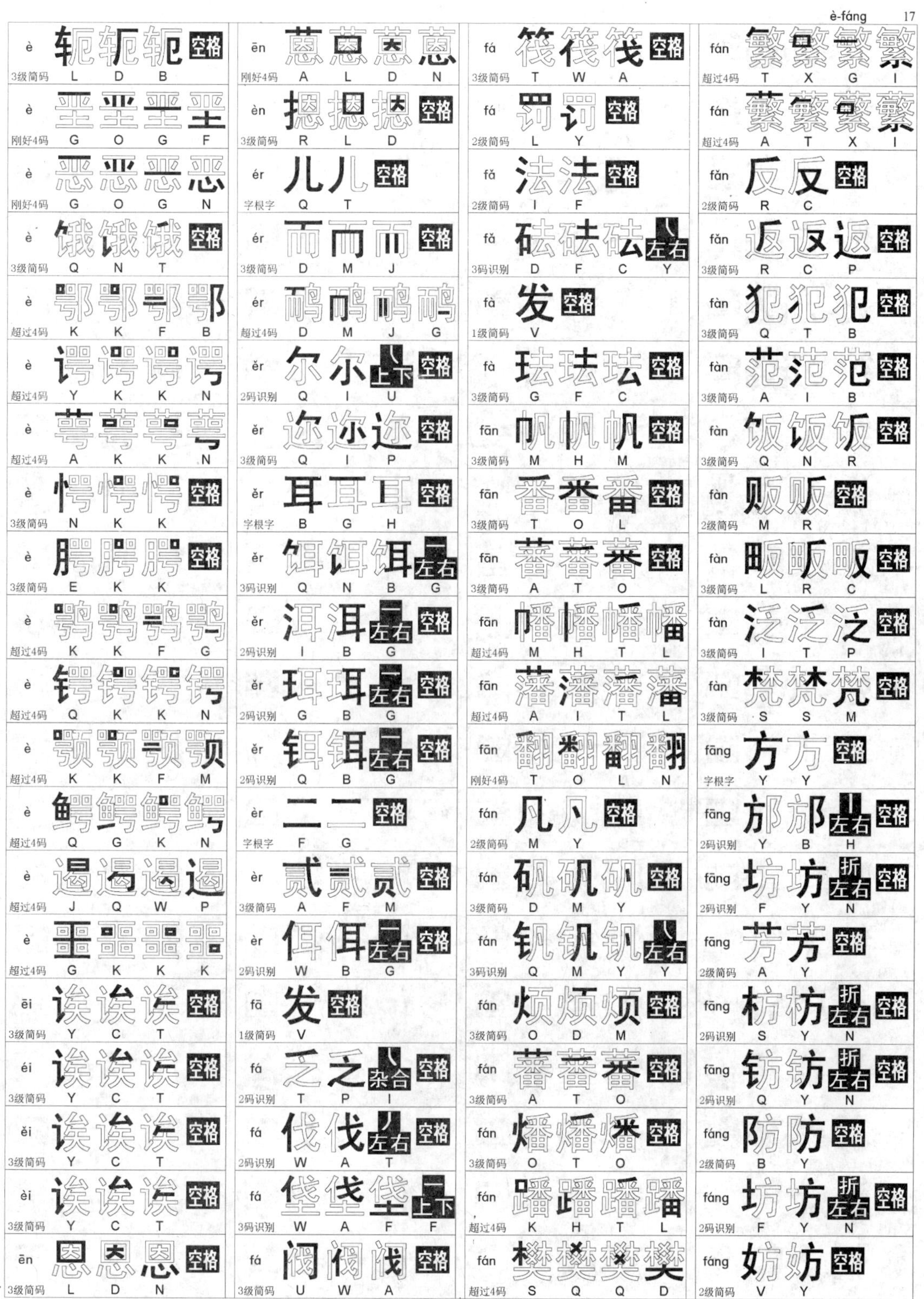

拼音	汉字	类型	编码
è	轭	3级简码	L D B 空格
è	垩	刚好4码	G O G F
è	恶	刚好4码	G O G N
è	饿	3级简码	Q N T 空格
è	鄂	超过4码	K K F B
è	谔	超过4码	Y K K N
è	萼	超过4码	A K K N
è	愕	3级简码	N K K 空格
è	腭	3级简码	E K K 空格
è	鹗	超过4码	K K F G
è	锷	超过4码	Q K K N
è	颚	超过4码	K K F M
è	鳄	超过4码	Q G K N
è	遏	超过4码	J Q W P
è	噩	超过4码	G K K K
ēi	诶	3级简码	Y C T 空格
éi	诶	3级简码	Y C T 空格
ěi	诶	3级简码	Y C T 空格
èi	诶	3级简码	Y C T 空格
ēn	恩	3级简码	L D N 空格
ēn	蒽	刚好4码	A L D N
èn	摁	3级简码	R L D 空格
ér	儿	字根字	Q T 空格
ér	而	3级简码	D M J 空格
ér	鸸	超过4码	D M J G
ěr	尔	2码识别	Q I U（上下） 空格
ěr	迩	3级简码	Q I P 空格
ěr	耳	字根字	B G H 空格
ěr	饵	3码识别	Q N B G（左右）
ěr	洱	2码识别	I B G（左右） 空格
ěr	珥	2码识别	G B G（左右） 空格
ěr	铒	2码识别	Q B G（左右） 空格
èr	二	字根字	F G 空格
èr	贰	3级简码	A F M 空格
èr	佴	2码识别	W B G（左右） 空格
fā	发	1级简码	V 空格
fá	乏	2码识别	T P I（杂合） 空格
fá	伐	2码识别	W A T（左右） 空格
fá	垡	3码识别	W A F F（上下）
fá	阀	3级简码	U W A 空格
fá	筏	3级简码	T W A 空格
fá	罚	2级简码	L Y 空格
fǎ	法	2级简码	I F 空格
fǎ	砝	3码识别	D F C Y（左右）
fà	发	1级简码	V 空格
fà	珐	3级简码	G F C 空格
fān	帆	3级简码	M H M 空格
fān	番	3级简码	T O L 空格
fān	蕃	3级简码	A T O 空格
fān	幡	超过4码	M H T L
fān	藩	超过4码	A I T L
fān	翻	刚好4码	T O L N
fán	凡	2级简码	M Y 空格
fán	矾	3级简码	D M Y 空格
fán	钒	3码识别	Q M Y Y（左右）
fán	烦	3级简码	O D M 空格
fán	蕃	3级简码	A T O 空格
fán	燔	3级简码	O T O 空格
fán	蹯	超过4码	K H T L
fán	樊	超过4码	S Q Q D
fán	繁	超过4码	T X G I
fán	蘩	超过4码	A T X I
fǎn	反	2级简码	R C 空格
fǎn	返	3级简码	R C P 空格
fàn	犯	3级简码	Q T B 空格
fàn	范	3级简码	A I B 空格
fàn	饭	3级简码	Q N R 空格
fàn	贩	2级简码	M R 空格
fàn	畈	3级简码	L R C 空格
fàn	泛	3级简码	I T P 空格
fàn	梵	3级简码	S S M 空格
fāng	方	字根字	Y Y 空格
fāng	邡	2码识别	Y B H（左右） 空格
fāng	坊	2码识别	F Y N（折 左右） 空格
fāng	芳	2级简码	A Y 空格
fāng	枋	2码识别	S Y N（折 左右） 空格
fāng	钫	2码识别	Q Y N（折 左右） 空格
fáng	防	2级简码	B Y 空格
fáng	坊	2码识别	F Y N（折 左右） 空格
fáng	妨	2级简码	V Y 空格

17

速查字典

拼音	汉字	类型	编码	补码
fáng	肪	2码识别	E Y N	折 左右 空格
fáng	房	3级简码	Y N Y	空格
fáng	鲂	3码识别	Q G Y N	折 左右
fǎng	仿	2码识别	W Y N	折 左右 空格
fǎng	访	2码识别	Y Y N	折 左右 空格
fǎng	彷	2码识别	T Y N	折 左右 空格
fǎng	纺	2级简码	X Y	空格
fǎng	舫	3码识别	T E Y N	折 左右
fàng	放	2级简码	Y T	空格
fēi	飞	2码识别	N U I	杂合 空格
fēi	妃	2码识别	V N N	折 左右 空格
fēi	非	3级简码	D J D	空格
fēi	菲	3级简码	A D J	空格
fēi	啡	3级简码	K D J	空格
fēi	绯	刚好4码	X D J D	
fēi	扉	超过4码	Y N D D	
fēi	蜚	刚好4码	D J D J	
fēi	霏	刚好4码	F D J D	
fēi	鲱	超过4码	Q G D D	
féi	肥	2级简码	E C	空格
féi	淝	3级简码	I E C	空格
féi	腓	刚好4码	E D J D	
fěi	匪	刚好4码	A D J D	
fěi	诽	3级简码	Y D J	空格
fěi	菲	3级简码	A D J	空格
fěi	悱	刚好4码	N D J D	
fěi	斐	刚好4码	D J D Y	
fěi	榧	超过4码	S A D D	
fěi	蜚	刚好4码	D J D J	
fěi	翡	刚好4码	D J D N	
fěi	篚	超过4码	T A D D	
fèi	芾	3级简码	A G M	空格
fèi	肺	3级简码	E G M	空格
fèi	吠	2码识别	K D Y	左右 空格
fèi	狒	3级简码	Q T X	空格
fèi	沸	3级简码	I X J	空格
fèi	怫	3级简码	N X J	空格
fèi	费	3级简码	X J M	空格
fèi	镄	3级简码	Q X J	空格
fèi	废	超过4码	Y N T Y	
fèi	痱	刚好4码	U D J D	
fēn	分	2级简码	W V	空格
fēn	芬	3级简码	A W V	空格
fēn	吩	3级简码	K W V	空格
fēn	纷	3级简码	X W V	空格
fēn	玢	3级简码	G W V	空格
fēn	氛	3级简码	R N W	空格
fēn	酚	3级简码	S G W	空格
fén	坟	2级简码	F Y	空格
fén	汾	3级简码	I W V	空格
fén	棼	3级简码	S S W	空格
fén	鼢	超过4码	V N U V	
fén	焚	3级简码	S S O	空格
fěn	粉	2级简码	O W	空格
fèn	分	2级简码	W V	空格
fèn	份	3级简码	W W V	空格
fèn	忿	3码识别	W V N U	上下
fèn	奋	2码识别	D L F	上下 空格
fèn	偾	3级简码	W F A	空格
fèn	愤	3级简码	N F A	空格
fèn	鲼	超过4码	Q G F M	
fèn	粪	3码识别	O A W U	上下
fèn	瀵	3级简码	I O L	空格
fēng	丰	2级简码	D H	空格
fēng	沣	3级简码	I D H	空格
fēng	风	2级简码	M Q	空格
fēng	枫	3级简码	S M Q	空格
fēng	砜	3码识别	D M Q Y	左右
fēng	疯	3级简码	U M Q	空格
fēng	封	3码识别	F F F Y	左右
fēng	葑	刚好4码	A F F F	
fēng	峰	3级简码	M T D	空格
fēng	烽	2级简码	O T	空格
fēng	锋	3级简码	Q T D	空格
fēng	蜂	3级简码	J T D	空格
fēng	酆	超过4码	D H D B	
féng	冯	2级简码	U C	空格
féng	逢	3级简码	T D H	空格
féng	缝	超过4码	X T D P	
fěng	讽	3级简码	Y M Q	空格

拼音	汉字	类型	编码
fěng	唪	3级简码	K D W 空格
fèng	凤	2级简码	M C 空格
fèng	奉	3级简码	D W F 空格
fèng	俸	超过4码	W D W H
fèng	葑	刚好4码	A F F F
fèng	缝	超过4码	X T D P
fó	佛	3级简码	W X J 空格
fǒu	缶	2码识别	R M K（杂合） 空格
fǒu	否	3级简码	G I K 空格
fū	夫	2级简码	F W 空格
fū	呋	3级简码	K F W 空格
fū	肤	3级简码	E F W 空格
fū	麸	刚好4码	G Q F W
fū	趺	3级简码	K H F 空格
fū	跗	刚好4码	K H W F
fū	稃	3码识别	T E B G（左右）
fū	孵	超过4码	Q Y T B
fū	敷	超过4码	G E H T
fú	夫	2级简码	F W 空格
fú	扶	3级简码	R F W 空格
fú	芙	3码识别	A F W U（上下）
fú	蚨	3级简码	J F W 空格
fú	弗	2码识别	X J K（杂合） 空格
fú	佛	3级简码	W X J 空格
fú	拂	3码识别	R X J H（左右）
fú	怫	3级简码	N X J 空格
fú	绋	3级简码	X X J 空格
fú	氟	3级简码	R N X 空格
fú	艴	3级简码	X J Q 空格
fú	伏	2码识别	W D Y（左右） 空格
fú	茯	3级简码	A W D 空格
fú	袱	刚好4码	P U W D
fú	凫	刚好4码	Q Y N M
fú	芾	3级简码	A G M 空格
fú	罘	3级简码	L G I 空格
fú	孚	2码识别	E B F（上下） 空格
fú	俘	3级简码	W E B 空格
fú	郛	3级简码	E B B 空格
fú	莩	3码识别	A E B F（上下）
fú	浮	3级简码	I E B 空格
fú	桴	3级简码	S E B 空格
fú	蜉	3级简码	J E B 空格
fú	苻	3码识别	A W F U（上下）
fú	符	3级简码	T W F 空格
fú	服	2级简码	E B 空格
fú	菔	刚好4码	A E B C
fú	绂	3级简码	X D C 空格
fú	祓	刚好4码	P Y D C
fú	黻	超过4码	O G U C
fú	匐	3级简码	Q G K 空格
fú	幅	3级简码	M H G 空格
fú	辐	3级简码	L G K 空格
fú	福	3级简码	P Y G 空格
fú	蝠	刚好4码	J G K L
fú	涪	3级简码	I U K 空格
fú	幞	3级简码	M H O 空格
fǔ	父	2码识别	W Q U（上下） 空格
fǔ	斧	3级简码	W Q R 空格
fǔ	釜	3级简码	W Q F 空格
fǔ	滏	3级简码	I W Q 空格
fǔ	抚	3级简码	R F Q 空格
fǔ	甫	3级简码	G E H 空格
fǔ	辅	超过4码	L G E Y
fǔ	脯	3级简码	E G E 空格
fǔ	晡	超过4码	J G E Y
fǔ	黼	超过4码	O G U Y
fǔ	拊	3级简码	R W F 空格
fǔ	府	3级简码	Y W F 空格
fǔ	俯	3级简码	W Y W 空格
fǔ	腑	3级简码	E Y W 空格
fǔ	腐	超过4码	Y W F W
fù	父	2码识别	W Q U（上下） 空格
fù	讣	2码识别	Y H Y（左右） 空格
fù	赴	3级简码	F H H 空格
fù	付	2码识别	W F Y（左右） 空格
fù	附	3级简码	B W F 空格
fù	驸	3级简码	C W F 空格
fù	鲋	3级简码	Q G W 空格
fù	负	2级简码	Q M 空格
fù	妇	2级简码	V V 空格

19

2天学会五笔字型

拼音	汉字	类型	编码
fù	阜	刚好4码	W N N F
fù	服	2级简码	E B 空格
fù	复	3级简码	T J T 空格
fù	腹	3级简码	E T J 空格
fù	蝮	刚好4码	J T J T
fù	鳆	超过4码	Q G T T
fù	覆	3级简码	S T T 空格
fù	馥	超过4码	T J T T
fù	副	3级简码	G K L 空格
fù	富	3级简码	P G K 空格
fù	赋	3级简码	M G A 空格
fù	傅	3级简码	W G E 空格
fù	缚	3级简码	X G E 空格
fù	赙	3级简码	M G E 空格
fù	咐	3级简码	K W F 空格
gā	夹	3级简码	G U W 空格
gā	旮	2码识别	V J F（上下） 空格
gā	伽	3级简码	W L K 空格
gā	咖	3级简码	K L K 空格
gā	嘎	3级简码	K D H 空格
gá	轧	2码识别	L N N（折 左右） 空格
gá	钆	2码识别	Q N N（折 左右） 空格
gá	尜	3级简码	I D I 空格
gá	嘎	3级简码	K D H 空格
gá	噶	3级简码	K A J 空格
gǎ	尕	2码识别	E I U（上下） 空格
gǎ	嘎	3级简码	K D H 空格
gà	尬	3级简码	D N W 空格
gāi	该	超过4码	Y Y N W
gāi	陔	超过4码	B Y N W
gāi	垓	超过4码	F Y N W
gāi	赅	3级简码	M Y N 空格
gǎi	改	2码识别	N T Y（左右） 空格
gài	丐	3级简码	G H N 空格
gài	钙	3级简码	Q G H 空格
gài	芥	3级简码	A W J 空格
gài	盖	3级简码	U G L 空格
gài	溉	3级简码	I V C 空格
gài	概	3级简码	S V C 空格
gài	戤	刚好4码	E C L A
gān	干	字根字	F G G H
gān	杆	2码识别	S F H（左右） 空格
gān	肝	2级简码	E F 空格
gān	矸	2码识别	D F H（左右） 空格
gān	竿	2码识别	T F J（上下） 空格
gān	酐	3码识别	S G F H（左右）
gān	甘	2码识别	A F D（杂合） 空格
gān	坩	3码识别	F A F G（左右）
gān	苷	3级简码	A A F 空格
gān	泔	3级简码	I A F 空格
gān	柑	3级简码	S A F 空格
gān	疳	3级简码	U A F 空格
gān	尴	超过4码	D N J L
gǎn	杆	2码识别	S F H（左右） 空格
gǎn	秆	2码识别	T F H（左右） 空格
gǎn	赶	3码识别	F H F K（杂合）
gǎn	擀	3级简码	R F J 空格
gǎn	敢	2级简码	N B 空格
gǎn	澉	3级简码	I N B 空格
gǎn	橄	3级简码	S N B 空格
gǎn	感	超过4码	D G K N
gàn	干	字根字	F G G H
gàn	旰	2码识别	J F H（左右） 空格
gàn	绀	3级简码	X A F 空格
gàn	淦	2码识别	I Q G（左右） 空格
gàn	赣	3级简码	U J T 空格
gāng	冈	2码识别	M Q I（杂合） 空格
gāng	刚	3级简码	M Q J 空格
gāng	岗	3级简码	M M Q 空格
gāng	纲	2级简码	X M 空格
gāng	钢	3级简码	Q M Q 空格
gāng	扛	2码识别	R A G（左右） 空格
gāng	肛	2级简码	E A 空格
gāng	缸	3级简码	R M A 空格
gāng	罡	3级简码	L G H 空格
gǎng	岗	3级简码	M M Q 空格
gǎng	港	刚好4码	I A W N
gàng	杠	2码识别	S A G（左右） 空格
gàng	钢	3级简码	Q M Q 空格
gàng	筻	刚好4码	T G J Q

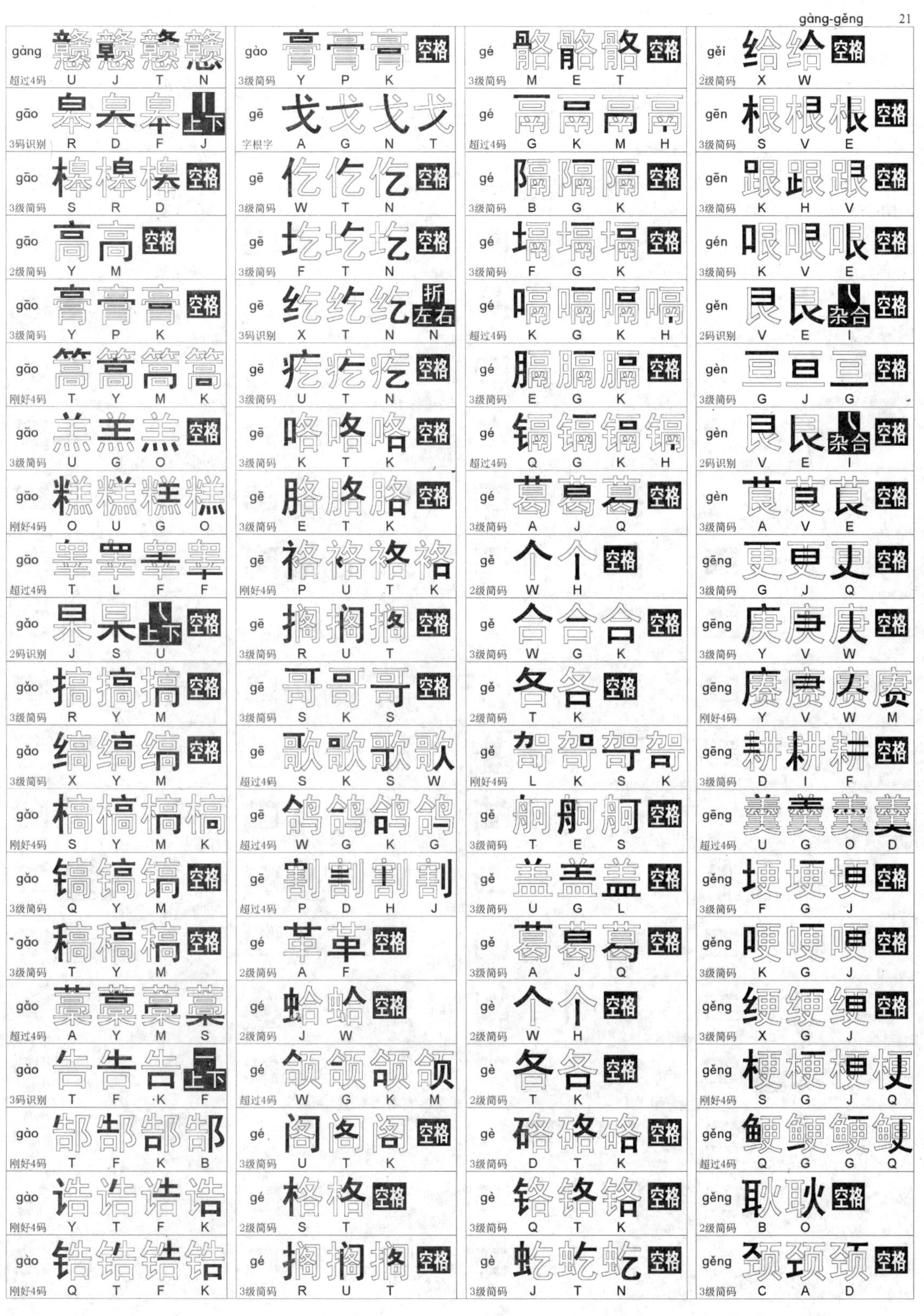

拼音	汉字	编码	类型	末键
gàng	戆	U J T N	超过4码	
gāo	皋	R D F J	3码识别	〡上下
gāo	槔	S R D	3级简码	空格
gāo	高	Y M	2级简码	空格
gāo	膏	Y P K	3级简码	空格
gāo	篙	T Y M K	刚好4码	
gāo	羔	U G O	3级简码	空格
gāo	糕	O U G O	刚好4码	
gāo	睾	T L F F	超过4码	
gǎo	杲	J S U	2码识别	㇏上下 空格
gǎo	搞	R Y M	3级简码	空格
gǎo	缟	X Y M	3级简码	空格
gǎo	槁	S Y M K	刚好4码	
gǎo	镐	Q Y M	3级简码	空格
gǎo	稿	T Y M	3级简码	空格
gǎo	藁	A Y M S	超过4码	
gào	告	T F K F	3码识别	一上下
gào	郜	T F K B	刚好4码	
gào	诰	Y T F K	刚好4码	
gào	锆	Q T F K	刚好4码	
gào	膏	Y P K	3级简码	空格
gē	戈	A G N T	字根字	
gē	仡	W T N	3级简码	空格
gē	圪	F T N	3级简码	空格
gē	纥	X T N N	3码识别	折左右
gē	疙	U T N	3级简码	空格
gē	咯	K T K	3级简码	空格
gē	胳	E T K	3级简码	空格
gē	袼	P U T K	刚好4码	
gē	搁	R U T	3级简码	空格
gē	哥	S K S	3级简码	空格
gē	歌	S K S W	超过4码	
gē	鸽	W G K G	超过4码	
gē	割	P D H J	超过4码	
gé	革	A F	2级简码	空格
gé	蛤	J W	2级简码	空格
gé	颌	W G K M	超过4码	
gé	阁	U T K	3级简码	空格
gé	格	S T	2级简码	空格
gé	搁	R U T	3级简码	空格
gé	骼	M E T	3级简码	空格
gé	鬲	G K M H	超过4码	
gé	隔	B G K	3级简码	空格
gé	塥	F G K	3级简码	空格
gé	嗝	K G K H	超过4码	
gé	膈	E G K	3级简码	空格
gé	镉	Q G K H	超过4码	
gé	葛	A J Q	3级简码	空格
gě	个	W H	2级简码	空格
gě	合	W G K	3级简码	空格
gě	各	T K	2级简码	空格
gě	哿	L K S K	刚好4码	
gě	舸	T E S	3级简码	空格
gě	盖	U G L	3级简码	空格
gě	葛	A J Q	3级简码	空格
gè	个	W H	2级简码	空格
gè	各	T K	2级简码	空格
gè	硌	D T K	3级简码	空格
gè	铬	Q T K	3级简码	空格
gè	虼	J T N	3级简码	空格
gěi	给	X W	2级简码	空格
gēn	根	S V E	3级简码	空格
gēn	跟	K H V	3级简码	空格
gén	哏	K V E	3级简码	空格
gěn	艮	V E I	2码识别	㇏杂合 空格
gèn	亘	G J G	3级简码	空格
gèn	艮	V E I	2码识别	㇏杂合 空格
gèn	莨	A V E	3级简码	空格
gēng	更	G J Q	3级简码	空格
gēng	庚	Y V W	3级简码	空格
gēng	赓	Y V W M	刚好4码	
gēng	耕	D I F	3级简码	空格
gēng	羹	U G O D	超过4码	
gěng	埂	F G J	3级简码	空格
gěng	哽	K G J	3级简码	空格
gěng	绠	X G J	3级简码	空格
gěng	梗	S G J Q	刚好4码	
gěng	鲠	Q G G Q	超过4码	
gěng	耿	B O	2级简码	空格
gěng	颈	C A D	3级简码	空格

拼音	汉字	编码	类型
gèng	更	G J Q	3级简码
gōng	工	A	1级简码
gōng	功	A L	2级简码
gōng	红	X A	2级简码
gōng	攻	A T	2级简码
gōng	弓	X N G	字根字
gōng	躬	T M D X	超过4码
gōng	公	W C	2级简码
gōng	蚣	J W C	3级简码
gōng	供	W A W	3级简码
gōng	龚	D X A	3级简码
gōng	肱	E D C	3级简码
gōng	宫	P K	2级简码
gōng	恭	A W N U	3码识别
gōng	觥	Q E I	3级简码
gǒng	巩	A M Y	3级简码
gǒng	汞	A I U	2码识别
gǒng	拱	R A W	3级简码
gǒng	珙	G A W	3级简码
gòng	共	A W	2级简码

拼音	汉字	编码	类型
gòng	供	W A W	3级简码
gòng	贡	A M	2级简码
gōu	勾	Q C I	2码识别
gōu	沟	I Q C	3级简码
gōu	钩	Q Q C Y	3码识别
gōu	句	Q K D	2码识别
gōu	佝	W Q K	3级简码
gōu	枸	S Q K	3级简码
gōu	缑	X W N	3级简码
gōu	篝	T F J F	超过4码
gōu	鞲	A F F F	超过4码
gǒu	苟	A Q K F	3码识别
gǒu	岣	M Q K	3级简码
gǒu	狗	Q T Q	3级简码
gǒu	枸	S Q K	3级简码
gǒu	笱	T Q K	3级简码
gòu	勾	Q C I	2码识别
gòu	构	S Q	2级简码
gòu	购	M Q C	3级简码
gòu	诟	Y R G	3级简码

拼音	汉字	编码	类型
gòu	垢	F R	2级简码
gòu	够	Q K Q Q	刚好4码
gòu	遘	F J G P	超过4码
gòu	媾	V F J	3级简码
gòu	觏	F J G Q	超过4码
gòu	彀	F P G C	超过4码
gū	估	W D	2级简码
gū	咕	K D G	2码识别
gū	沽	I D G	2码识别
gū	姑	V D	2级简码
gū	轱	L D G	2码识别
gū	鸪	D Q Y G	超过4码
gū	菇	A V D	3级简码
gū	蛄	J D G	2码识别
gū	辜	D U J	2码识别
gū	酤	S G D G	3码识别
gū	呱	K R C	3级简码
gū	孤	B R	2级简码
gū	菰	A B R	3级简码
gū	觚	Q E R	3级简码

拼音	汉字	编码	类型
gū	骨	M E	2级简码
gū	箍	T R A	3级简码
gǔ	古	D G H	字根字
gǔ	诂	Y D G	2码识别
gǔ	牯	T R D G	3码识别
gǔ	罟	L D F	2码识别
gǔ	钴	Q D G	2码识别
gǔ	嘏	D N H	3级简码
gǔ	谷	W W K	3级简码
gǔ	汩	I J G	2码识别
gǔ	股	E M C	3级简码
gǔ	骨	M E	2级简码
gǔ	鹘	M E Q	3级简码
gǔ	贾	S M U	2码识别
gǔ	蛊	J L F	2码识别
gǔ	鹄	T F K G	超过4码
gǔ	鼓	F K U C	超过4码
gǔ	臌	E F K C	超过4码
gǔ	瞽	F K U H	超过4码
gǔ	毂	F P L	3级简码

拼音	汉字	码型	编码	识别/补码
gù	估	2级简码	W D	空格
gù	故	2码识别	D T Y	左右 空格
gù	固	2码识别	L D D	杂合 空格
gù	崮	3级简码	M L D	空格
gù	锢	3码识别	Q L D G	左右
gù	痼	3级简码	U L D	空格
gù	鲴	刚好4码	Q G L D	
gù	顾	2级简码	D B	空格
gù	梏	刚好4码	S T F K	
gù	雇	刚好4码	Y N W Y	
guā	瓜	3级简码	R C Y	空格
guā	呱	3级简码	K R C	空格
guā	胍	3级简码	E R C	空格
guā	刮	3码识别	T D J H	左右
guā	括	3级简码	R T D	空格
guā	栝	3码识别	S T D G	左右
guā	鸹	3级简码	T D Q	空格
guǎ	呱	3级简码	K R C	空格
guǎ	剐	刚好4码	K M W J	
guǎ	寡	3级简码	P D E	空格
guà	卦	3码识别	F F H Y	左右
guà	诖	3码识别	Y F F G	左右
guà	挂	3码识别	R F F G	左右
guà	褂	超过4码	P U F H	
guāi	乖	3级简码	T F U	空格
guāi	掴	刚好4码	R L G Y	
guǎi	拐	3级简码	R K L	空格
guài	怪	2级简码	N C	空格
guān	关	2级简码	U D	空格
guān	观	2级简码	C M	空格
guān	纶	3级简码	X W X	空格
guān	官	2级简码	P N	空格
guān	倌	3级简码	W P N	空格
guān	棺	3级简码	S P N	空格
guān	冠	刚好4码	P F Q F	
guān	矜	超过4码	C B T N	
guān	鳏	刚好4码	Q G L I	
guǎn	莞	刚好4码	A P F Q	
guǎn	馆	3级简码	Q N P	空格
guǎn	管	2级简码	T P	空格
guàn	观	2级简码	C M	空格
guàn	贯	3级简码	X F M	空格
guàn	掼	3级简码	R X F	空格
guàn	惯	3级简码	N X F	空格
guàn	冠	刚好4码	P F Q F	
guàn	涫	3级简码	I P N	空格
guàn	盥	3级简码	Q G I	空格
guàn	灌	3级简码	I A K	空格
guàn	鹳	超过4码	A K K G	
guàn	罐	超过4码	R M A Y	
guāng	光	2级简码	I Q	空格
guāng	咣	3级简码	K I Q	空格
guāng	桄	3码识别	S I Q N	折 左右
guāng	胱	3级简码	E I Q	空格
guǎng	广	字根字	Y Y G T	
guǎng	犷	3码识别	Q T Y T	左右
guàng	桄	3码识别	S I Q N	折 左右
guàng	逛	刚好4码	Q T G P	
guī	归	2级简码	J V	空格
guī	圭	2码识别	F F F	上下 空格
guī	闺	3码识别	U F F D	杂合
guī	硅	3级简码	D F F	空格
guī	鲑	刚好4码	Q G F F	
guī	龟	3级简码	Q J N	空格
guī	妫	3级简码	V Y L	空格
guī	规	3级简码	F W M	空格
guī	皈	3码识别	R R C Y	左右
guī	瑰	3级简码	G R Q	空格
guǐ	宄	特别规定	P V B	折 上下 空格
guǐ	轨	2级简码	L V	空格
guǐ	匦	3级简码	A L V	空格
guǐ	庋	3级简码	Y F C	空格
guǐ	诡	3级简码	Y Q D	空格
guǐ	鬼	3级简码	R Q C	空格
guǐ	癸	3级简码	W G D	空格
guǐ	晷	刚好4码	J T H K	
guǐ	簋	刚好4码	T V E L	
guì	柜	3级简码	S A N	空格
guì	炅	2码识别	J O U	上下 空格
guì	刿	3码识别	M Q J H	左右

拼音	汉字	编码	类型
guì	刽	W F C J	刚好4码
guì	桧	S W F 空格	3级简码
guì	贵	K H G M	刚好4码
guì	桂	S F F 空格	3级简码
guì	跪	K H Q B	超过4码
guì	鳜	Q G D W	超过4码
gǔn	衮	U C E U（上下）	3码识别
gǔn	滚	I U C 空格	3级简码
gǔn	磙	D U C 空格	3级简码
gǔn	绲	X J X 空格	3级简码
gǔn	辊	L J 空格	2级简码
gǔn	鲧	Q G T I	超过4码
gùn	棍	S J X 空格	3级简码
guō	过	F P 空格	2级简码
guō	呙	K M W U（上下）	3码识别
guō	埚	F K M 空格	3级简码
guō	涡	I K M 空格	3级简码
guō	锅	Q K M 空格	3级简码
guō	郭	Y B B 空格	3级简码
guō	崞	M Y B 空格	3级简码
guō	蝈	J L G 空格	3级简码
guō	聒	B T D 空格	3级简码
guó	国	L 空格	1级简码
guó	掴	R L G Y	刚好4码
guó	帼	M H L 空格	3级简码
guó	虢	E F H M	超过4码
guó	馘	U T H G	超过4码
guǒ	果	J S 空格	2级简码
guǒ	蜾	J J S 空格	3级简码
guǒ	裹	Y J S E	刚好4码
guǒ	椁	S Y B 空格	3级简码
guò	过	F P 空格	2级简码
hā	哈	K W G 空格	3级简码
hā	铪	Q W G K	刚好4码
há	虾	J G H Y（左右）	3码识别
há	蛤	J W 空格	2级简码
hǎ	哈	K W G 空格	3级简码
hà	哈	K W G 空格	3级简码
hāi	咳	K Y N W	超过4码
hāi	嗨	K I T U	超过4码
hái	还	G I P 空格	3级简码
hái	孩	B Y N W	超过4码
hái	骸	M E Y 空格	3级简码
hǎi	胲	E Y N W	超过4码
hǎi	海	I T X 空格	3级简码
hǎi	醢	S G D L	超过4码
hài	亥	Y N T W	刚好4码
hài	骇	C Y N W	超过4码
hài	氦	R N Y W	超过4码
hài	害	P D 空格	2级简码
hān	犴	Q T F H（左右）	3码识别
hān	顸	F D M Y（左右）	3码识别
hān	鼾	T H L F	超过4码
hān	蚶	J A F 空格	3级简码
hān	酣	S G A F	刚好4码
hān	憨	N B T N	刚好4码
hán	邗	F B H（左右）空格	2码识别
hán	汗	I F H（左右）空格	2码识别
hán	邯	A F B 空格	3级简码
hán	含	W Y N K	刚好4码
hán	晗	J W Y K	超过4码
hán	焓	O W Y 空格	3级简码
hán	函	B I B 空格	3级简码
hán	涵	I B I 空格	3级简码
hán	韩	F J F H	超过4码
hán	寒	P F J 空格	3级简码
hǎn	罕	P W F 空格	3级简码
hǎn	喊	K D G T	超过4码
hǎn	阚	U N B 空格	3级简码
hàn	汉	I C 空格	2级简码
hàn	汗	I F H（左右）空格	2码识别
hàn	旱	J F J（上下）空格	2码识别
hàn	捍	R J F 空格	3级简码
hàn	悍	N J F 空格	3级简码
hàn	焊	O J F 空格	3级简码
hàn	菡	A B I B	刚好4码
hàn	颔	W Y N M	超过4码
hàn	撖	R N B T	刚好4码
hàn	撼	R D G N	超过4码
hàn	憾	N D G N	超过4码

拼音	汉字	类型	编码
hàn	翰	3级简码	F J W 空格
hàn	瀚	超过4码	I F J N
hāng	夯	特别规定	D L B（折 上下）空格
háng	行	2级简码	T F 空格
háng	绗	刚好4码	X T F H
háng	吭	3级简码	K Y M 空格
háng	杭	3级简码	S Y M 空格
háng	航	3级简码	T E Y 空格
háng	颃	刚好4码	Y M D M
hàng	沆	3级简码	I Y M 空格
hàng	巷	3级简码	A W N 空格
hāo	蒿	3级简码	A Y M 空格
hāo	嚆	3级简码	K A Y 空格
hāo	薅	超过4码	A V D F
háo	号	3级简码	K G N 空格
háo	蚝	3级简码	J T F 空格
háo	毫	3级简码	Y P T 空格
háo	嗥	3级简码	K R D 空格
háo	貉	刚好4码	E E T K
háo	豪	3码识别	Y P E U（乚 上下）

拼音	汉字	类型	编码
háo	壕	3级简码	F Y P 空格
háo	嚎	3级简码	K Y P 空格
háo	濠	3级简码	I Y P 空格
hǎo	好	2级简码	V B 空格
hǎo	郝	3级简码	F O B 空格
hào	号	3级简码	K G N 空格
hào	好	2级简码	V B 空格
hào	昊	3级简码	J G D 空格
hào	耗	超过4码	D I T N
hào	浩	刚好4码	I T F K
hào	皓	刚好4码	R T F K
hào	镐	3级简码	Q Y M 空格
hào	颢	3级简码	J Y I 空格
hào	灏	超过4码	I J Y M
hē	诃	3级简码	Y S K 空格
hē	呵	3级简码	K S K 空格
hē	喝	3级简码	K J Q 空格
hē	嗬	超过4码	K A W K
hé	禾	键名	T T T T
hé	和	1级简码	T 空格

拼音	汉字	类型	编码
hé	合	3级简码	W G K 空格
hé	盒	刚好4码	W G K L
hé	颌	超过4码	W G K M
hé	纥	3码识别	X T N N（折 左右）
hé	何	3级简码	W S K 空格
hé	河	3级简码	I S K 空格
hé	荷	刚好4码	A W S K
hé	菏	3级简码	A I S 空格
hé	劾	超过4码	Y N T L
hé	阂	3级简码	U Y N 空格
hé	核	超过4码	S Y N W
hé	曷	刚好4码	J Q W N
hé	盍	3码识别	F C L F（一 上下）
hé	阖	3级简码	U F C 空格
hé	涸	3级简码	I L D 空格
hé	貉	刚好4码	E E T K
hé	翮	超过4码	G K M N
hè	吓	3级简码	K G H 空格
hè	和	1级简码	T 空格
hè	贺	3级简码	L K M 空格

拼音	汉字	类型	编码
hè	荷	刚好4码	A W S K
hè	喝	3级简码	K J Q 空格
hè	褐	超过4码	P U J N
hè	赫	3级简码	F O F 空格
hè	鹤	3级简码	P W Y 空格
hè	壑	3级简码	H P G 空格
hēi	黑	3级简码	L F O 空格
hēi	嘿	3级简码	K L F 空格
hēi	嗨	超过4码	K I T U
hén	痕	3级简码	U V E 空格
hěn	很	3级简码	T V E 空格
hěn	狠	3级简码	Q T V 空格
hèn	恨	2级简码	N V 空格
hēng	亨	2码识别	Y B J（丨 上下）空格
hēng	哼	3级简码	K Y B 空格
héng	恒	3级简码	N G J 空格
héng	珩	3级简码	G T F 空格
héng	桁	刚好4码	S T F H
héng	衡	超过4码	T Q D H
héng	蘅	超过4码	A T Q H

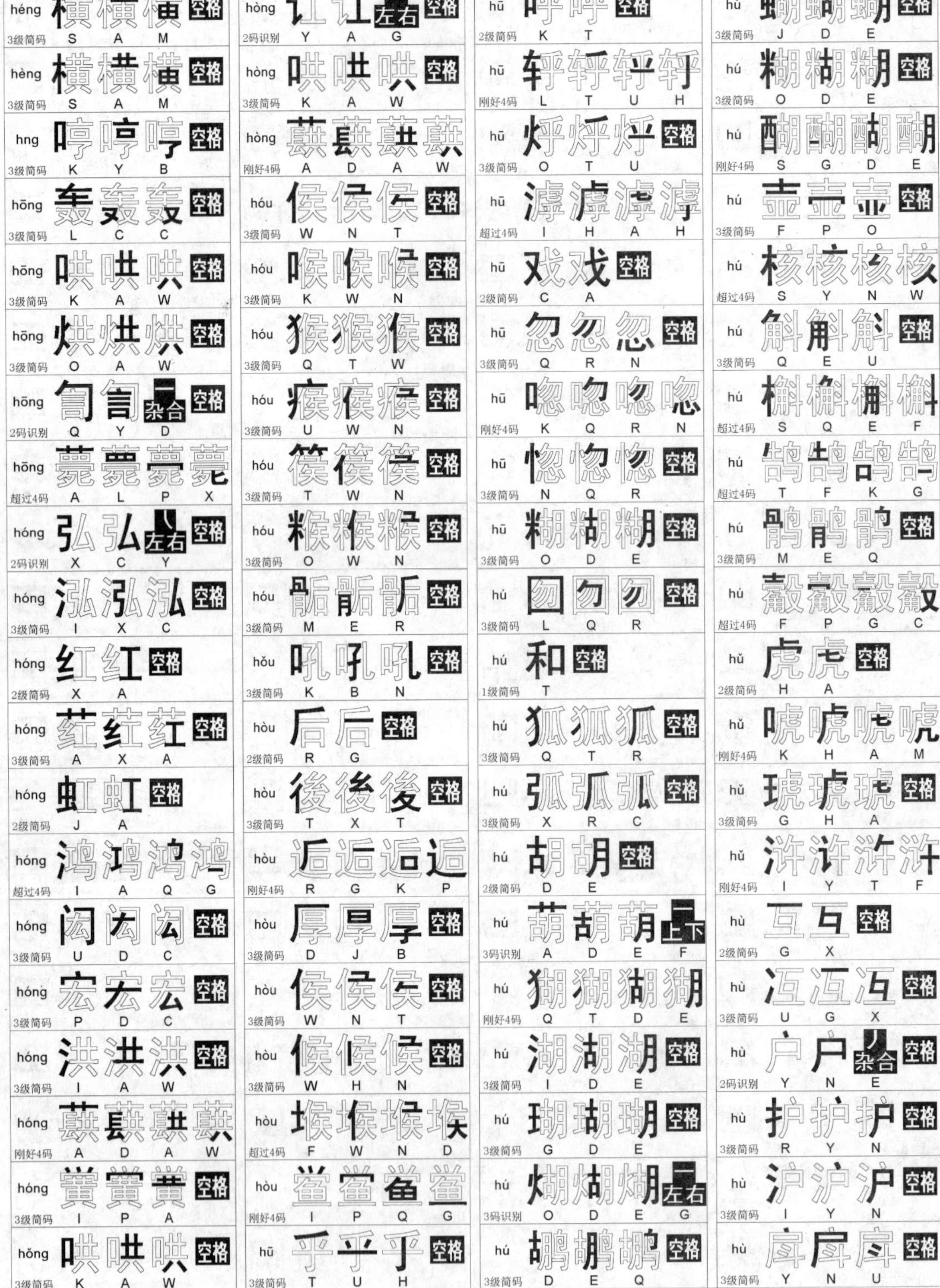

拼音	汉字	编码	结束	类型
héng	横	S A M	空格	3级简码
hèng	横	S A M	空格	3级简码
hng	哼	K Y B	空格	3级简码
hōng	轰	L C C	空格	3级简码
hōng	哄	K A W	空格	3级简码
hōng	烘	O A W	空格	3级简码
hōng	訇	Q Y D	一 杂合 空格	2码识别
hōng	薨	A L P X		超过4码
hóng	弘	X C Y	㇏ 左右 空格	2码识别
hóng	泓	I X C	空格	3级简码
hóng	红	X A	空格	2级简码
hóng	荭	A X A	空格	3级简码
hóng	虹	J A	空格	2级简码
hóng	鸿	I A Q G		超过4码
hóng	闳	U D C	空格	3级简码
hóng	宏	P D C	空格	3级简码
hóng	洪	I A W	空格	3级简码
hóng	蕻	A D A W		刚好4码
hóng	黉	I P A	空格	3级简码
hǒng	哄	K A W	空格	3级简码
hòng	讧	Y A G	一 左右 空格	2码识别
hòng	哄	K A W	空格	3级简码
hòng	蕻	A D A W		刚好4码
hóu	侯	W N T	空格	3级简码
hóu	喉	K W N	空格	3级简码
hóu	猴	Q T W	空格	3级简码
hóu	瘊	U W N	空格	3级简码
hóu	篌	T W N	空格	3级简码
hóu	糇	O W N	空格	3级简码
hóu	骺	M E R	空格	3级简码
hǒu	吼	K B N	空格	3级简码
hòu	后	R G	空格	2级简码
hòu	後	T X T	空格	3级简码
hòu	逅	R G K P		刚好4码
hòu	厚	D J B	空格	3级简码
hòu	侯	W N T	空格	3级简码
hòu	候	W H N	空格	3级简码
hòu	堠	F W N D		超过4码
hòu	鲎	I P Q G		刚好4码
hū	乎	T U H	空格	3级简码
hū	呼	K T	空格	2级简码
hū	轷	L T U H		刚好4码
hū	烀	O T U	空格	3级简码
hū	滹	I H A H		超过4码
hū	戏	C A	空格	2级简码
hū	忽	Q R N	空格	3级简码
hū	唿	K Q R N		刚好4码
hū	惚	N Q R	空格	3级简码
hū	糊	O D E	空格	3级简码
hú	囫	L Q R	空格	3级简码
hú	和	T	空格	1级简码
hú	狐	Q T R	空格	3级简码
hú	弧	X R C	空格	3级简码
hú	胡	D E	空格	2级简码
hú	葫	A D E F	一 上下	3码识别
hú	猢	Q T D E		刚好4码
hú	湖	I D E	空格	3级简码
hú	瑚	G D E	空格	3级简码
hú	煳	O D E G	一 左右	3码识别
hú	鹕	D E Q	空格	3级简码
hú	蝴	J D E	空格	3级简码
hú	糊	O D E	空格	3级简码
hú	醐	S G D E		刚好4码
hú	壶	F P O	空格	3级简码
hú	核	S Y N W		超过4码
hú	斛	Q E U	空格	3级简码
hú	槲	S Q E F		超过4码
hú	鹄	T F K G		超过4码
hú	鹘	M E Q	空格	3级简码
hú	縠	F P G C		超过4码
hǔ	虎	H A	空格	2级简码
hǔ	唬	K H A M		刚好4码
hǔ	琥	G H A	空格	3级简码
hǔ	浒	I Y T F		刚好4码
hù	互	G X	空格	2级简码
hù	冱	U G X	空格	3级简码
hù	户	Y N E	丿 杂合 空格	2码识别
hù	护	R Y N	空格	3级简码
hù	沪	I Y N	空格	3级简码
hù	扈	Y N U	空格	3级简码

拼音	字	编码类型	编码	附加
hù	扈	刚好4码	Y N K C	
hù	岵	2码识别	M D G	一 左右 空格
hù	怙	2码识别	N D G	一 左右 空格
hù	祜	3码识别	P Y D G	一 左右
hù	糊	3级简码	O D E	空格
hù	笏	3级简码	T Q R	空格
hù	瓠	超过4码	D F N Y	
hù	鹱	超过4码	Q Y N C	
huā	化	2级简码	W X	空格
huā	华	3级简码	W X F	空格
huā	哗	3级简码	K W X	空格
huā	花	3级简码	A W X	空格
huā	砉	3级简码	D H D	空格
huá	划	2级简码	A J	空格
huá	华	3级简码	W X F	空格
huá	哗	3级简码	K W X	空格
huá	骅	3级简码	C W X	空格
huá	铧	3级简码	Q W X	空格
huá	猾	3级简码	Q T M	空格
huá	滑	3级简码	I M E	空格
huà	化	2级简码	W X	空格
huà	华	3级简码	W X F	空格
huà	桦	3级简码	S W X	空格
huà	划	2级简码	A J	空格
huà	画	2级简码	G L	空格
huà	话	3级简码	Y T D	空格
huái	怀	2级简码	N G	空格
huái	徊	3级简码	T L K	空格
huái	淮	3级简码	I W Y	空格
huái	槐	3级简码	S R Q	空格
huái	踝	刚好4码	K H J S	
huài	坏	3级简码	F G I	空格
huai	划	2级简码	A J	空格
huān	欢	3级简码	C Q W	空格
huān	獾	超过4码	Q T A Y	
huán	还	3级简码	G I P	空格
huán	环	3级简码	G G I	空格
huán	郇	3级简码	Q J B	空格
huán	洹	3级简码	I G J	空格
huán	桓	刚好4码	S G J G	
huán	萑	3码识别	A W Y F	一 上下
huán	锾	超过4码	Q E F C	
huán	圜	3级简码	L L G	空格
huán	寰	3级简码	P L G	空格
huán	缳	超过4码	X L G E	
huán	鬟	3级简码	D E L	空格
huǎn	缓	3级简码	X E F	空格
huàn	幻	2码识别	X N N	折 左右 空格
huàn	奂	3级简码	Q M D	空格
huàn	换	2级简码	R Q	空格
huàn	唤	3级简码	K Q M	空格
huàn	涣	3级简码	I Q M	空格
huàn	焕	3级简码	O Q M	空格
huàn	痪	3级简码	U Q M	空格
huàn	宦	3级简码	P A H	空格
huàn	浣	刚好4码	I P F Q	
huàn	鲩	3级简码	Q G P	空格
huàn	患	刚好4码	K K H N	
huàn	漶	超过4码	I K K N	
huàn	逭	超过4码	P N H P	
huàn	豢	3级简码	U D E	空格
huàn	擐	超过4码	R L G E	
huāng	肓	3码识别	Y N E F	一 上下
huāng	荒	刚好4码	A Y N Q	
huāng	慌	3级简码	N A Y	空格
huáng	皇	2码识别	R G F	一 上下 空格
huáng	凰	3级简码	M R G	空格
huáng	隍	3级简码	B R G	空格
huáng	遑	3级简码	R G P	空格
huáng	徨	3级简码	T R G	空格
huáng	湟	3码识别	I R G G	一 左右
huáng	惶	3码识别	N R G G	一 左右
huáng	煌	2级简码	O R	空格
huáng	蝗	2级简码	J R	空格
huáng	篁	3码识别	T R G F	一 上下
huáng	鳇	3级简码	Q G R	空格
huáng	黄	3级简码	A M W	空格
huáng	潢	3级简码	I A M	空格
huáng	璜	刚好4码	G A M W	
huáng	磺	3级简码	D A M	空格

拼音	汉字	编码类型	编码	附加
huáng	癀	3级简码	U A M	空格
huáng	蟥	3级简码	J A M	空格
huáng	簧	刚好4码	T A M W	
huǎng	恍	3级简码	N I Q	空格
huǎng	晃	2级简码	J I	空格
huǎng	幌	超过4码	M H J Q	
huǎng	谎	3级简码	Y A Y	空格
huàng	晃	2级简码	J I	空格
huī	灰	2级简码	D O	空格
huī	诙	3级简码	Y D O	空格
huī	咴	3级简码	K D O	空格
huī	恢	3级简码	N D O	空格
huī	挥	3级简码	R P L	空格
huī	珲	3级简码	G P L	空格
huī	晖	3码识别	J P L H	左右
huī	辉	刚好4码	I Q P L	
huī	麾	超过4码	Y S S N	
huī	徽	超过4码	T M G T	
huī	隳	超过4码	B D A N	
huí	回	2码识别	L K D	杂合 空格
huí	茴	3码识别	A L K F	上下
huí	洄	3级简码	I L K	空格
huí	蛔	3级简码	J L K	空格
huǐ	虺	3码识别	G Q J I	杂合
huǐ	悔	3级简码	N T X	空格
huǐ	毁	2级简码	V A	空格
huì	卉	2码识别	F A J	上下 空格
huì	汇	2码识别	I A N	折 左右 空格
huì	会	2级简码	W F	空格
huì	荟	刚好4码	A W F C	
huì	绘	3级简码	X W F	空格
huì	桧	3级简码	S W F	空格
huì	烩	3级简码	O W F	空格
huì	讳	刚好4码	Y F N H	
huì	诲	3级简码	Y T X	空格
huì	晦	3级简码	J T X	空格
huì	恚	3码识别	F F N U	上下
huì	贿	3级简码	M D E	空格
huì	彗	超过4码	D H D V	
huì	慧	超过4码	D H D N	
huì	秽	3级简码	T M Q	空格
huì	惠	3级简码	G J H	空格
huì	蕙	3级简码	A G J	空格
huì	蟪	超过4码	J G J N	
huì	喙	3级简码	K X E	空格
huì	溃	3级简码	I K H	空格
huì	缋	3级简码	X K H	空格
hūn	昏	3码识别	Q A J F	上下
hūn	阍	3级简码	U Q A	空格
hūn	婚	2级简码	V Q	空格
hūn	荤	3码识别	A P L J	上下
hún	浑	3级简码	I P L	空格
hún	珲	3级简码	G P L	空格
hún	馄	超过4码	Q N J X	
hún	混	3级简码	I J X	空格
hún	魂	3级简码	F C R	空格
hùn	诨	3级简码	Y P L	空格
hùn	混	3级简码	I J X	空格
hùn	溷	3码识别	I L E Y	左右
huō	耠	3级简码	D I W	空格
huō	锪	3级简码	Q Q R	空格
huō	劐	超过4码	A W Y J	
huō	豁	超过4码	P D H K	
huō	攉	刚好4码	R F W Y	
huó	和	1级简码	T	空格
huó	活	3级简码	I T D	空格
huǒ	火	键名	O O O O	
huǒ	伙	2级简码	W O	空格
huǒ	钬	2码识别	Q O Y	左右 空格
huǒ	夥	3级简码	J S Q	空格
huò	或	2级简码	A K	空格
huò	惑	刚好4码	A K G N	
huò	和	1级简码	T	空格
huò	货	3级简码	W X M	空格
huò	获	3级简码	A Q T	空格
huò	祸	超过4码	P Y K W	
huò	霍	3码识别	F W Y F	上下
huò	藿	刚好4码	A F W Y	
huò	嚯	刚好4码	K F W Y	
huò	豁	超过4码	P D H K	

拼音	汉字	编码类型	编码	附加
huò	镬	超过4码	Q A W C	
huò	蠖	超过4码	J A W C	
jī	几	字根字	M T	空格
jī	讥	2码识别	Y M N	折 左右 空格
jī	叽	2码识别	K M N	折 左右 空格
jī	饥	3级简码	Q N M	空格
jī	玑	2码识别	G M N	折 左右 空格
jī	机	2级简码	S M	空格
jī	肌	2级简码	E M	空格
jī	矶	2码识别	D M N	折 左右 空格
jī	击	2码识别	F M K	丨 杂合 空格
jī	圾	2级简码	F E	空格
jī	芨	3级简码	A E Y	空格
jī	乩	3级简码	H K N	空格
jī	鸡	3级简码	C Q Y	空格
jī	奇	3码识别	D S K F	一 上下
jī	剞	刚好4码	D S K J	
jī	犄	3级简码	T R D	空格
jī	畸	3级简码	L D S	空格
jī	咭	3码识别	K F K G	一 左右

拼音	汉字	编码类型	编码	附加
jī	唧	刚好4码	K V C B	
jī	积	3级简码	T K W	空格
jī	笄	3码识别	T G A J	丨 上下
jī	屐	刚好4码	N T F C	
jī	姬	3级简码	V A H	空格
jī	基	2级简码	A D	空格
jī	期	刚好4码	A D W E	
jī	箕	3级简码	T A D	空格
jī	赍	3级简码	F W W	空格
jī	嵇	刚好4码	T D N M	
jī	稽	超过4码	T D N J	
jī	缉	3级简码	X K B	空格
jī	跻	刚好4码	K H Y J	
jī	齑	超过4码	Y D J J	
jī	畿	3级简码	X X A	空格
jī	墼	超过4码	G J F F	
jī	激	3级简码	I R Y	空格
jī	羁	3级简码	L A F	空格
jí	及	2级简码	E Y	空格
jí	岌	3码识别	M E Y U	㇏ 上下

拼音	汉字	编码类型	编码	附加
jí	汲	3级简码	I E Y	空格
jí	级	2级简码	X E	空格
jí	极	2级简码	S E	空格
jí	笈	3码识别	T E Y U	㇏ 上下
jí	吉	2级简码	F K	空格
jí	佶	3码识别	W F K G	一 左右
jí	诘	3级简码	Y F K	空格
jí	即	3级简码	V C B	空格
jí	亟	3级简码	B K C	空格
jí	殛	3级简码	G Q B	空格
jí	革	2级简码	A F	空格
jí	急	3级简码	Q V N	空格
jí	疾	3级简码	U T D	空格
jí	蒺	3级简码	A U T	空格
jí	嫉	3级简码	V U T	空格
jí	棘	超过4码	G M I I	
jí	集	3级简码	W Y S	空格
jí	楫	3级简码	S K B	空格
jí	辑	3级简码	L K B	空格
jí	戢	超过4码	K B N T	

拼音	汉字	编码类型	编码	附加
jí	蕺	超过4码	A K B T	
jí	嵴	3级简码	M I W	空格
jí	瘠	3级简码	U I W	空格
jí	藉	3级简码	A D I	空格
jí	籍	超过4码	T D I J	
jǐ	几	字根字	M T	空格
jǐ	虮	2码识别	J M N	折 左右 空格
jǐ	麂	超过4码	Y N J M	
jǐ	己	字根字	N N G	空格
jǐ	纪	2级简码	X N	空格
jǐ	挤	3级简码	R Y J	空格
jǐ	济	3级简码	I Y J	空格
jǐ	给	2级简码	X W	空格
jǐ	脊	3级简码	I W E	空格
jǐ	掎	3级简码	R D S	空格
jǐ	戟	3级简码	F J A	空格
jì	计	2级简码	Y F	空格
jì	记	2级简码	Y N	空格
jì	纪	2级简码	X N	空格
jì	忌	2码识别	N N U	㇏ 上下 空格

拼音	汉字	类型	编码	末键
jì	跽	刚好4码	K H N N	
jì	伎	3码识别	W F C Y	左右
jì	技	3级简码	R F C	空格
jì	芰	3码识别	A F C U	上下
jì	妓	3级简码	V F C	空格
jì	系	3级简码	T X I	空格
jì	际	2级简码	B F	空格
jì	季	2级简码	T B	空格
jì	悸	3级简码	N T B	空格
jì	剂	3码识别	Y J J H	左右
jì	荠	3码识别	A Y J J	上下
jì	济	3级简码	I Y J	空格
jì	霁	3级简码	F Y J	空格
jì	鲚	刚好4码	Q G Y J	
jì	洎	3码识别	I T H G	左右
jì	迹	3级简码	Y O P	空格
jì	既	3级简码	V C A	空格
jì	暨	超过4码	V C A G	
jì	觊	刚好4码	M N M Q	
jì	继	2级简码	X O	空格
jì	偈	3级简码	W J Q	空格
jì	寄	3级简码	P D S	空格
jì	祭	3级简码	W F I	空格
jì	寂	2级简码	P H	空格
jì	绩	3级简码	X G M	空格
jì	蓟	刚好4码	A Q G J	
jì	稷	3级简码	T L W	空格
jì	鲫	超过4码	Q G V B	
jì	髻	刚好4码	D E F K	
jì	冀	3级简码	U X L	空格
jì	骥	3级简码	C U X	空格
jiā	加	2级简码	L K	空格
jiā	伽	3级简码	W L K	空格
jiā	茄	3码识别	A L K F	上下
jiā	迦	3级简码	L K P	空格
jiā	珈	3级简码	G L K	空格
jiā	枷	3级简码	S L K	空格
jiā	痂	3码识别	U L K D	杂合
jiā	笳	3码识别	T L K F	上下
jiā	袈	3级简码	L K Y	空格
jiā	咖	刚好4码	K H L K	
jiā	嘉	超过4码	F K U K	
jiā	夹	3级简码	G U W	空格
jiā	浃	3级简码	I G U	空格
jiā	佳	3码识别	W F F G	左右
jiā	家	2级简码	P E	空格
jiā	镓	3级简码	Q P E	空格
jiā	葭	超过4码	A N H C	
jiá	夹	3级简码	G U W	空格
jiá	郏	刚好4码	G U W B	
jiá	荚	刚好4码	A G U W	
jiá	铗	刚好4码	Q G U W	
jiá	颊	超过4码	G U W M	
jiá	蛱	3级简码	J G U	空格
jiá	恝	刚好4码	D H V N	
jiá	戛	3级简码	D H A	空格
jiǎ	甲	字根字	L H N H	
jiǎ	岬	2码识别	M L H	左右 空格
jiǎ	胛	2码识别	E L H	左右 空格
jiǎ	钾	2码识别	Q L H	左右 空格
jiǎ	贾	2码识别	S M U	上下 空格
jiǎ	假	3级简码	W N H	空格
jiǎ	嘏	3级简码	D N H	空格
jiǎ	瘕	3级简码	U N H	空格
jià	价	3级简码	W W J	空格
jià	驾	3级简码	L K C	空格
jià	架	3级简码	L K S	空格
jià	假	3级简码	W N H	空格
jià	嫁	3级简码	V P E	空格
jià	稼	3级简码	T P E	空格
jiān	戋	字根字	G G G T	
jiān	浅	2码识别	I G T	左右 空格
jiān	笺	2码识别	T G R	上下 空格
jiān	溅	3码识别	I M G T	左右
jiān	尖	2级简码	I D	空格
jiān	奸	2码识别	V F H	左右 空格
jiān	歼	3级简码	G Q T	空格
jiān	坚	3级简码	J C F	空格
jiān	鲣	超过4码	Q G J F	
jiān	间	2级简码	U J	空格

拼音	汉字	类型	编码	末键
jiān	肩	3码识别	Y N E D	一 杂合
jiān	艰	2级简码	C V	空格
jiān	监	刚好4码	J T Y L	
jiān	兼	3级简码	U V O	空格
jiān	搛	刚好4码	R U V O	
jiān	蒹	3级简码	A U V	空格
jiān	缣	3级简码	X U V	空格
jiān	鹣	超过4码	U V O G	
jiān	菅	超过4码	A P N N	
jiān	渐	2级简码	I L	空格
jiān	犍	3级简码	T R V	空格
jiān	湔	3级简码	I U E	空格
jiān	煎	刚好4码	U E J O	
jiān	缄	3级简码	X D G	空格
jiān	鞯	3级简码	A F A	空格
jiǎn	囝	2码识别	L B D	一 杂合 空格
jiǎn	拣	刚好4码	R A N W	
jiǎn	枧	3码识别	S M Q N	折 左右
jiǎn	笕	3码识别	T M Q B	折 上下
jiǎn	茧	2码识别	A J U	上下 空格
jiǎn	柬	3级简码	G L I	空格
jiǎn	俭	刚好4码	W W G I	
jiǎn	捡	刚好4码	R W G I	
jiǎn	检	2级简码	S W	空格
jiǎn	硷	刚好4码	D W G I	
jiǎn	睑	刚好4码	H W G I	
jiǎn	趼	刚好4码	K H G A	
jiǎn	减	3级简码	U D G	空格
jiǎn	碱	3级简码	D D G	空格
jiǎn	剪	刚好4码	U E J V	
jiǎn	谫	3级简码	Y U E	空格
jiǎn	翦	刚好4码	U E J N	
jiǎn	锏	3码识别	Q U J G	一 左右
jiǎn	裥	刚好4码	P U U J	
jiǎn	简	3级简码	T U J	空格
jiǎn	戬	超过4码	G O G A	
jiǎn	蹇	超过4码	P F J H	
jiǎn	謇	超过4码	P F J Y	
jiàn	见	2码识别	M Q B	折 上下 空格
jiàn	舰	刚好4码	T E M Q	
jiàn	件	3级简码	W R H	空格
jiàn	牮	3级简码	W A R	空格
jiàn	间	2级简码	U J	空格
jiàn	涧	3码识别	I U J G	一 左右
jiàn	锏	3码识别	Q U J G	一 左右
jiàn	饯	3码识别	Q N G T	丿 左右
jiàn	贱	2码识别	M G T	丿 左右 空格
jiàn	践	3级简码	K H G	空格
jiàn	溅	3码识别	I M G T	丿 左右
jiàn	建	刚好4码	V F H P	
jiàn	健	3级简码	W V F	空格
jiàn	楗	超过4码	S V F P	
jiàn	毽	超过4码	T F N P	
jiàn	腱	超过4码	E V F P	
jiàn	键	超过4码	Q V F P	
jiàn	踺	超过4码	K H V P	
jiàn	荐	3级简码	A D H	空格
jiàn	剑	3级简码	W G I	空格
jiàn	监	刚好4码	J T Y L	
jiàn	槛	3级简码	S J T	空格
jiàn	鉴	刚好4码	J T Y Q	
jiàn	渐	2级简码	I L	空格
jiàn	谏	3级简码	Y G L	空格
jiàn	僭	超过4码	W A Q J	
jiàn	箭	3级简码	T U E	空格
jiāng	江	2级简码	I A	空格
jiāng	茳	3级简码	A I A	空格
jiāng	豇	刚好4码	G K U A	
jiāng	将	3级简码	U Q F	空格
jiāng	浆	3级简码	U Q I	空格
jiāng	姜	3级简码	U G V	空格
jiāng	僵	3级简码	W G L	空格
jiāng	缰	3级简码	X G L	空格
jiāng	礓	3级简码	D G L	空格
jiāng	疆	3级简码	X F G	空格
jiǎng	讲	3级简码	Y F J	空格
jiǎng	奖	3级简码	U Q D	空格
jiǎng	桨	3级简码	U Q S	空格
jiǎng	蒋	3级简码	A U Q	空格
jiǎng	耩	超过4码	D I F F	

31

速查字典

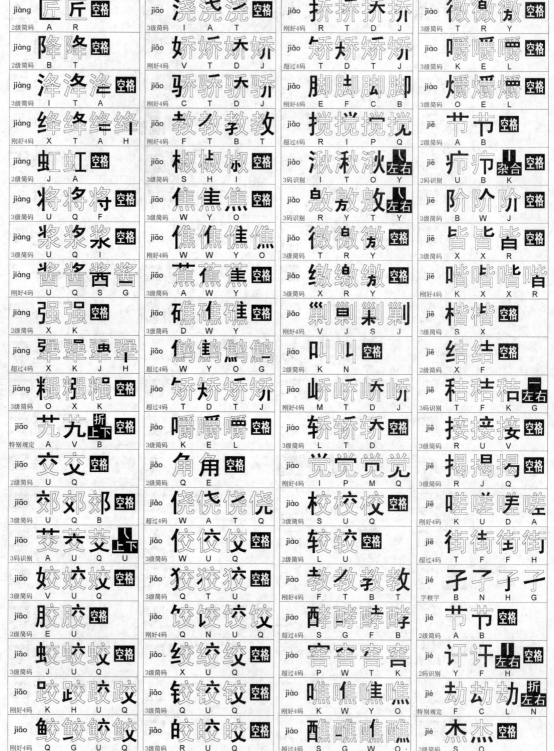

拼音	汉字	类型	编码
jiàng	匠	2级简码	A R 空格
jiàng	降	2级简码	B T 空格
jiàng	洚	3级简码	I T A 空格
jiàng	绛	刚好4码	X T A H
jiàng	虹	2级简码	J A 空格
jiàng	将	3级简码	U Q F 空格
jiàng	浆	3级简码	U Q I 空格
jiàng	酱	刚好4码	U Q S G
jiàng	强	2级简码	X K 空格
jiàng	犟	超过4码	X K J H
jiàng	糨	3级简码	O X K 空格
jiāo	艽	特别规定	A V B（折 上下）空格
jiāo	交	2级简码	U Q 空格
jiāo	郊	3级简码	U Q B 空格
jiāo	茭	3码识别	A U Q U（㇏ 上下）
jiāo	姣	3级简码	V U Q 空格
jiāo	胶	2级简码	E U 空格
jiāo	蛟	3级简码	J U Q 空格
jiāo	跤	刚好4码	K H U Q
jiāo	鲛	刚好4码	Q G U Q
jiāo	浇	3级简码	I A T 空格
jiāo	娇	刚好4码	V T D J
jiāo	骄	刚好4码	C T D J
jiāo	教	刚好4码	F T B T
jiāo	椒	3级简码	S H I 空格
jiāo	焦	3级简码	W Y O 空格
jiāo	僬	刚好4码	W W Y O
jiāo	蕉	3级简码	A W Y 空格
jiāo	礁	3级简码	D W Y 空格
jiāo	鹪	超过4码	W Y O G
jiáo	矫	超过4码	T D T J
jiáo	嚼	3级简码	K E L 空格
jiǎo	角	2级简码	Q E 空格
jiǎo	侥	超过4码	W A T Q
jiǎo	佼	3级简码	W U Q 空格
jiǎo	狡	3级简码	Q T U 空格
jiǎo	饺	刚好4码	Q N U Q
jiǎo	绞	3级简码	X U Q 空格
jiǎo	铰	3级简码	Q U Q 空格
jiǎo	皎	3级简码	R U Q 空格
jiǎo	挢	刚好4码	R T D J
jiǎo	矫	超过4码	T D T J
jiǎo	脚	刚好4码	E F C B
jiǎo	搅	超过4码	R I P Q
jiǎo	湫	3码识别	I T O Y（㇏ 左右）
jiǎo	敫	3码识别	R Y T Y（㇏ 左右）
jiǎo	徼	3级简码	T R Y 空格
jiǎo	缴	3级简码	X R Y 空格
jiǎo	剿	刚好4码	V J S J
jiào	叫	2级简码	K N 空格
jiào	峤	刚好4码	M T D J
jiào	轿	3级简码	L T D 空格
jiào	觉	刚好4码	I P M Q
jiào	校	3级简码	S U Q 空格
jiào	较	2级简码	L U 空格
jiào	教	刚好4码	F T B T
jiào	酵	超过4码	S G F B
jiào	窖	超过4码	P W T K
jiào	噍	刚好4码	K W Y O
jiào	醮	超过4码	S G W O
jiào	徼	3级简码	T R Y 空格
jiào	嚼	3级简码	K E L 空格
jiào	爝	3级简码	O E L 空格
jiē	节	2级简码	A B 空格
jiē	疖	2码识别	U B K（丨 杂合）空格
jiē	阶	3级简码	B W J 空格
jiē	皆	3级简码	X X R 空格
jiē	喈	刚好4码	K X X R
jiē	楷	2级简码	S X 空格
jiē	结	2级简码	X F 空格
jiē	秸	3码识别	T F K G（一 左右）
jiē	接	3级简码	R U V 空格
jiē	揭	3级简码	R J Q 空格
jiē	嗟	刚好4码	K U D A
jiē	街	超过4码	T F F H
jié	孑	字根字	B N H G
jié	节	2级简码	A B 空格
jié	讦	2码识别	Y F H（丨 左右）空格
jié	劫	特别规定	F C L N（折 左右）
jié	杰	2级简码	S O 空格

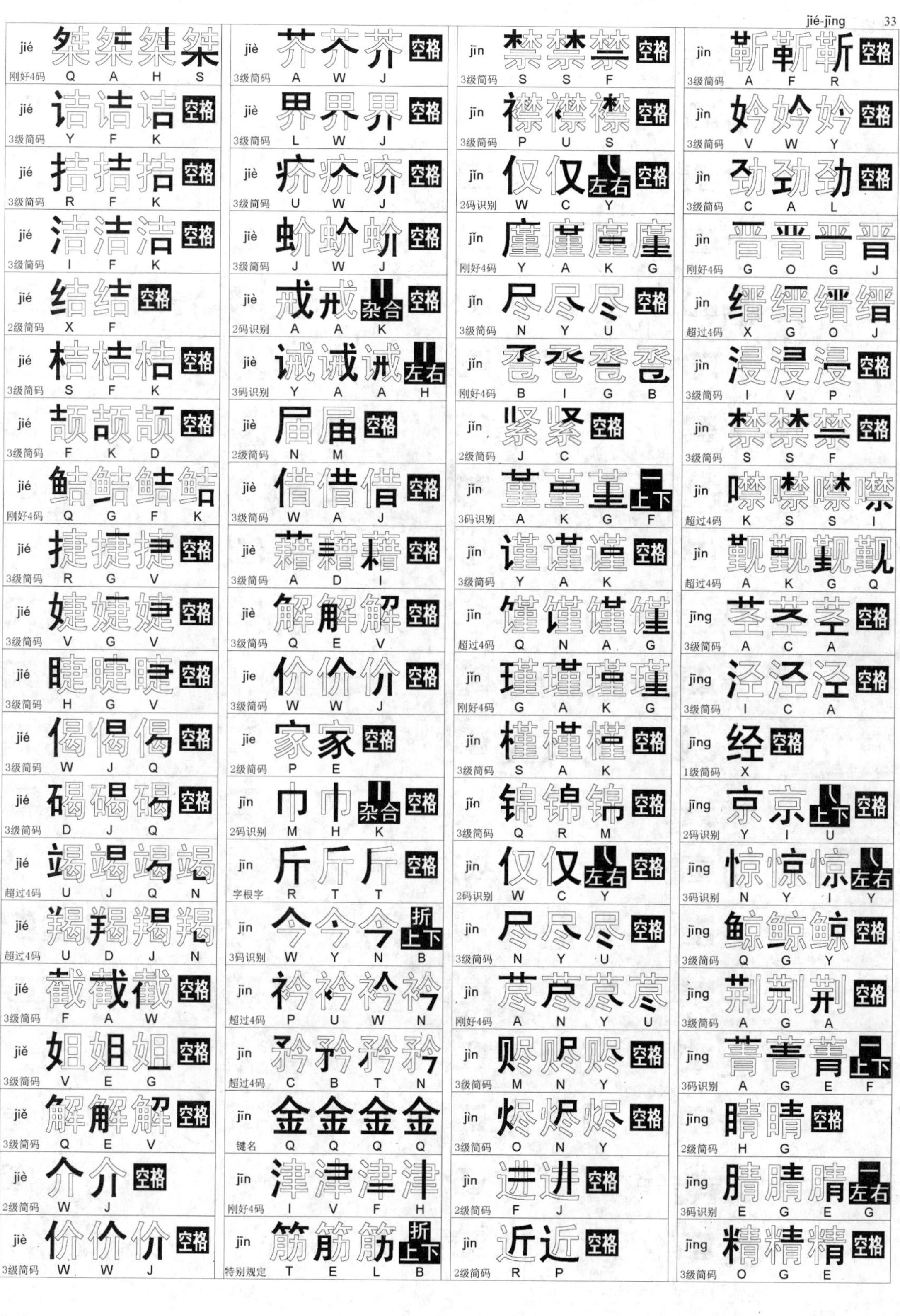

拼音	汉字	类别	编码
jié	桀	刚好4码	Q A H S
jié	诘	3级简码	Y F K 空格
jié	拮	3级简码	R F K 空格
jié	洁	3级简码	I F K 空格
jié	结	2级简码	X F 空格
jié	桔	3级简码	S F K 空格
jié	颉	3级简码	F K D 空格
jié	鲒	刚好4码	Q G F K
jié	捷	3级简码	R G V 空格
jié	婕	3级简码	V G V 空格
jié	睫	3级简码	H G V 空格
jié	偈	3级简码	W J Q 空格
jié	碣	3级简码	D J Q 空格
jié	竭	超过4码	U J Q N
jié	羯	超过4码	U D J N
jié	截	3级简码	F A W 空格
jiě	姐	3级简码	V E G 空格
jiě	解	3级简码	Q E V 空格
jiè	介	2级简码	W J 空格
jiè	价	3级简码	W W J 空格
jiè	芥	3级简码	A W J 空格
jiè	界	3级简码	L W J 空格
jiè	疥	3级简码	U W J 空格
jiè	蚧	3级简码	J W J 空格
jiè	戒	2码识别	A A K（杂合）空格
jiè	诫	3码识别	Y A A H（左右）
jiè	届	2级简码	N M 空格
jiè	借	3级简码	W A J 空格
jiè	藉	3级简码	A D I 空格
jiè	解	3级简码	Q E V 空格
jie	价	3级简码	W W J 空格
jie	家	2级简码	P E 空格
jīn	巾	2码识别	M H K（杂合）空格
jīn	斤	字根字	R T T 空格
jīn	今	3码识别	W Y N B（折 上下）
jīn	衿	超过4码	P U W N
jīn	矜	超过4码	C B T N
jīn	金	键名	Q Q Q Q
jīn	津	刚好4码	I V F H
jīn	筋	特别规定	T E L B（折 上下）
jīn	禁	3级简码	S S F 空格
jīn	襟	3级简码	P U S 空格
jǐn	仅	2码识别	W C Y（左右）空格
jǐn	廑	刚好4码	Y A K G
jǐn	尽	3级简码	N Y U 空格
jǐn	卺	刚好4码	B I G B
jǐn	紧	2级简码	J C 空格
jǐn	堇	3码识别	A K G F（一 上下）
jǐn	谨	3级简码	Y A K 空格
jǐn	馑	超过4码	Q N A G
jǐn	瑾	刚好4码	G A K G
jǐn	槿	3级简码	S A K 空格
jǐn	锦	3级简码	Q R M 空格
jìn	仅	2码识别	W C Y（左右）空格
jìn	尽	3级简码	N Y U 空格
jìn	荩	刚好4码	A N Y U
jìn	赆	3级简码	M N Y 空格
jìn	烬	3级简码	O N Y 空格
jìn	进	2级简码	F J 空格
jìn	近	2级简码	R P 空格
jìn	靳	3级简码	A F R 空格
jìn	妗	3级简码	V W Y 空格
jìn	劲	3级简码	C A L 空格
jìn	晋	刚好4码	G O G J
jìn	缙	超过4码	X G O J
jìn	浸	3级简码	I V P 空格
jìn	禁	3级简码	S S F 空格
jìn	噤	超过4码	K S S I
jìn	觐	超过4码	A K G Q
jīng	茎	3级简码	A C A 空格
jīng	泾	3级简码	I C A 空格
jīng	经	1级简码	X 空格
jīng	京	2码识别	Y I U（上下）空格
jīng	惊	3码识别	N Y I Y（左右）
jīng	鲸	3级简码	Q G Y 空格
jīng	荆	3级简码	A G A 空格
jīng	菁	3码识别	A G E F（一 上下）
jīng	睛	2级简码	H G 空格
jīng	腈	3码识别	E G E G（一 左右）
jīng	精	3级简码	O G E 空格

拼音	汉字	类型	编码
jīng	旌	刚好4码	Y T T G
jīng	晶	3级简码	J J J
jīng	粳	3级简码	O G J
jīng	兢	3级简码	D Q D
jǐng	井	2码识别	F J K
jǐng	阱	3级简码	B F J
jǐng	肼	3级简码	E F J
jǐng	刭	3码识别	C A J H
jǐng	颈	3级简码	C A D
jǐng	景	2级简码	J Y
jǐng	憬	3级简码	N J Y
jǐng	儆	超过4码	W A Q T
jǐng	警	超过4码	A Q K Y
jìng	劲	3级简码	C A L
jìng	径	3级简码	T C A
jìng	胫	3级简码	E C A
jìng	痉	3级简码	U C A
jìng	净	3级简码	U Q V
jìng	竞	3码识别	U K Q B
jìng	竟	3级简码	U J Q
jìng	境	3级简码	F U J
jìng	獍	超过4码	Q T U Q
jìng	镜	3级简码	Q U J
jìng	婧	3级简码	V G E
jìng	靓	3级简码	G E M
jìng	靖	3级简码	U G E
jìng	静	3级简码	G E Q
jìng	敬	3级简码	A Q K
jiōng	扃	刚好4码	Y N M K
jiǒng	迥	2级简码	M K
jiǒng	炯	3级简码	O M K
jiǒng	炅	2码识别	J O U
jiǒng	窘	超过4码	P W V K
jiū	纠	3级简码	X N H
jiū	赳	刚好4码	F H N H
jiū	鸠	超过4码	V Q Y G
jiū	究	3级简码	P W V
jiū	阄	3级简码	U Q J
jiū	揪	3级简码	R T O
jiū	啾	3级简码	K T O
jiū	鬏	刚好4码	D E T O
jiǔ	九	字根字	V T
jiǔ	久	2级简码	Q Y
jiǔ	玖	3级简码	G Q Y
jiǔ	灸	3级简码	Q Y O
jiǔ	韭	刚好4码	D J D G
jiǔ	酒	3码识别	I S G G
jiù	旧	2级简码	H J
jiù	臼	字根字	V T H
jiù	桕	2码识别	S V G
jiù	舅	2级简码	V L
jiù	咎	3级简码	T H K
jiù	疚	3级简码	U Q Y
jiù	柩	刚好4码	S A Q Y
jiù	救	刚好4码	F I Y T
jiù	厩	3级简码	D V C
jiù	就	2级简码	Y I
jiù	僦	3级简码	W Y I
jiù	鹫	超过4码	Y I D G
jū	车	字根字	L G
jū	且	2级简码	E G
jū	苴	3级简码	A E G
jū	狙	刚好4码	Q T E G
jū	疽	3级简码	U E G
jū	趄	3级简码	F H E
jū	雎	3级简码	E G W
jū	拘	3级简码	R Q K
jū	驹	3级简码	C Q K
jū	居	2级简码	N D
jū	据	3级简码	R N D
jū	琚	3级简码	G N D
jū	椐	3级简码	S N D
jū	锯	3级简码	Q N D
jū	裾	刚好4码	P U N D
jū	掬	3级简码	R Q O
jū	鞠	3级简码	A F Q
jū	锔	刚好4码	Q N N K
jū	鞫	刚好4码	A F Q Y
jú	局	3级简码	N N K
jú	锔	刚好4码	Q N N K

拼音	汉字	类型	编码
jú	桔	3级简码	S F K 空格
jú	菊	3级简码	A Q O 空格
jú	橘	超过4码	S C B K
jǔ	柜	3级简码	S A N 空格
jǔ	矩	3级简码	T D A 空格
jǔ	榘	超过4码	T D A S
jǔ	咀	3级简码	K E G 空格
jǔ	沮	3级简码	I E G 空格
jǔ	龃	超过4码	H W B G
jǔ	莒	3码识别	A K K F（上下）
jǔ	枸	3级简码	S Q K 空格
jǔ	举	3级简码	I W F 空格
jǔ	榉	3级简码	S I W 空格
jǔ	踽	超过4码	K H T Y
jù	巨	2码识别	A N D（杂合） 空格
jù	讵	3码识别	Y A N G（左右）
jù	拒	3级简码	R A N 空格
jù	苣	3级简码	A A N 空格
jù	炬	3级简码	O A N 空格
jù	距	3级简码	K H A 空格

拼音	汉字	类型	编码
jù	句	2码识别	Q K D（杂合） 空格
jù	具	2级简码	H W 空格
jù	俱	3级简码	W H W 空格
jù	惧	3级简码	N H W 空格
jù	犋	刚好4码	T R H W
jù	飓	3级简码	M Q H 空格
jù	沮	3级简码	I E G 空格
jù	倨	3级简码	W N D 空格
jù	剧	3级简码	N D J 空格
jù	据	3级简码	R N D 空格
jù	锯	3级简码	Q N D 空格
jù	踞	刚好4码	K H N D
jù	聚	3级简码	B C T 空格
jù	窭	3级简码	P W O 空格
jù	屦	刚好4码	N T O V
jù	遽	3级简码	H A E 空格
jù	醵	超过4码	S G H E
juān	捐	3级简码	R K E 空格
juān	涓	3级简码	I K E 空格
juān	娟	3级简码	V K E 空格

拼音	汉字	类型	编码
juān	鹃	3级简码	K E Q 空格
juān	圈	3级简码	L U D 空格
juān	镌	刚好4码	Q W Y E
juān	蠲	超过4码	U W L J
juǎn	卷	3码识别	U D B B（折 上下）
juǎn	锩	刚好4码	Q U D B
juàn	卷	3码识别	U D B B（折 上下）
juàn	倦	3级简码	W U D 空格
juàn	圈	3级简码	L U D 空格
juàn	桊	3级简码	U D S 空格
juàn	眷	3码识别	U D H F（上下）
juàn	隽	3码识别	W Y E B（折 上下）
juàn	狷	刚好4码	Q T K E
juàn	绢	3级简码	X K E 空格
juàn	鄄	3级简码	S F B 空格
juē	撅	超过4码	R D U W
juē	噘	3级简码	K D U 空格
jué	孓	2码识别	B Y I（杂合） 空格
jué	决	2级简码	U N 空格
jué	诀	3码识别	Y N W Y（左右）

拼音	汉字	类型	编码
jué	抉	3码识别	R N W Y（左右）
jué	觖	3级简码	Q E N 空格
jué	角	2级简码	Q E 空格
jué	桷	3级简码	S Q E 空格
jué	珏	3级简码	G G Y 空格
jué	觉	刚好4码	I P M Q
jué	绝	3级简码	X Q C 空格
jué	倔	3级简码	W N B 空格
jué	掘	刚好4码	R N B M
jué	崛	刚好4码	M N B M
jué	脚	刚好4码	E F C B
jué	厥	3级简码	D U B 空格
jué	劂	超过4码	D U B J
jué	蕨	3级简码	A D U 空格
jué	獗	超过4码	Q T D W
jué	橛	3级简码	S D U 空格
jué	镢	超过4码	Q D U W
jué	蹶	超过4码	K H D W
jué	谲	超过4码	Y C B K
jué	噱	刚好4码	K H A E

拼音	汉字	编码类型	编码
jué	爵	3级简码	E L V
jué	嚼	3级简码	K E L
jué	爝	3级简码	O E L
jué	矍	3级简码	H H W
jué	攫	3级简码	R H H
juě	蹶	超过4码	K H D W
juè	倔	3级简码	W N B
jūn	军	2级简码	P L
jūn	皲	3级简码	P L H
jūn	均	3级简码	F Q U
jūn	钧	3码识别	Q Q U G
jūn	筠	刚好4码	T F Q U
jūn	龟	3级简码	Q J N
jūn	君	3码识别	V T K D
jūn	菌	3级简码	A L T
jūn	麇	超过4码	Y N J T
jùn	俊	3级简码	W C W
jùn	峻	3级简码	M C W
jùn	浚	刚好4码	I C W T
jùn	骏	3级简码	C C W
jùn	竣	3级简码	U C W
jùn	郡	刚好4码	V T K B
jùn	捃	3级简码	R V T
jùn	隽	3码识别	W Y E B
jùn	菌	3级简码	A L T
kā	咖	3级简码	K L K
kā	喀	3级简码	K P T
kǎ	卡	2码识别	H H U
kǎ	佧	3级简码	W H H
kǎ	咔	3码识别	K H H Y
kǎ	胩	3级简码	E H H
kǎ	咯	3级简码	K T K
kāi	开	2级简码	G A
kāi	锎	刚好4码	Q U G A
kāi	揩	刚好4码	R X X R
kǎi	剀	3级简码	M N J
kǎi	凯	3级简码	M N M
kǎi	垲	3级简码	F M N
kǎi	恺	3级简码	N M N
kǎi	铠	3级简码	Q M N
kǎi	蒈	刚好4码	A X X R
kǎi	楷	2级简码	S X
kǎi	锴	2级简码	Q X
kǎi	慨	3级简码	N V C
kài	忾	3级简码	N R N
kān	刊	2码识别	F J H
kān	看	2码识别	R H F
kān	勘	超过4码	A D W L
kān	堪	3级简码	F A D
kān	戡	超过4码	A D W A
kān	龛	超过4码	W G K X
kǎn	坎	3级简码	F Q W
kǎn	砍	3级简码	D Q W
kǎn	莰	刚好4码	A F Q W
kǎn	侃	3级简码	W K Q
kǎn	槛	3级简码	S J T
kàn	看	2码识别	R H F
kàn	阚	3级简码	U N B
kàn	瞰	3级简码	H N B
kāng	闶	3码识别	U Y M V
kāng	康	3级简码	Y V I
kāng	慷	3级简码	N Y V
kāng	糠	刚好4码	O Y V I
káng	扛	2码识别	R A G
kàng	亢	2码识别	Y M B
kàng	伉	3级简码	W Y M
kàng	抗	3码识别	R Y M N
kàng	闶	3码识别	U Y M V
kàng	炕	3级简码	O Y M
kàng	钪	3码识别	Q Y M N
kāo	尻	特别规定	N V V
kǎo	考	3级简码	F T G
kǎo	拷	3级简码	R F T
kǎo	栲	超过4码	S F T N
kǎo	烤	3级简码	O F T
kào	铐	超过4码	Q F T N
kào	犒	超过4码	T R Y K
kào	靠	超过4码	T F K D
kē	坷	3级简码	F S K
kē	苛	2级简码	A S

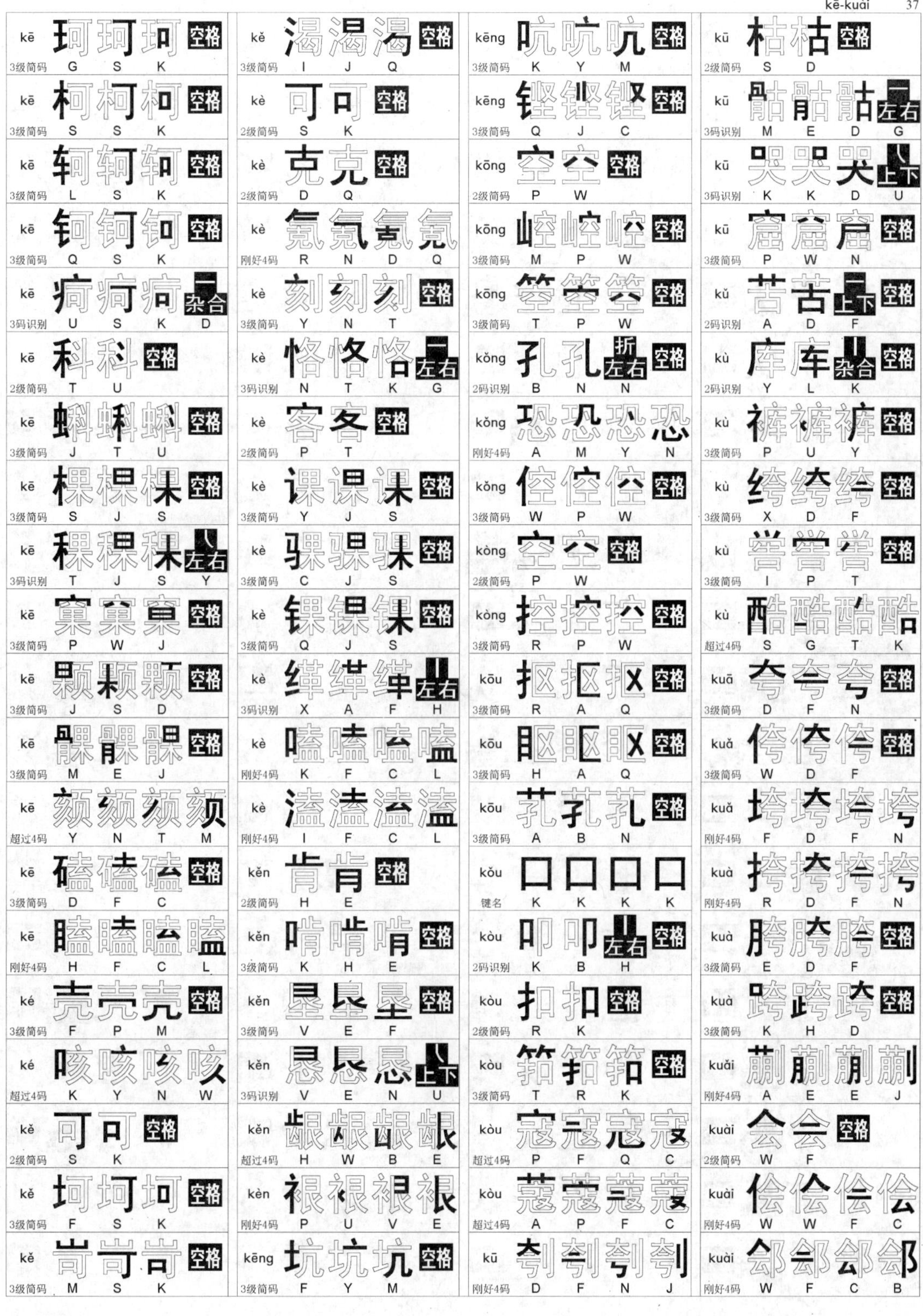

拼音	汉字	类型	编码	结束
kē	珂	3级简码	G S K	空格
kē	柯	3级简码	S S K	空格
kē	轲	3级简码	L S K	空格
kē	钶	3级简码	Q S K	空格
kē	疴	3码识别	U S K D	一 杂合
kē	科	2级简码	T U	空格
kē	蝌	3级简码	J T U	空格
kē	棵	3级简码	S J S	空格
kē	稞	3码识别	T J S Y	乀 左右
kē	窠	3级简码	P W J	空格
kē	颗	3级简码	J S D	空格
kē	髁	3级简码	M E J	空格
kē	颏	超过4码	Y N T M	
kē	磕	3级简码	D F C	空格
kē	瞌	刚好4码	H F C L	
ké	壳	3级简码	F P M	空格
ké	咳	超过4码	K Y N W	
kě	可	2级简码	S K	空格
kě	坷	3级简码	F S K	空格
kě	岢	3级简码	M S K	空格
kě	渴	3级简码	I J Q	空格
kè	可	2级简码	S K	空格
kè	克	2级简码	D Q	空格
kè	氪	刚好4码	R N D Q	
kè	刻	3级简码	Y N T	空格
kè	恪	3码识别	N T K G	一 左右
kè	客	2级简码	P T	空格
kè	课	3级简码	Y J S	空格
kè	骒	3级简码	C J S	空格
kè	锞	3级简码	Q J S	空格
kè	缂	3码识别	X A F H	丨 左右
kè	嗑	刚好4码	K F C L	
kè	溘	刚好4码	I F C L	
kěn	肯	2级简码	H E	空格
kěn	啃	3级简码	K H E	空格
kěn	垦	3级简码	V E F	空格
kěn	恳	3码识别	V E N U	乀 上下
kěn	龈	超过4码	H W B E	
kèn	裉	刚好4码	P U V E	
kēng	坑	3级简码	F Y M	空格
kēng	吭	3级简码	K Y M	空格
kēng	铿	3级简码	Q J C	空格
kōng	空	2级简码	P W	空格
kōng	崆	3级简码	M P W	空格
kōng	箜	3级简码	T P W	空格
kǒng	孔	2码识别	B N N	折 左右 空格
kǒng	恐	刚好4码	A M Y N	
kǒng	倥	3级简码	W P W	空格
kòng	空	2级简码	P W	空格
kòng	控	3级简码	R P W	空格
kōu	抠	3级简码	R A Q	空格
kōu	眍	3级简码	H A Q	空格
kōu	芤	3级简码	A B N	空格
kǒu	口	键名	K K K K	
kòu	叩	2码识别	K B H	丨 左右 空格
kòu	扣	2级简码	R K	空格
kòu	筘	3级简码	T R K	空格
kòu	寇	超过4码	P F Q C	
kòu	蔻	超过4码	A P F C	
kū	刳	刚好4码	D F N J	
kū	枯	2级简码	S D	空格
kū	骷	3码识别	M E D G	一 左右
kū	哭	3码识别	K K D U	乀 上下
kū	窟	3级简码	P W N	空格
kǔ	苦	2码识别	A D F	一 上下 空格
kù	库	2码识别	Y L K	丨 杂合 空格
kù	裤	3级简码	P U Y	空格
kù	绔	3级简码	X D F	空格
kù	喾	3级简码	I P T	空格
kù	酷	超过4码	S G T K	
kuā	夸	3级简码	D F N	空格
kuǎ	侉	3级简码	W D F	空格
kuǎ	垮	刚好4码	F D F N	
kuà	挎	刚好4码	R D F N	
kuà	胯	3级简码	E D F	空格
kuà	跨	3级简码	K H D	空格
kuǎi	蒯	刚好4码	A E E J	
kuài	会	2级简码	W F	空格
kuài	侩	刚好4码	W W F C	
kuài	郐	刚好4码	W F C B	

拼音	汉字	类型	编码
kuài	哙	刚好4码	K W F C
kuài	狯	超过4码	Q T W C
kuài	浍	刚好4码	I W F C
kuài	脍	3级简码	E W F 空格
kuài	块	3级简码	F N W 空格
kuài	快	3级简码	N N W 空格
kuài	筷	3级简码	T N N 空格
kuān	宽	2级简码	P A 空格
kuān	髋	超过4码	M E P Q
kuǎn	款	3级简码	F F I 空格
kuāng	匡	2码识别	A G D（一 杂合） 空格
kuāng	诓	3码识别	Y A G G（一 左右）
kuāng	哐	3级简码	K A G 空格
kuāng	筐	3级简码	T A G 空格
kuáng	狂	3级简码	Q T G 空格
kuáng	诳	3级简码	Y Q T 空格
kuǎng	夼	2码识别	D K J（丨 上下） 空格
kuàng	邝	2码识别	Y B H（丨 左右） 空格
kuàng	圹	2码识别	F Y T（丿 左右） 空格
kuàng	纩	2码识别	X Y T（丿 左右） 空格
kuàng	旷	2码识别	J Y T（丿 左右） 空格
kuàng	矿	2码识别	D Y T（丿 左右） 空格
kuàng	况	3级简码	U K Q 空格
kuàng	贶	3级简码	M K Q 空格
kuàng	框	3码识别	S A G G（一 左右）
kuàng	眶	3级简码	H A G 空格
kuī	亏	2码识别	F N V（折 杂合） 空格
kuī	岿	3级简码	M J V 空格
kuī	悝	3码识别	N J F G（一 左右）
kuī	盔	3级简码	D O L 空格
kuī	窥	超过4码	P W F Q
kuí	奎	3码识别	D F F F（一 上下）
kuí	喹	3级简码	K D F 空格
kuí	蝰	刚好4码	J D F F
kuí	逵	刚好4码	F W F P
kuí	馗	刚好4码	V U T H
kuí	隗	3级简码	B R Q 空格
kuí	魁	超过4码	R Q C F
kuí	揆	刚好4码	R W G D
kuí	葵	3级简码	A W G 空格
kuí	暌	刚好4码	J W G D
kuí	睽	刚好4码	H W G D
kuí	夔	3级简码	U H T 空格
kuǐ	傀	3级简码	W R Q 空格
kuǐ	跬	刚好4码	K H F F
kuì	匮	3级简码	A K H 空格
kuì	蒉	超过4码	A K H M
kuì	馈	3级简码	Q N K 空格
kuì	溃	3级简码	I K H 空格
kuì	愦	超过4码	N K H M
kuì	聩	3级简码	B K H 空格
kuì	篑	超过4码	T K H M
kuì	喟	3级简码	K L E 空格
kuì	愧	3级简码	N R Q 空格
kūn	坤	3码识别	F J H H（丨 左右）
kūn	昆	2级简码	J X 空格
kūn	琨	3级简码	G J X 空格
kūn	锟	3级简码	Q J X 空格
kūn	醌	超过4码	S G J X
kūn	鲲	超过4码	Q G J X
kūn	髡	刚好4码	D E G Q
kǔn	捆	3级简码	R L S 空格
kǔn	阃	3级简码	U L S 空格
kǔn	悃	3级简码	N L S 空格
kùn	困	2级简码	L S 空格
kuò	扩	2级简码	R Y 空格
kuò	括	3级简码	R T D 空格
kuò	适	3级简码	T D P 空格
kuò	蛞	3码识别	J T D G（一 左右）
kuò	阔	3级简码	U I T 空格
kuò	廓	刚好4码	Y Y B B
lā	垃	2码识别	F U G（一 左右） 空格
lā	拉	2级简码	R U 空格
lā	啦	3级简码	K R U 空格
lā	邋	3级简码	V L Q 空格
lá	旯	特别规定	J V B（折 上下） 空格
lá	拉	2级简码	R U 空格
lá	砬	2码识别	D U G（一 左右） 空格
lá	剌	刚好4码	G K I J
lǎ	喇	3级简码	K G K 空格

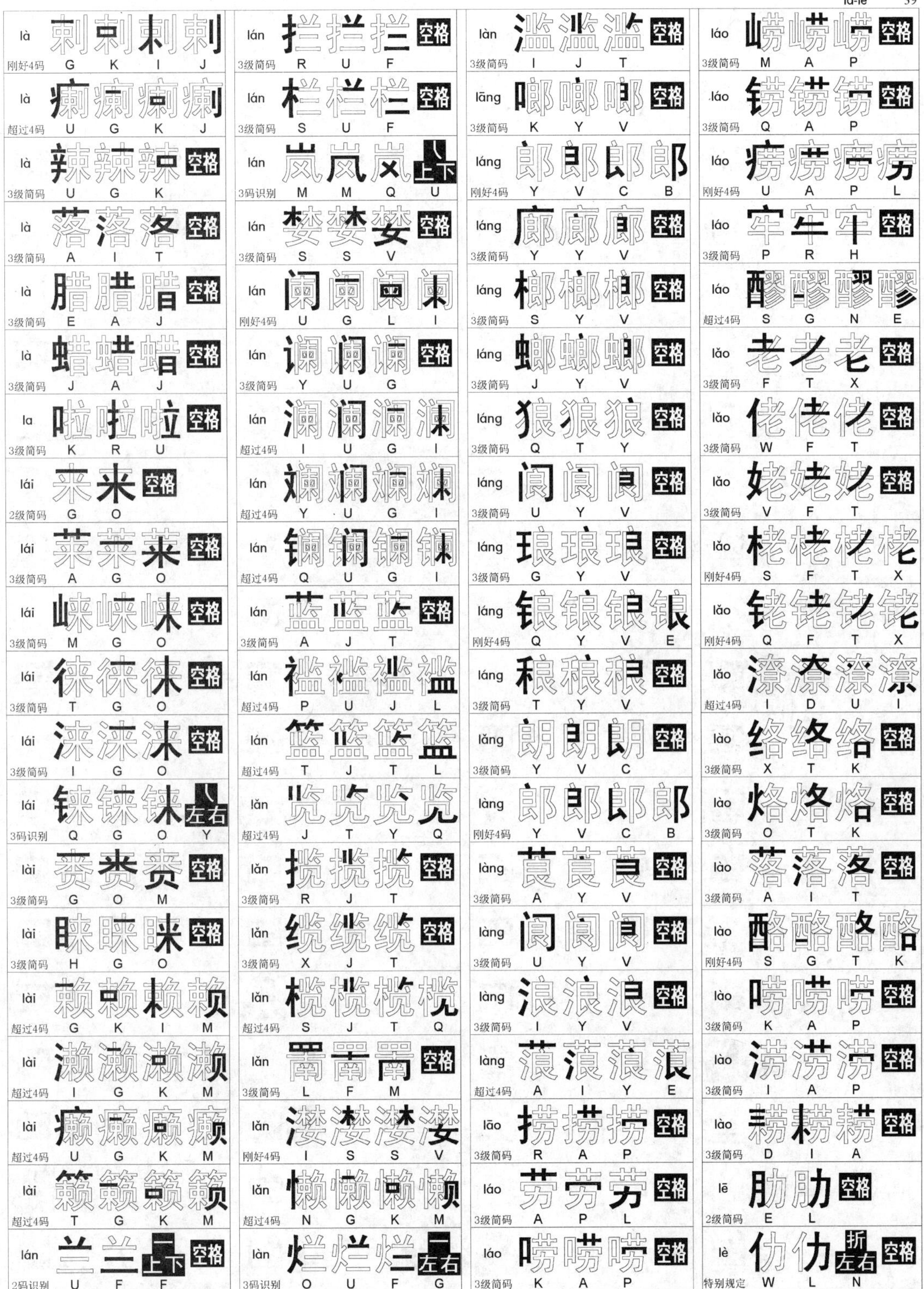

拼音	汉字	类型	编码
là	剌	刚好4码	G K I J
là	瘌	超过4码	U G K J
là	辣	3级简码	U G K 空格
là	落	3级简码	A I T 空格
là	腊	3级简码	E A J 空格
là	蜡	3级简码	J A J 空格
la	啦	3级简码	K R U 空格
lái	来	2级简码	G O 空格
lái	莱	3级简码	A G O 空格
lái	崃	3级简码	M G O 空格
lái	徕	3级简码	T G O 空格
lái	涞	3级简码	I G O 空格
lái	铼	3码识别	Q G O Y（左右）
lài	赉	3级简码	G O M 空格
lài	睐	3级简码	H G O 空格
lài	赖	超过4码	G K I M
lài	濑	超过4码	I G K M
lài	癞	超过4码	U G K M
lài	籁	超过4码	T G K M
lán	兰	2码识别	U F F（上下） 空格
lán	拦	3级简码	R U F 空格
lán	栏	3级简码	S U F 空格
lán	岚	3码识别	M M Q U（上下）
lán	婪	3级简码	S S V 空格
lán	阑	刚好4码	U G L I
lán	谰	3级简码	Y U G 空格
lán	澜	超过4码	I U G I
lán	斓	超过4码	Y U G I
lán	镧	超过4码	Q U G I
lán	蓝	3级简码	A J T 空格
lán	褴	超过4码	P U J L
lán	篮	超过4码	T J T L
lǎn	览	超过4码	J T Y Q
lǎn	揽	3级简码	R J T 空格
lǎn	缆	3级简码	X J T 空格
lǎn	榄	超过4码	S J T Q
lǎn	罱	3级简码	L F M 空格
lǎn	漤	刚好4码	I S S V
lǎn	懒	超过4码	N G K M
làn	烂	3码识别	O U F G（左右）
làn	滥	3级简码	I J T 空格
lāng	啷	3级简码	K Y V 空格
láng	郎	刚好4码	Y V C B
láng	廊	3级简码	Y Y V 空格
láng	榔	3级简码	S Y V 空格
láng	螂	3级简码	J Y V 空格
láng	狼	3级简码	Q T Y 空格
láng	阆	3级简码	U Y V 空格
láng	琅	3级简码	G Y V 空格
láng	锒	刚好4码	Q Y V E
láng	稂	3级简码	T Y V 空格
lǎng	朗	3级简码	Y V C 空格
làng	郎	刚好4码	Y V C B
làng	莨	3级简码	A Y V 空格
làng	阆	3级简码	U Y V 空格
làng	浪	3级简码	I Y V 空格
làng	蒗	超过4码	A I Y E
lāo	捞	3级简码	R A P 空格
láo	劳	3级简码	A P L 空格
láo	唠	3级简码	K A P 空格
láo	崂	3级简码	M A P 空格
láo	铹	3级简码	Q A P 空格
láo	痨	刚好4码	U A P L
láo	牢	3级简码	P R H 空格
láo	醪	超过4码	S G N E
lǎo	老	3级简码	F T X 空格
lǎo	佬	3级简码	W F T 空格
lǎo	姥	3级简码	V F T 空格
lǎo	栳	刚好4码	S F T X
lǎo	铑	刚好4码	Q F T X
lǎo	潦	超过4码	I D U I
lào	络	3级简码	X T K 空格
lào	烙	3级简码	O T K 空格
lào	落	3级简码	A I T 空格
lào	酪	刚好4码	S G T K
lào	唠	3级简码	K A P 空格
lào	涝	3级简码	I A P 空格
lào	耢	3级简码	D I A 空格
lē	肋	2级简码	E L 空格
lè	仂	特别规定	W L N（折，左右） 空格

拼音	汉字	编码	识别码/结束	类型
lè	叻	K L N	折 左右 空格	特别规定
lè	泐	I B L	空格	3级简码
lè	勒	A F L	空格	3级简码
lè	鳓	Q G A L		超过4码
lè	乐	Q I	空格	2级简码
le	了	B	空格	1级简码
lēi	勒	A F L	空格	3级简码
léi	累	L X	空格	2级简码
léi	嫘	V L X	空格	3级简码
léi	缧	X L X I		刚好4码
léi	雷	F L F	一 上下 空格	2码识别
léi	擂	R F L	空格	3级简码
léi	檑	S F L	空格	3级简码
léi	镭	Q F L	空格	3级简码
léi	羸	Y N K Y		超过4码
lěi	耒	D I I	丶 杂合 空格	2码识别
lěi	诔	Y D I Y	丶 左右	3码识别
lěi	垒	C C C F		刚好4码
lěi	累	L X	空格	2级简码
lěi	磊	D D D	空格	3级简码
lěi	蕾	A F L F	一 上下	3码识别
lěi	儡	W L L	空格	3级简码
lèi	肋	E L	空格	2级简码
lèi	泪	I H G	一 左右 空格	2码识别
lèi	类	O D	空格	2级简码
lèi	累	L X	空格	2级简码
lèi	酹	S G E	空格	3级简码
lèi	擂	R F L	空格	3级简码
lei	嘞	K A F	空格	3级简码
léng	塄	F L Y	空格	3级简码
léng	楞	S L	空格	2级简码
léng	棱	S F W	空格	3级简码
lěng	冷	U W Y C		刚好4码
lèng	愣	N L Y	空格	3级简码
lī	哩	K J F	空格	3级简码
lí	丽	G M Y	空格	3级简码
lí	骊	C G M	空格	3级简码
lí	鹂	G M Y G		超过4码
lí	鲡	Q G G Y		超过4码
lí	厘	D J F D	一 杂合	3码识别
lí	喱	K D J F		刚好4码
lí	狸	Q T J F		刚好4码
lí	离	Y B	空格	2级简码
lí	蓠	A Y B C		超过4码
lí	漓	I Y B C		超过4码
lí	缡	X Y B	空格	3级简码
lí	篱	T Y B	空格	3级简码
lí	梨	T J S	空格	3级简码
lí	犁	T J R	空格	3级简码
lí	嫠	F I T	空格	3级简码
lí	黎	T Q T	空格	3级简码
lí	藜	A T Q	空格	3级简码
lí	黧	T Q T O		超过4码
lí	罹	L N W	空格	3级简码
lí	蠡	X E J	空格	3级简码
lǐ	礼	P Y N N	折 左右	3码识别
lǐ	李	S B	空格	2级简码
lǐ	里	J F D	一 杂合 空格	2码识别
lǐ	俚	W J F	空格	3级简码
lǐ	哩	K J F	空格	3级简码
lǐ	娌	V J F G	一 左右	3码识别
lǐ	理	G J	空格	2级简码
lǐ	锂	Q J F	空格	3级简码
lǐ	鲤	Q G J F		刚好4码
lǐ	逦	G M Y P		超过4码
lǐ	澧	I M A	空格	3级简码
lǐ	醴	S G M U		超过4码
lǐ	鳢	Q G M U		超过4码
lǐ	蠡	X E J	空格	3级简码
lì	力	L T	空格	字根字
lì	荔	A L L	空格	3级简码
lì	历	D L	空格	2级简码
lì	坜	F D L	空格	3级简码
lì	苈	A D L	空格	3级简码
lì	呖	K D L	空格	3级简码
lì	沥	I D L	空格	3级简码
lì	枥	S D L	空格	3级简码
lì	疬	U D L	空格	3级简码
lì	雳	F D L B	折 上下	特别规定
lì	厉	D D N	空格	3级简码

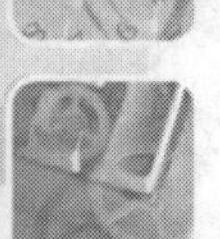

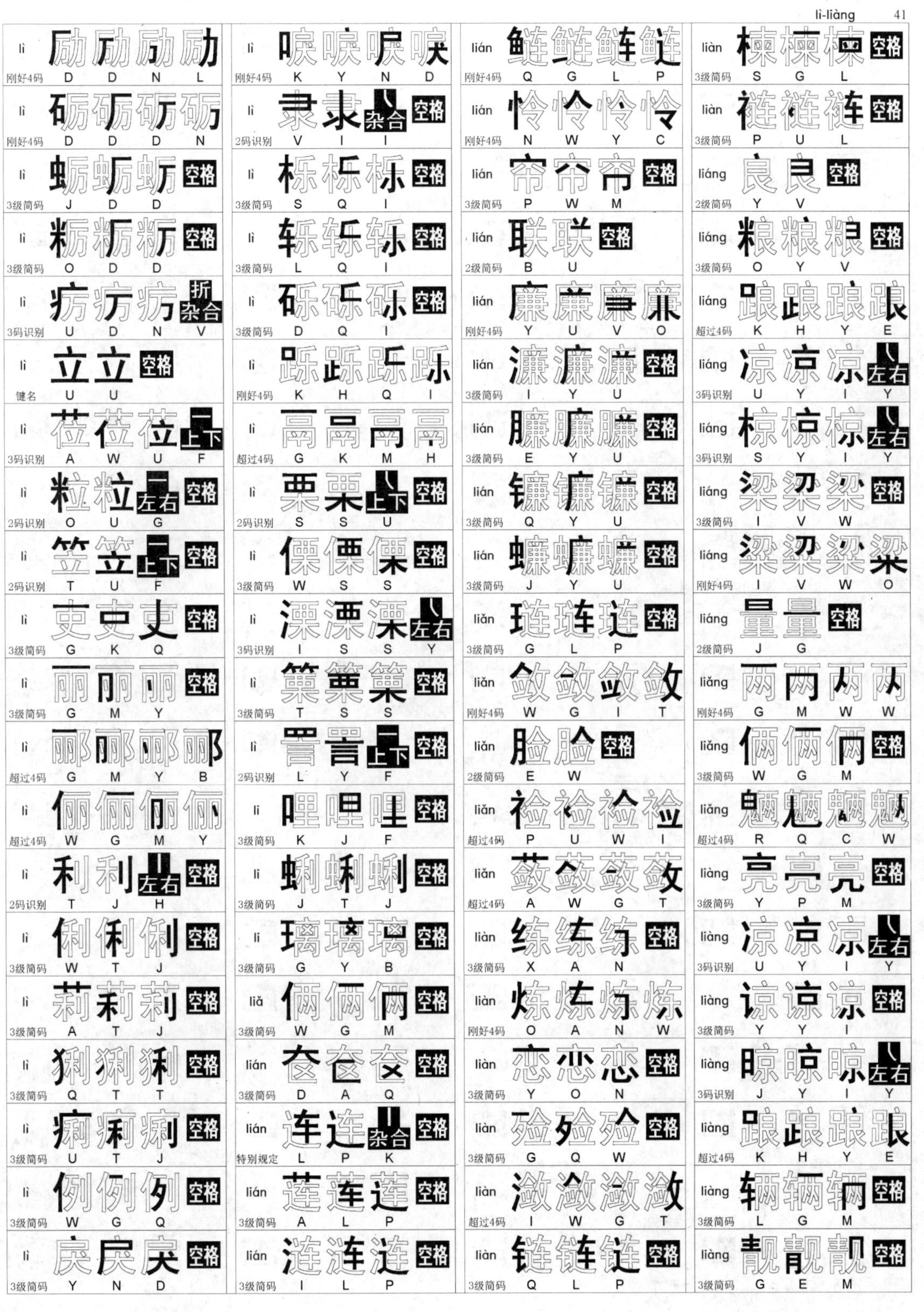

拼音	汉字	类型	编码
lì	励	刚好4码	D D N L
lì	砺	刚好4码	D D D N
lì	蛎	3级简码	J D D 空格
lì	粝	3级简码	O D D 空格
lì	疠	3码识别	U D N V（折 杂合）
lì	立	键名	U U 空格
lì	莅	3码识别	A W U F（一 上下）
lì	粒	2码识别	O U G（一 左右）空格
lì	笠	2码识别	T U F（一 上下）空格
lì	吏	3级简码	G K Q 空格
lì	丽	3级简码	G M Y 空格
lì	郦	超过4码	G M Y B
lì	俪	超过4码	W G M Y
lì	利	2码识别	T J H（丨 左右）空格
lì	俐	3级简码	W T J 空格
lì	莉	3级简码	A T J 空格
lì	猁	3级简码	Q T T 空格
lì	痢	3级简码	U T J 空格
lì	例	3级简码	W G Q 空格
lì	戾	3级简码	Y N D 空格
lì	唳	刚好4码	K Y N D
lì	隶	2码识别	V I I（乀 杂合）空格
lì	栎	3级简码	S Q I 空格
lì	轹	3级简码	L Q I 空格
lì	砾	3级简码	D Q I 空格
lì	跞	刚好4码	K H Q I
lì	鬲	超过4码	G K M H
lì	栗	2码识别	S S U（乀 上下）空格
lì	傈	3级简码	W S S 空格
lì	溧	3码识别	I S S Y（乀 左右）
lì	篥	3级简码	T S S 空格
lì	詈	2码识别	L Y F（一 上下）空格
li	哩	3级简码	K J F 空格
li	蜊	3级简码	J T J 空格
li	璃	3级简码	G Y B 空格
liǎ	俩	3级简码	W G M 空格
lián	奁	3级简码	D A Q 空格
lián	连	特别规定	L P K（丨 杂合）空格
lián	莲	3级简码	A L P 空格
lián	涟	3级简码	I L P 空格
lián	鲢	刚好4码	Q G L P
lián	怜	刚好4码	N W Y C
lián	帘	3级简码	P W M 空格
lián	联	2级简码	B U 空格
lián	廉	刚好4码	Y U V O
lián	濂	3级简码	I Y U 空格
lián	臁	3级简码	E Y U 空格
lián	镰	3级简码	Q Y U 空格
lián	蠊	3级简码	J Y U 空格
liǎn	琏	3级简码	G L P 空格
liǎn	敛	刚好4码	W G I T
liǎn	脸	2级简码	E W 空格
liǎn	裣	超过4码	P U W I
liǎn	蔹	超过4码	A W G T
liàn	练	3级简码	X A N 空格
liàn	炼	刚好4码	O A N W
liàn	恋	3级简码	Y O N 空格
liàn	殓	3级简码	G Q W 空格
liàn	潋	超过4码	I W G T
liàn	链	3级简码	Q L P 空格
liàn	楝	3级简码	S G L 空格
liàn	裢	3级简码	P U L 空格
liáng	良	2级简码	Y V 空格
liáng	粮	3级简码	O Y V 空格
liáng	踉	超过4码	K H Y E
liáng	凉	3码识别	U Y I Y（乀 左右）
liáng	椋	3码识别	S Y I Y（乀 左右）
liáng	梁	3级简码	I V W 空格
liáng	粱	刚好4码	I V W O
liáng	量	2级简码	J G 空格
liǎng	两	刚好4码	G M W W
liǎng	俩	3级简码	W G M 空格
liǎng	魉	超过4码	R Q C W
liàng	亮	3级简码	Y P M 空格
liàng	凉	3码识别	U Y I Y（乀 左右）
liàng	谅	3级简码	Y Y I 空格
liàng	晾	3码识别	J Y I Y（乀 左右）
liàng	踉	超过4码	K H Y E
liàng	辆	3级简码	L G M 空格
liàng	靓	3级简码	G E M 空格

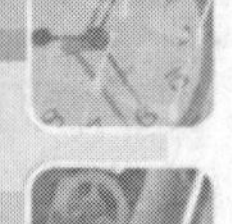

liàng	量	J G 空格	2级简码
liāo	撩	R D U 空格	3级简码
liáo	辽	B P 空格	2级简码
liáo	疗	U B K（杂合）空格	2码识别
liáo	聊	B Q T 空格	3级简码
liáo	僚	W D U 空格	3级简码
liáo	撩	R D U 空格	3级简码
liáo	嘹	K D U I	超过4码
liáo	獠	Q T D I	超过4码
liáo	潦	I D U I	超过4码
liáo	寮	P D U 空格	3级简码
liáo	缭	X D U 空格	3级简码
liáo	燎	O D U I	超过4码
liáo	鹩	D U J G	超过4码
liáo	寥	P N W 空格	3级简码
liǎo	了	B 空格	1级简码
liǎo	钌	Q B H（左右）空格	2码识别
liǎo	蓼	A N W 空格	3级简码
liǎo	燎	O D U I	超过4码
liào	尥	D N Q 空格	3级简码
liào	钌	Q B H（左右）空格	2码识别
liào	料	O U 空格	2级简码
liào	撂	R L T 空格	3级简码
liào	廖	Y N W 空格	3级简码
liào	镣	Q D U 空格	3级简码
liē	咧	K G Q 空格	3级简码
liě	咧	K G Q 空格	3级简码
liě	裂	G Q J E	超过4码
liè	列	G Q 空格	2级简码
liè	冽	U G Q 空格	3级简码
liè	洌	I G Q 空格	3级简码
liè	烈	G Q J O	刚好4码
liè	裂	G Q J E	超过4码
liè	趔	F H G J	超过4码
liè	劣	I T L 空格	3级简码
liè	埒	F E F 空格	3级简码
liè	捩	R Y N D	刚好4码
liè	猎	Q T A 空格	3级简码
liè	躐	K H V N	超过4码
liè	鬣	D E V 空格	3级简码
lie	咧	K G Q 空格	3级简码
līn	拎	R W Y C	刚好4码
lín	邻	W Y C B	刚好4码
lín	林	S S 空格	2级简码
lín	啉	K S S 空格	3级简码
lín	淋	I S S 空格	3级简码
lín	琳	G S S 空格	3级简码
lín	霖	F S S 空格	3级简码
lín	临	J T Y 空格	3级简码
lín	粼	O Q A B	超过4码
lín	嶙	M O Q 空格	3级简码
lín	遴	O Q A 空格	3级简码
lín	辚	L O 空格	2级简码
lín	磷	D O Q 空格	3级简码
lín	瞵	H O Q 空格	3级简码
lín	鳞	Q G O 空格	3级简码
lín	麟	Y N J H	超过4码
lǐn	凛	U Y L 空格	3级简码
lǐn	廪	Y Y L I	超过4码
lǐn	懔	N Y L 空格	3级简码
lǐn	檩	S Y L I	超过4码
lìn	吝	Y K F（上下）空格	2码识别
lìn	赁	W T F M	刚好4码
lìn	淋	I S S 空格	3级简码
lìn	蔺	A U W 空格	3级简码
lìn	躏	K H A Y	超过4码
lìn	膦	E O Q 空格	3级简码
líng	伶	W W Y C	刚好4码
líng	苓	A W Y C	刚好4码
líng	囹	L W Y 空格	3级简码
líng	泠	I W Y C	刚好4码
líng	玲	G W Y 空格	3级简码
líng	柃	S W Y C	刚好4码
líng	瓴	W Y C N	超过4码
líng	铃	Q W Y C	刚好4码
líng	聆	B W Y C	刚好4码
líng	蛉	J W Y C	刚好4码
líng	翎	W Y C N	刚好4码
líng	羚	U D W C	超过4码
líng	零	F W Y C	刚好4码

拼音	汉字	编码	末键	类型
líng	龄	H W B C		超过4码
líng	灵	V O	空格	2级简码
líng	棂	S V O	空格	3级简码
líng	凌	U F W	空格	3级简码
líng	陵	B F W	空格	3级简码
líng	菱	A F W T		刚好4码
líng	绫	X F W	空格	3级简码
líng	棱	S F W	空格	3级简码
líng	鲮	Q G F T		超过4码
líng	酃	F K K	空格	3级简码
lǐng	令	W Y C	空格	3级简码
lǐng	岭	M W Y C		刚好4码
lǐng	领	W Y C M		超过4码
lìng	另	K L	空格	2级简码
lìng	令	W Y C	空格	3级简码
lìng	呤	K W Y C		刚好4码
liū	溜	I Q Y L		超过4码
liū	熘	O Q Y L		超过4码
liú	刘	Y J	空格	2级简码
liú	浏	I Y J H	丨 左右	3码识别
liú	留	Q Y V L		刚好4码
liú	馏	Q N Q L		超过4码
liú	骝	C Q Y L		超过4码
liú	榴	S Q Y	空格	3级简码
liú	镏	Q Q Y L		超过4码
liú	瘤	U Q Y L		超过4码
liú	流	I Y C	空格	3级简码
liú	琉	G Y C	空格	3级简码
liú	硫	D Y C	空格	3级简码
liú	旒	Y T Y Q		超过4码
liú	鎏	I Y C Q		超过4码
liǔ	柳	S Q T	空格	3级简码
liǔ	绺	X T H	空格	3级简码
liǔ	锍	Q Y C Q		刚好4码
liù	六	U Y	空格	字根字
liù	陆	B F M	空格	3级简码
liù	碌	D V I	空格	3级简码
liù	遛	Q Y V P		超过4码
liù	馏	Q N Q L		超过4码
liù	溜	I Q Y L		超过4码
liù	镏	Q Q Y L		超过4码
liù	鹨	N W E G		超过4码
lo	咯	K T K	空格	3级简码
lóng	龙	D X	空格	2级简码
lóng	茏	A D X	空格	3级简码
lóng	咙	K D X	空格	3级简码
lóng	泷	I D X	空格	3级简码
lóng	珑	G D X	空格	3级简码
lóng	栊	S D X	空格	3级简码
lóng	胧	E D X	空格	3级简码
lóng	砻	D X D	空格	3级简码
lóng	聋	D X B	空格	3级简码
lóng	笼	T D X	空格	3级简码
lóng	隆	B T G	空格	3级简码
lóng	癃	U B T G		超过4码
lóng	窿	P W B	空格	3级简码
lǒng	陇	B D X	空格	3级简码
lǒng	垅	F D X	空格	3级简码
lǒng	拢	R D X	空格	3级简码
lǒng	垄	D X F	空格	3级简码
lǒng	笼	T D X	空格	3级简码
lòng	弄	G A J	丨 上下 空格	2码识别
lōu	搂	R O	空格	2级简码
lóu	娄	O V	空格	2级简码
lóu	偻	W O V	空格	3级简码
lóu	蒌	A O V	空格	3级简码
lóu	喽	K O V	空格	3级简码
lóu	楼	S O V	空格	3级简码
lóu	耧	D I O	空格	3级简码
lóu	蝼	J O V	空格	3级简码
lóu	髅	M E O	空格	3级简码
lǒu	搂	R O	空格	2级简码
lǒu	嵝	M O	空格	2级简码
lǒu	篓	T O V	空格	3级简码
lòu	陋	B G M	空格	3级简码
lòu	镂	Q O V	空格	3级简码
lòu	瘘	U O V	空格	3级简码
lòu	漏	I N F Y	丶 左右	3码识别
lòu	露	F K H K		超过4码
lou	喽	K O V	空格	3级简码

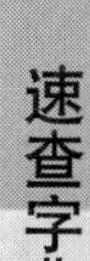

拼音	汉字	编码	识别码/空格	类型
lū	撸	R Q G	空格	3级简码
lū	噜	K Q G	空格	3级简码
lú	卢	H N	空格	2级简码
lú	垆	F H N T	丿左右	3码识别
lú	泸	I H N	空格	3级简码
lú	栌	S H N T	丿左右	3码识别
lú	胪	E H N T	丿左右	3码识别
lú	鸬	H N Q	空格	3级简码
lú	颅	H N D M		刚好4码
lú	舻	T E H	空格	3级简码
lú	鲈	Q G H N		刚好4码
lú	芦	A Y N R	丿上下	3码识别
lú	庐	Y Y N E	丿杂合	3码识别
lú	炉	O Y N	空格	3级简码
lǔ	卤	H L	空格	2级简码
lǔ	虏	H A L V	折杂合	特别规定
lǔ	掳	R H A	空格	3级简码
lǔ	鲁	Q G J	空格	3级简码
lǔ	橹	S Q G	空格	3级简码
lǔ	镥	Q Q G	空格	3级简码
lù	六	U Y	空格	字根字
lù	陆	B F M	空格	3级简码
lù	录	V I	空格	2级简码
lù	渌	I V I	空格	3级简码
lù	逯	V I P I	丶杂合	特别规定
lù	绿	X V	空格	2级简码
lù	禄	P Y V	空格	3级简码
lù	碌	D V I	空格	3级简码
lù	辂	L T K G	一左右	3码识别
lù	赂	M T K	空格	3级简码
lù	鹿	Y N J	空格	3级简码
lù	漉	I Y N X		超过4码
lù	辘	L Y N	空格	3级简码
lù	簏	T Y N X		超过4码
lù	麓	S S Y X		超过4码
lù	路	K H T	空格	3级简码
lù	潞	I K H K		超过4码
lù	璐	G K H K		超过4码
lù	鹭	K H T G		超过4码
lù	露	F K H K		超过4码
lù	戮	N W E	空格	3级简码
lu	轳	L H N T	丿左右	3码识别
lu	氇	T F N J		超过4码
lú	驴	C Y N	空格	3级简码
lú	闾	U K K D	一杂合	3码识别
lú	榈	S U K	空格	3级简码
lǚ	吕	K K	空格	2级简码
lǚ	侣	W K K	空格	3级简码
lǚ	铝	Q K K	空格	3级简码
lǚ	稆	T K K	空格	3级简码
lǚ	捋	R E F Y	丶左右	3码识别
lǚ	旅	Y T E Y	丶左右	3码识别
lǚ	膂	Y T E E		刚好4码
lǚ	偻	W O V	空格	3级简码
lǚ	屡	N O	空格	2级简码
lǚ	缕	X O V	空格	3级简码
lǚ	褛	P U O	空格	3级简码
lǚ	履	N T T	空格	3级简码
lǜ	律	T V F H		刚好4码
lǜ	虑	H A N	空格	3级简码
lǜ	滤	I H A	空格	3级简码
lǜ	率	Y X	空格	2级简码
lǜ	绿	X V	空格	2级简码
lǜ	氯	R N V	空格	3级简码
luán	峦	Y O M	空格	3级简码
luán	孪	Y O B	空格	3级简码
luán	娈	Y O V	空格	3级简码
luán	栾	Y O S	空格	3级简码
luán	挛	Y O R	空格	3级简码
luán	鸾	Y O Q	空格	3级简码
luán	脔	Y O M W		超过4码
luán	滦	I Y O S		刚好4码
luán	銮	Y O Q F	一上下	3码识别
luǎn	卵	Q Y T	空格	3级简码
luàn	乱	T D N	空格	3级简码
lüè	掠	R Y I Y	丶左右	3码识别
lüè	略	L T K	空格	3级简码
lüè	锊	Q E F	空格	3级简码
lūn	抡	R W X	空格	3级简码
lún	仑	W X B	折上下 空格	特别规定

拼音	字	类型	编码
lún	伦	3级简码	W W X 空格
lún	论	3级简码	Y W X 空格
lún	抡	3级简码	R W X 空格
lún	囵	特别规定	L W X V（折 杂合）
lún	沦	3级简码	I W X 空格
lún	纶	3级简码	X W X 空格
lún	轮	3级简码	L W X 空格
lùn	论	3级简码	Y W X 空格
luō	捋	3码识别	R E F Y（丶 左右）
luó	罗	2级简码	L Q 空格
luó	萝	3级简码	A L Q 空格
luó	逻	3级简码	L Q P 空格
luó	猡	刚好4码	Q T L Q
luó	椤	3级简码	S L Q 空格
luó	锣	3级简码	Q L Q 空格
luó	箩	3级简码	T L Q 空格
luó	脶	3级简码	E K M 空格
luó	骡	3级简码	C L X 空格
luó	螺	3级简码	J L X 空格
luǒ	倮	3级简码	W J S 空格

拼音	字	类型	编码
luǒ	裸	刚好4码	P U J S
luǒ	瘰	3级简码	U L X 空格
luǒ	蠃	超过4码	Y N K Y
luò	泺	3级简码	I Q I 空格
luò	跞	刚好4码	K H Q I
luò	荦	3级简码	A P R 空格
luò	洛	3级简码	I T K 空格
luò	骆	3级简码	C T K 空格
luò	络	3级简码	X T K 空格
luò	珞	3级简码	G T K 空格
luò	烙	3级简码	O T K 空格
luò	硌	3级简码	D T K 空格
luò	落	3级简码	A I T 空格
luò	摞	3级简码	R L X 空格
luò	漯	3级简码	I L X 空格
luò	雒	刚好4码	T K W Y
ḿ	呒	3级简码	K F Q 空格
mā	妈	2级简码	V C 空格
mā	蚂	2码识别	J C G（一 左右）空格
mā	抹	3级简码	R G S 空格

拼音	字	类型	编码
mā	摩	刚好4码	Y S S R
má	吗	2码识别	K C G（一 左右）空格
má	麻	3级简码	Y S S 空格
mǎ	马	字根字	C N 空格
mǎ	吗	2码识别	K C G（一 左右）空格
mǎ	犸	3码识别	Q T C G（一 左右）
mǎ	玛	2码识别	G C G（一 左右）空格
mǎ	码	2码识别	D C G（一 左右）空格
mǎ	蚂	2码识别	J C G（一 左右）空格
mà	蚂	2码识别	J C G（一 左右）空格
mà	骂	3级简码	K K C 空格
ma	么	2级简码	T C 空格
ma	吗	2码识别	K C G（一 左右）空格
ma	嘛	2级简码	K Y 空格
ma	蟆	刚好4码	J A J D
mái	埋	3级简码	F J F 空格
mái	霾	超过4码	F E E F
mǎi	买	3码识别	N U D U（丶 上下）
mài	劢	3级简码	D N L 空格
mài	迈	3级简码	D N P 空格

拼音	字	类型	编码
mài	麦	2码识别	G T U（丶 上下）空格
mài	唛	3级简码	K G T 空格
mài	卖	刚好4码	F N U D
mài	脉	刚好4码	E Y N I
mǎi	荬	刚好4码	A N U D
mān	颟	超过4码	A G M M
mán	埋	3级简码	F J F 空格
mán	蛮	3级简码	Y O J 空格
mán	谩	3级简码	Y J L 空格
mán	蔓	3级简码	A J L 空格
mán	馒	超过4码	Q N J C
mán	鳗	超过4码	Q G J C
mán	瞒	超过4码	H A G W
mǎn	满	超过4码	I A G W
mǎn	螨	超过4码	J A G W
màn	曼	3级简码	J L C 空格
màn	谩	3级简码	Y J L 空格
màn	墁	3级简码	F J L 空格
màn	蔓	3级简码	A J L 空格
màn	幔	超过4码	M H J C

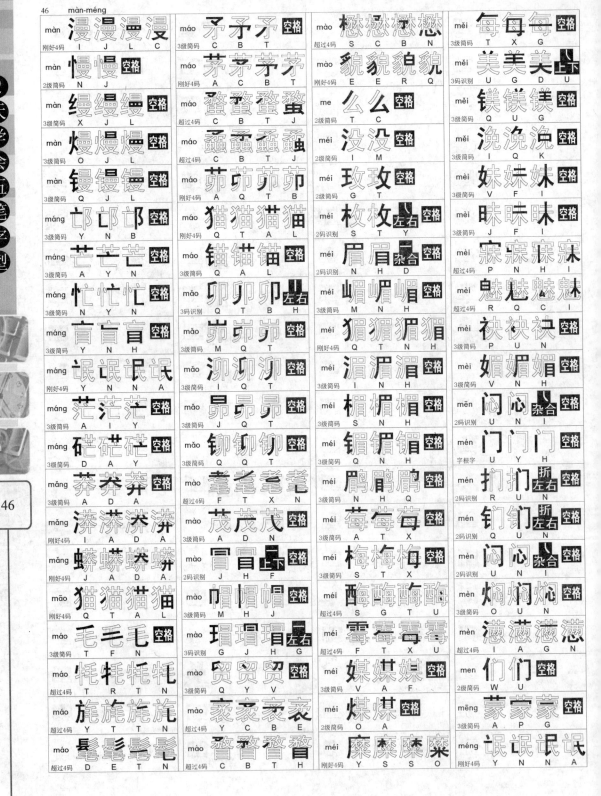

拼音	汉字	编码	提示	类别
màn	漫	I J L C		刚好4码
màn	慢	N J	空格	2级简码
màn	缦	X J L	空格	3级简码
màn	熳	O J L	空格	3级简码
màn	镘	Q J L	空格	3级简码
máng	邙	Y N B	空格	3级简码
máng	芒	A Y N	空格	3级简码
máng	忙	N Y N	空格	3级简码
máng	盲	Y N H	空格	3级简码
máng	氓	Y N N A		刚好4码
máng	茫	A I Y	空格	3级简码
máng	硭	D A Y	空格	3级简码
mǎng	莽	A D A	空格	3级简码
mǎng	漭	I A D A		刚好4码
mǎng	蟒	J A D A		刚好4码
māo	猫	Q T A L		刚好4码
máo	毛	T F N	空格	3级简码
máo	牦	T R T N		超过4码
máo	旄	Y T T N		超过4码
máo	髦	D E T N		超过4码

拼音	汉字	编码	提示	类别
máo	矛	C B T	空格	3级简码
máo	茅	A C B T		刚好4码
máo	蝥	C B T J		超过4码
máo	蟊	C B T J		超过4码
máo	茆	A Q T B		刚好4码
máo	猫	Q T A L		刚好4码
máo	锚	Q A L	空格	3级简码
mǎo	卯	Q T B H	左右	3码识别
mǎo	峁	M Q T	空格	3级简码
mǎo	泖	I Q T	空格	3级简码
mǎo	昴	J Q T	空格	3级简码
mǎo	铆	Q Q T	空格	3级简码
mào	耄	F T X N		超过4码
mào	茂	A D N	空格	3级简码
mào	冒	J H F	上下 空格	2码识别
mào	帽	M H J	空格	3级简码
mào	瑁	G J H G	左右	3码识别
mào	贸	Q Y V	空格	3级简码
mào	袤	Y C B E		超过4码
mào	瞀	C B T H		超过4码

拼音	汉字	编码	提示	类别
mào	懋	S C B N		超过4码
mào	貌	E E R Q		刚好4码
me	么	T C	空格	2级简码
méi	没	I M	空格	2级简码
méi	玫	G T	空格	2级简码
méi	枚	S T Y	左右 空格	2码识别
méi	眉	N H D	杂合 空格	2码识别
méi	嵋	M N H	空格	3级简码
méi	猸	Q T N H		刚好4码
méi	湄	I N H	空格	3级简码
méi	楣	S N H	空格	3级简码
méi	镅	Q N H	空格	3级简码
méi	鹛	N H Q	空格	3级简码
méi	莓	A T X	空格	3级简码
méi	梅	S T X	空格	3级简码
méi	酶	S G T U		超过4码
méi	霉	F T X U		超过4码
méi	媒	V A F	空格	3级简码
méi	煤	O A	空格	2级简码
méi	糜	Y S S O		刚好4码

拼音	汉字	编码	提示	类别
měi	每	T X G	空格	3级简码
měi	美	U G D U	上下	3码识别
měi	镁	Q U G	空格	3级简码
měi	浼	I Q K	空格	3级简码
mèi	妹	V F I	空格	3级简码
mèi	昧	J F I	空格	3级简码
mèi	寐	P N H I		超过4码
mèi	魅	R Q C I		超过4码
mèi	袂	P U N	空格	3级简码
mèi	媚	V N H	空格	3级简码
mēn	闷	U N I	杂合 空格	2码识别
mén	门	U Y H	空格	字根字
mén	扪	R U N	折 左右 空格	2码识别
mén	钔	Q U N	折 左右 空格	2码识别
mèn	闷	U N I	杂合 空格	2码识别
mèn	焖	O U N	空格	3级简码
mèn	懑	I A G N		超过4码
men	们	W U	空格	2级简码
mēng	蒙	A P G	空格	3级简码
méng	氓	Y N N A		刚好4码

méng	虻	3级简码	J Y N 空格
méng	萌	3级简码	A J E 空格
méng	盟	3级简码	J E L 空格
méng	蒙	3级简码	A P G 空格
méng	檬	3级简码	S A P 空格
méng	朦	3级简码	E A P 空格
méng	礞	3级简码	D A P 空格
méng	艨	超过4码	T E A E
méng	甍	超过4码	A L P N
méng	瞢	刚好4码	A L P H
měng	勐	3级简码	B L L 空格
měng	猛	刚好4码	Q T B L
měng	锰	3级简码	Q B L 空格
měng	蜢	3级简码	J B L 空格
měng	艋	刚好4码	T E B L
měng	蒙	3级简码	A P G 空格
měng	蠓	3级简码	J A P 空格
měng	懵	3级简码	N A L 空格
mèng	孟	2码识别	B L F(上下) 空格
mèng	梦	3级简码	S S Q 空格
mī	咪	2级简码	K O 空格
mī	眯	2级简码	H O 空格
mí	弥	3级简码	X Q I 空格
mí	祢	3级简码	P Y Q 空格
mí	猕	超过4码	Q T X I
mí	迷	2级简码	O P 空格
mí	眯	2级简码	H O 空格
mí	谜	特别规定	Y O P Y(左右)
mí	醚	3级简码	S G O 空格
mí	糜	刚好4码	Y S S O
mí	縻	超过4码	Y S S I
mí	靡	超过4码	Y S S D
mí	蘼	超过4码	A Y S D
mí	麋	超过4码	Y N J O
mǐ	米	字根字	O Y 空格
mǐ	脒	2码识别	E O Y(左右) 空格
mǐ	敉	2码识别	O T Y(左右) 空格
mǐ	芈	超过4码	G J G H
mǐ	弭	2码识别	X B G(左右) 空格
mǐ	靡	超过4码	Y S S D
mì	汨	2码识别	I J G(左右) 空格
mì	觅	3级简码	E M Q 空格
mì	泌	3级简码	I N T 空格
mì	宓	3码识别	P N T R(上下)
mì	秘	2级简码	T N 空格
mì	密	3级简码	P N T 空格
mì	谧	刚好4码	Y N T L
mì	嘧	3级简码	K P N 空格
mì	蜜	刚好4码	P N T J
mì	幂	3级简码	P J D 空格
mián	眠	3级简码	H N A 空格
mián	绵	2级简码	X R 空格
mián	棉	3级简码	S R M 空格
mián	沔	3级简码	I G H 空格
miǎn	免	3级简码	Q K Q 空格
miǎn	勉	刚好4码	Q K Q L
miǎn	娩	3级简码	V Q K 空格
miǎn	冕	刚好4码	J Q K Q
miǎn	湎	3级简码	I D M 空格
miǎn	缅	超过4码	X D M D
miǎn	腼	超过4码	E D M D
miǎn	渑	3级简码	I K J 空格
miàn	面	2级简码	D M 空格
miàn	眄	3级简码	H G H 空格
miāo	喵	3级简码	K A L 空格
miáo	苗	2码识别	A L F(上下) 空格
miáo	描	3级简码	R A L 空格
miáo	鹋	超过4码	A L Q G
miáo	瞄	3级简码	H A L 空格
miǎo	杪	3级简码	S I T 空格
miǎo	眇	3级简码	H I T 空格
miǎo	秒	2级简码	T I 空格
miǎo	渺	刚好4码	I H I T
miǎo	淼	3码识别	I I I U(上下)
miǎo	缈	3级简码	X H I 空格
miǎo	藐	3级简码	A E E 空格
miǎo	邈	超过4码	E E R P
miào	妙	3级简码	V I T 空格
miào	庙	2码识别	Y M D(杂合) 空格
miào	缪	3级简码	X N W 空格

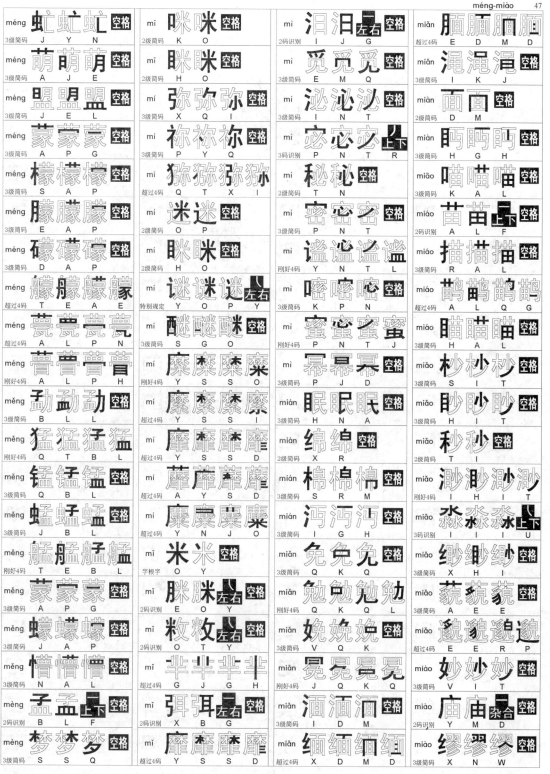

拼音	汉字	编码	类型
miē	乜	N N V（折 杂合）空格	2码识别
miē	咩	K U D 空格	3级简码
miè	灭	G O I（丶 杂合）空格	2码识别
miè	蔑	A L D T	超过4码
miè	篾	T L D T	超过4码
miè	蠛	J A L 空格	3级简码
mín	民	N 空格	1级简码
mín	苠	A N A 空格	3级简码
mín	岷	M N A 空格	3级简码
mín	珉	G N A 空格	3级简码
mín	缗	X N A 空格	3级简码
mǐn	皿	L H N 空格	字根字
mǐn	闵	U Y I（丶 杂合）空格	2码识别
mǐn	悯	N U Y 空格	3级简码
mǐn	闽	U J I（丶 杂合）空格	2码识别
mǐn	抿	R N A 空格	3级简码
mǐn	泯	I N A 空格	3级简码
mǐn	愍	N A T N	刚好4码
mǐn	黾	K J N 空格	3级简码
mǐn	敏	T X G T	超过4码
mǐn	鳘	T X G G	超过4码
míng	名	Q K 空格	2级简码
míng	茗	A Q K F（一 上下）	3码识别
míng	铭	Q Q K 空格	3级简码
míng	明	J E 空格	2级简码
míng	鸣	K Q Y 空格	3级简码
míng	冥	P J U 空格	3级简码
míng	蓂	A P J 空格	3级简码
míng	溟	I P J U	刚好4码
míng	暝	J P J U	刚好4码
míng	瞑	H P J 空格	3级简码
míng	螟	J P J 空格	3级简码
mǐng	酩	S G Q K	刚好4码
mìng	命	W G K B	刚好4码
miù	谬	Y N W E	刚好4码
miù	缪	X N W 空格	3级简码
mō	摸	R A J D	刚好4码
mó	谟	Y A J 空格	3级简码
mó	馍	Q N A D	超过4码
mó	嫫	V A J D	刚好4码
mó	摹	A J D R	刚好4码
mó	模	S A J 空格	3级简码
mó	膜	E A J D	刚好4码
mó	麽	Y S S C	超过4码
mó	嬷	V Y S 空格	3级简码
mó	摩	Y S S R	刚好4码
mó	磨	Y S S D	刚好4码
mó	蘑	A Y S 空格	3级简码
mó	魔	Y S S C	超过4码
mǒ	抹	R G S 空格	3级简码
mò	万	D N V（折 杂合）空格	2码识别
mò	末	G S 空格	2级简码
mò	抹	R G S 空格	3级简码
mò	茉	A G S 空格	3级简码
mò	沫	I G S 空格	3级简码
mò	秣	T G S 空格	3级简码
mò	没	I M 空格	2级简码
mò	殁	G Q M C	刚好4码
mò	陌	B D J 空格	3级简码
mò	貊	E E D 空格	3级简码
mò	冒	J H F（一 上下）空格	2码识别
mò	脉	E Y N I	刚好4码
mò	莫	A J D 空格	3级简码
mò	蓦	A J D C	刚好4码
mò	漠	I A J 空格	3级简码
mò	寞	P A J 空格	3级简码
mò	镆	Q A J D	刚好4码
mò	瘼	U A J D	刚好4码
mò	貘	E E A 空格	3级简码
mò	嘿	K L F 空格	3级简码
mò	墨	L F O F	刚好4码
mò	默	L F O D	刚好4码
mò	磨	Y S S D	刚好4码
mò	耱	D I Y 空格	3级简码
mōu	哞	K C R 空格	3级简码
móu	牟	C R 空格	2级简码
móu	侔	W C R 空格	3级简码
móu	眸	H C R 空格	3级简码
móu	蛑	J C R 空格	3级简码
móu	谋	Y A F 空格	3级简码

拼音	汉字	类型	编码
móu	缪	3级简码	X N W 空格
móu	鍪	超过4码	C B T Q
mǒu	某	3级简码	A F S 空格
mú	毪	超过4码	T F N H
mú	模	3级简码	S A J 空格
mǔ	母	3级简码	X G U 空格
mǔ	拇	3级简码	R X G 空格
mǔ	姆	2级简码	V X 空格
mǔ	牡	3码识别	T R F G
mǔ	亩	2码识别	Y L F 空格
mǔ	姥	3级简码	V F T 空格
mù	木	键名	S S S S
mù	沐	2码识别	I S Y 空格
mù	目	键名	H H H H
mù	苜	2码识别	A H F 空格
mù	钼	2码识别	Q H G 空格
mù	仫	3码识别	W T C Y
mù	牟	2级简码	C R 空格
mù	牧	3级简码	T R T 空格
mù	募	刚好4码	A J D L

拼音	汉字	类型	编码
mù	墓	刚好4码	A J D F
mù	幕	超过4码	A J D H
mù	暮	刚好4码	A J D J
mù	慕	刚好4码	A J D N
mù	睦	2级简码	H F 空格
mù	穆	3级简码	T R I 空格
ń	唔	3码识别	K G K G
ń	嗯	刚好4码	K L D N
ň	嗯	刚好4码	K L D N
ǹ	嗯	刚好4码	K L D N
nā	那	3级简码	V F B 空格
ná	拿	刚好4码	W G K R
ná	镎	超过4码	Q W G R
nǎ	哪	2级简码	K V 空格
nà	那	3级简码	V F B 空格
nà	娜	3级简码	V V F 空格
nà	呐	3级简码	K M W 空格
nà	纳	3级简码	X M W 空格
nà	肭	3级简码	E M W 空格
nà	钠	3级简码	Q M W 空格

拼音	汉字	类型	编码
nà	衲	刚好4码	P U M W
nà	捺	刚好4码	R D F I
na	哪	2级简码	K V 空格
nǎi	乃	字根字	E T N 空格
nǎi	艿	2码识别	A E B 空格
nǎi	奶	2级简码	V E 空格
nǎi	氖	3级简码	R N E 空格
nài	奈	3级简码	D F I 空格
nài	柰	3码识别	S F I U
nài	萘	刚好4码	A D F I
nài	佴	2码识别	W B G 空格
nài	耐	刚好4码	D M J F
nài	鼐	3级简码	E H N 空格
nān	囝	2码识别	L B D 空格
nān	囡	2码识别	L V D 空格
nán	男	2级简码	L L 空格
nán	南	2级简码	F M 空格
nán	喃	3级简码	K F M 空格
nán	楠	3级简码	S F M 空格
nán	难	2级简码	C W 空格

拼音	汉字	类型	编码
nǎn	赧	刚好4码	F O B C
nǎn	腩	3级简码	E F M 空格
nǎn	蝻	3级简码	J F M 空格
nàn	难	2级简码	C W 空格
nāng	囊	3级简码	G K H 空格
nāng	囔	超过4码	K G K E
náng	囊	3级简码	G K H 空格
náng	馕	超过4码	Q N G E
nǎng	曩	3级简码	J Y K 空格
nǎng	攮	超过4码	R G K E
nǎng	馕	超过4码	Q N G E
nāo	孬	3级简码	G I V 空格
náo	呶	3级简码	K V C 空格
náo	挠	超过4码	R A T Q
náo	铙	3级简码	Q A T 空格
náo	蛲	超过4码	J A T Q
náo	硇	3级简码	D T L 空格
náo	猱	超过4码	Q T C S
nǎo	垴	3码识别	F Y B H
nǎo	恼	3级简码	N Y B 空格

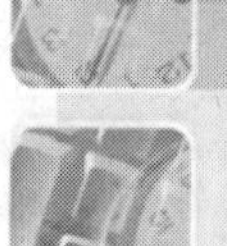

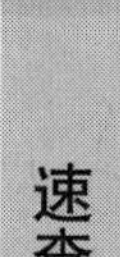

拼音	汉字	类型	编码	末键
nǎo	脑	3级简码	E Y B	空格
nǎo	瑙	3级简码	G V T	空格
nào	闹	3级简码	U Y M	空格
nào	淖	3级简码	I H J	空格
né	哪	2级简码	K V	空格
nè	讷	3级简码	Y M W	空格
ne	呢	3级简码	K N X	空格
něi	哪	2级简码	K V	空格
něi	馁	3级简码	Q N E	空格
nèi	内	2级简码	M W	空格
nèi	那	3级简码	V F B	空格
nèn	恁	刚好4码	W T F N	
nèn	嫩	3级简码	V G K	空格
néng	能	2级简码	C E	空格
ńg	唔	3码识别	K G K G	一 左右
ńg	嗯	刚好4码	K L D N	
ňg	嗯	刚好4码	K L D N	
ǹg	嗯	刚好4码	K L D N	
nī	妮	3级简码	V N X	空格
ní	尼	2级简码	N X	空格

拼音	汉字	类型	编码	末键
ní	坭	3级简码	F N X	空格
ní	呢	3级简码	K N X	空格
ní	泥	3级简码	I N X	空格
ní	怩	3级简码	N N X	空格
ní	铌	3级简码	Q N X	空格
ní	倪	3级简码	W V Q	空格
ní	猊	刚好4码	Q T V Q	
ní	霓	3级简码	F V Q	空格
ní	鲵	刚好4码	Q G V Q	
nǐ	拟	3级简码	R N Y	空格
nǐ	你	2级简码	W Q	空格
nǐ	旎	刚好4码	Y T N X	
nì	泥	3级简码	I N X	空格
nì	昵	3级简码	J N X	空格
nì	逆	3级简码	U B T	空格
nì	匿	刚好4码	A A D K	
nì	睨	3级简码	H V Q	空格
nì	腻	3级简码	E A F	空格
nì	溺	3级简码	I X U	空格
niān	拈	3码识别	R H K G	一 左右

拼音	汉字	类型	编码	末键
niān	蔫	超过4码	A G H O	
nián	年	2级简码	R H	空格
nián	粘	2级简码	O H	空格
nián	鲇	刚好4码	Q G H K	
nián	鲶	超过4码	Q G W N	
nián	黏	超过4码	T W I K	
niǎn	捻	超过4码	R W Y N	
niǎn	辇	超过4码	F W F L	
niǎn	撵	超过4码	R F W L	
niǎn	碾	3级简码	D N A	空格
niàn	廿	字根字	A G H	空格
niàn	念	刚好4码	W Y N N	
niàn	埝	超过4码	F W Y N	
niáng	娘	3级简码	V Y V	空格
niàng	酿	超过4码	S G Y E	
niǎo	鸟	刚好4码	Q Y N G	
niǎo	茑	超过4码	A Q Y G	
niǎo	袅	超过4码	Q Y N E	
niǎo	嬲	3级简码	L L V	空格
niào	尿	2码识别	N I I	杂合 空格

拼音	汉字	类型	编码	末键
niào	脲	3级简码	E N I	空格
niào	溺	3级简码	I X U	空格
niē	捏	3码识别	R J F G	一 左右
niè	乜	2码识别	N N V	折 杂合 空格
niè	陧	3级简码	B J F	空格
niè	涅	3码识别	I J F G	一 左右
niè	聂	3级简码	B C C	空格
niè	嗫	3级简码	K B C	空格
niè	镊	3级简码	Q B C	空格
niè	颞	超过4码	B C C M	
niè	蹑	3级简码	K H B	空格
niè	臬	3级简码	T H S	空格
niè	镍	3级简码	Q T H	空格
niè	啮	刚好4码	K H W B	
niè	孽	超过4码	A W N B	
niè	蘖	超过4码	A W N S	
nín	您	刚好4码	W Q I N	
níng	宁	2级简码	P S	空格
níng	甯	3级简码	P N E	空格
níng	拧	3级简码	R P S	空格

拼音	汉字	编码	类型
níng	咛	K P S 空格	3级简码
níng	狞	Q T P 空格	3级简码
níng	柠	S P S 空格	3级简码
níng	聍	B P S 空格	3级简码
níng	凝	U X T 空格	3级简码
nǐng	拧	R P S 空格	3级简码
nìng	宁	P S 空格	2级简码
nìng	拧	R P S 空格	3级简码
nìng	泞	I P S 空格	3级简码
nìng	佞	W F V 空格	3级简码
niū	妞	V N F 空格	3级简码
niú	牛	R H K 空格	2码识别
niǔ	扭	R N F 空格	3级简码
niǔ	狃	Q T N F	刚好4码
niǔ	忸	N N F 空格	3级简码
niǔ	纽	X N F 空格	3级简码
niǔ	钮	Q N F 空格	3级简码
niù	拗	R X L 空格	3级简码
nóng	农	P E I 空格	2码识别
nóng	侬	W P E 空格	3级简码
nóng	哝	K P E 空格	3级简码
nóng	浓	I P E 空格	3级简码
nóng	脓	E P E 空格	3级简码
nòng	弄	G A J 空格	2码识别
nòu	耨	D I D 空格	3级简码
nú	奴	V C Y 空格	2码识别
nú	孥	V C B F	3码识别
nú	驽	V C C 空格	3级简码
nǔ	努	V C L 空格	3级简码
nǔ	弩	V C X 空格	3级简码
nǔ	胬	V C M W	超过4码
nù	怒	V C N 空格	3级简码
nǚ	女	V V V V	键名
nǚ	钕	Q V G 空格	2码识别
nù	恧	D M J N	刚好4码
nù	衄	T L N F	刚好4码
nuǎn	暖	J E F 空格	3级简码
nüè	疟	U A G D	3码识别
nüè	虐	H A A 空格	3级简码
nuó	挪	R V F 空格	3级简码
nuó	娜	V V F 空格	3级简码
nuó	傩	W C W Y	刚好4码
nuò	诺	Y A D 空格	3级简码
nuò	喏	K A D K	刚好4码
nuò	锘	Q A D 空格	3级简码
nuò	搦	R X U 空格	3级简码
nuò	懦	N F D J	超过4码
nuò	糯	O F D 空格	3级简码
ō	噢	K T M D	超过4码
ó	哦	K T R 空格	3级简码
ò	哦	K T R 空格	3级简码
ōu	区	A Q 空格	2级简码
ōu	讴	Y A Q 空格	3级简码
ōu	沤	I A Q 空格	3级简码
ōu	瓯	A Q G N	超过4码
ōu	欧	A Q Q 空格	3级简码
ōu	殴	A Q M 空格	3级简码
ōu	鸥	A Q Q G	超过4码
ǒu	呕	K A Q Y	3码识别
ǒu	偶	W J M 空格	3级简码
ǒu	耦	D I J 空格	3级简码
ǒu	藕	A D I Y	超过4码
òu	沤	I A Q 空格	3级简码
òu	怄	N A Q 空格	3级简码
pā	趴	K H W 空格	3级简码
pā	啪	K R R 空格	3级简码
pā	葩	A R C 空格	3级简码
pá	扒	R W Y 空格	2码识别
pá	杷	S C N 空格	2码识别
pá	爬	R H Y C	刚好4码
pá	钯	Q C N 空格	2码识别
pá	耙	D I C 空格	3级简码
pá	筢	T R C 空格	3级简码
pá	琶	G G C 空格	3级简码
pà	帕	M H R 空格	3级简码
pà	怕	N R 空格	2级简码
pāi	拍	R R G 空格	2码识别
pái	俳	W D J D	刚好4码
pái	排	R D J 空格	3级简码
pái	徘	T D J D	刚好4码

拼音	汉字	类型	编码
pái	牌	超过4码	T H G F
pǎi	迫	特别规定	R P D 一(杂合) 空格
pǎi	排	3级简码	R D J 空格
pài	哌	3级简码	K R E 空格
pài	派	3级简码	I R E 空格
pài	蒎	3级简码	A I R 空格
pài	湃	3级简码	I R D 空格
pān	番	3级简码	T O L 空格
pān	潘	刚好4码	I T O L
pān	攀	3级简码	S Q Q 空格
pán	爿	3码识别	N H D 丿杂合 E
pán	胖	3级简码	E U F 空格
pán	盘	3级简码	T E L 空格
pán	磐	超过4码	T E M D
pán	蟠	刚好4码	J T O L
pán	蹒	超过4码	K H A W
pàn	判	3码识别	U D J 丨左右 H
pàn	泮	3级简码	I U F 空格
pàn	叛	刚好4码	U D R C
pàn	畔	3级简码	L U F 空格
pàn	袢	3级简码	P U U 空格
pàn	拚	3级简码	R C A 空格
pàn	盼	3级简码	H W V 空格
pàn	襻	超过4码	P U S R
pāng	乓	3级简码	R G Y 空格
pāng	滂	3级简码	I U P 空格
pāng	膀	3级简码	E U P 空格
páng	彷	2码识别	T Y 折左右 N 空格
páng	庞	3级简码	Y D X 空格
páng	逄	3级简码	T A H 空格
páng	旁	3级简码	U P Y 空格
páng	膀	3级简码	E U P 空格
páng	磅	3级简码	D U P 空格
páng	螃	3级简码	J U P 空格
pǎng	耪	超过4码	D I U Y
pàng	胖	3级简码	E U F 空格
pāo	抛	3级简码	R V L 空格
pāo	泡	3级简码	I Q N 空格
pāo	脬	3级简码	E E B 空格
páo	刨	3码识别	Q N J 丨左右 H
páo	咆	3级简码	K Q N 空格
páo	狍	刚好4码	Q T Q N
páo	庖	3级简码	Y Q N 空格
páo	炮	2级简码	O Q 空格
páo	袍	3级简码	P U Q 空格
páo	匏	超过4码	D F N N
páo	跑	3级简码	K H Q 空格
pǎo	跑	3级简码	K H Q 空格
pào	泡	3级简码	I Q N 空格
pào	炮	2级简码	O Q 空格
pào	疱	3级简码	U Q N 空格
pēi	呸	3级简码	K G I 空格
pēi	胚	3级简码	E G I 空格
pēi	醅	刚好4码	S G U K
péi	陪	3级简码	B U K 空格
péi	培	3级简码	F U K 空格
péi	赔	3级简码	M U K 空格
péi	锫	3码识别	Q U K 一左右 G
péi	裴	超过4码	D J D E
pèi	沛	刚好4码	I G M H
pèi	旆	3级简码	Y T G 空格
pèi	霈	3级简码	F I G 空格
pèi	帔	刚好4码	M H H C
pèi	佩	3级简码	W M G 空格
pèi	配	3级简码	S G N 空格
pèi	辔	3级简码	X L X 空格
pēn	喷	3级简码	K F A 空格
pén	盆	3级简码	W V L 空格
pén	湓	刚好4码	I W V L
pèn	喷	3级简码	K F A 空格
pēng	抨	刚好4码	R G U H
pēng	怦	3级简码	N G U 空格
pēng	砰	3级简码	D G U 空格
pēng	烹	3级简码	Y B O 空格
pēng	嘭	超过4码	K F K E
pēng	澎	超过4码	I F K E
péng	朋	2级简码	E E 空格
péng	堋	3级简码	F E E 空格
péng	棚	3级简码	S E E 空格
péng	硼	3级简码	D E E 空格

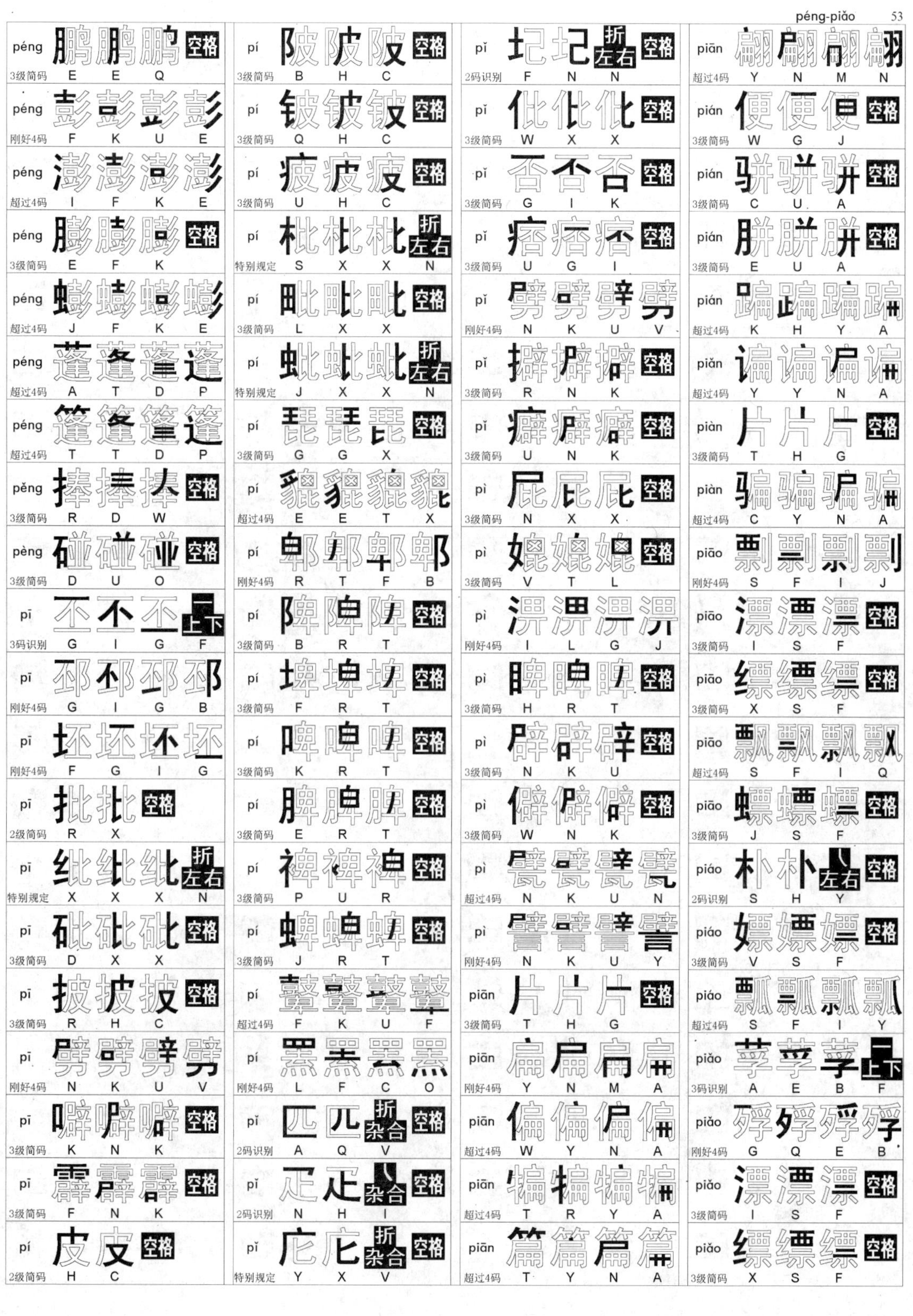

拼音	汉字	类型	编码
péng	鹏	3级简码	E E Q 空格
péng	彭	刚好4码	F K U E
péng	澎	超过4码	I F K E
péng	膨	3级简码	E F K 空格
péng	蟛	超过4码	J F K E
péng	蓬	超过4码	A T D P
péng	篷	超过4码	T T D P
pěng	捧	3级简码	R D W 空格
pèng	碰	3级简码	D U O 空格
pī	丕	3码识别	G I G F（一 上下）
pī	邳	刚好4码	G I G B
pī	坯	刚好4码	F G I G
pī	批	2级简码	R X 空格
pī	纰	特别规定	X X X N（折 左右）
pī	砒	3级简码	D X X 空格
pī	披	3级简码	R H C 空格
pī	劈	刚好4码	N K U V
pī	噼	3级简码	K N K 空格
pī	霹	3级简码	F N K 空格
pí	皮	2级简码	H C 空格
pí	陂	3级简码	B H C 空格
pí	铍	3级简码	Q H C 空格
pí	疲	3级简码	U H C 空格
pí	枇	特别规定	S X X N（折 左右）
pí	毗	3级简码	L X X 空格
pí	蚍	特别规定	J X X N（折 左右）
pí	琵	3级简码	G G X 空格
pí	貔	超过4码	E E T X
pí	郫	刚好4码	R T F B
pí	陴	3级简码	B R T 空格
pí	埤	3级简码	F R T 空格
pí	啤	3级简码	K R T 空格
pí	脾	3级简码	E R T 空格
pí	裨	3级简码	P U R 空格
pí	蜱	3级简码	J R T 空格
pí	鼙	超过4码	F K U F
pí	罴	刚好4码	L F C O
pǐ	匹	2码识别	A Q V（折 杂合）空格
pǐ	疋	2码识别	N H I（乀 杂合）空格
pǐ	庀	特别规定	Y X V（折 杂合）空格
pǐ	圮	2码识别	F N N（折 左右）空格
pǐ	仳	3级简码	W X X 空格
pǐ	否	3级简码	G I K 空格
pǐ	痞	3级简码	U G I 空格
pǐ	劈	刚好4码	N K U V
pǐ	擗	3级简码	R N K 空格
pǐ	癖	3级简码	U N K 空格
pì	屁	3级简码	N X X 空格
pì	媲	3级简码	V T L 空格
pì	淠	刚好4码	I L G J
pì	睥	3级简码	H R T 空格
pì	辟	3级简码	N K U 空格
pì	僻	3级简码	W N K 空格
pì	甓	超过4码	N K U N
pì	譬	刚好4码	N K U Y
piān	片	3级简码	T H G 空格
piān	扁	刚好4码	Y N M A
piān	偏	超过4码	W Y N A
piān	犏	超过4码	T R Y A
piān	篇	超过4码	T Y N A
piān	翩	超过4码	Y N M N
pián	便	3级简码	W G J 空格
pián	骈	3级简码	C U A 空格
pián	胼	3级简码	E U A 空格
pián	蹁	超过4码	K H Y A
piǎn	谝	超过4码	Y Y N A
piàn	片	3级简码	T H G 空格
piàn	骗	超过4码	C Y N A
piāo	剽	刚好4码	S F I J
piāo	漂	3级简码	I S F 空格
piāo	缥	3级简码	X S F 空格
piāo	飘	超过4码	S F I Q
piāo	螵	3级简码	J S F 空格
piáo	朴	2码识别	S H Y（乀 左右）空格
piáo	嫖	3级简码	V S F 空格
piáo	瓢	超过4码	S F I Y
piǎo	莩	3码识别	A E B F（一 上下）
piǎo	殍	刚好4码	G Q E B
piǎo	漂	3级简码	I S F 空格
piǎo	缥	3级简码	X S F 空格

拼音	汉字	类型	编码	补充
piǎo	瞟	3级简码	H S F	空格
piào	票	3码识别	S F I U	上下
piào	嘌	3级简码	K S F	空格
piào	漂	3级简码	I S F	空格
piào	骠	3级简码	C S F	空格
piē	氕	3码识别	R N T R	上下
piē	撇	超过4码	R U M T	
piē	瞥	超过4码	U M I H	
piě	苤	3级简码	A G I	空格
piě	撇	超过4码	R U M T	
pīn	拚	3级简码	R C A	空格
pīn	拼	3级简码	R U A	空格
pīn	姘	3级简码	V U A	空格
pín	贫	3级简码	W V M	空格
pín	频	3级简码	H I D	空格
pín	颦	超过4码	H I D F	
pín	嫔	3级简码	V P R	空格
pǐn	品	3级简码	K K K	空格
pǐn	榀	3级简码	S K K	空格
pìn	牝	3级简码	T R X	空格
pìn	聘	3级简码	B M G	空格
pīng	乒	3级简码	R G T	空格
pīng	俜	刚好4码	W M G N	
pīng	娉	刚好4码	V M G N	
píng	平	2级简码	G U	空格
píng	评	3级简码	Y G U	空格
píng	坪	3级简码	F G U	空格
píng	苹	3级简码	A G U	空格
píng	枰	3级简码	S G U	空格
píng	萍	超过4码	A I G H	
píng	鲆	3级简码	Q G G	空格
píng	凭	刚好4码	W T F M	
píng	屏	3级简码	N U A	空格
píng	瓶	3级简码	U A G	空格
pō	朴	2码识别	S H Y	左右 空格
pō	钋	2码识别	Q H Y	左右 空格
pō	陂	3级简码	B H C	空格
pō	坡	3级简码	F H C	空格
pō	颇	3级简码	H C D	空格
pō	泊	2级简码	I R	空格
pō	泺	3级简码	I Q I	空格
pō	泼	超过4码	I N T Y	
pó	婆	刚好4码	I H C V	
pó	鄱	刚好4码	T O L B	
pó	皤	刚好4码	R T O L	
pó	繁	超过4码	T X G I	
pǒ	叵	2码识别	A K D	杂合 空格
pǒ	钷	3级简码	Q A K	空格
pǒ	笸	3码识别	T A K F	上下
pò	朴	2码识别	S H Y	左右 空格
pò	迫	特别规定	R P D	杂合 空格
pò	珀	2码识别	G R G	左右 空格
pò	粕	2码识别	O R G	左右 空格
pò	魄	刚好4码	R R Q C	
pò	破	3级简码	D H C	空格
pōu	剖	3级简码	U K J	空格
póu	裒	3码识别	Y V E U	上下
pǒu	掊	3级简码	R U K	空格
pū	仆	2码识别	W H Y	左右 空格
pū	扑	2码识别	R H Y	左右 空格
pū	铺	3级简码	Q G E	空格
pū	噗	3级简码	K O G	空格
pú	仆	2码识别	W H Y	左右 空格
pú	匍	超过4码	Q G E Y	
pú	葡	3级简码	A Q G	空格
pú	莆	3级简码	A G E	空格
pú	脯	3级简码	E G E	空格
pú	蒲	超过4码	A I G Y	
pú	菩	3级简码	A U K	空格
pú	璞	超过4码	G O G Y	
pú	镤	3级简码	Q O G	空格
pú	濮	3级简码	I W O	空格
pǔ	朴	2码识别	S H Y	左右 空格
pǔ	埔	超过4码	F G E Y	
pǔ	圃	超过4码	L G E Y	
pǔ	浦	超过4码	I G E Y	
pǔ	溥	超过4码	I G E F	
pǔ	普	2级简码	U O	空格
pǔ	谱	3级简码	Y U O	空格
pǔ	氆	超过4码	T F N J	

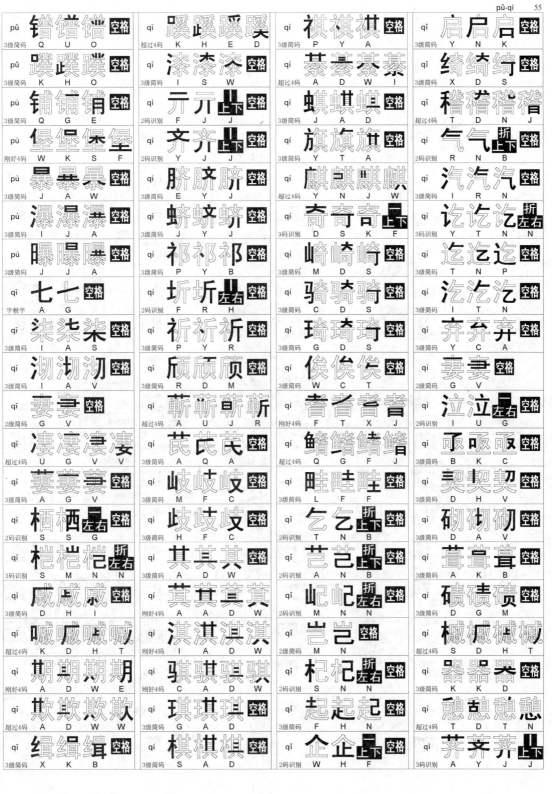

拼音	汉字	编码	类别
pǔ	镨	Q U O 空格	3级简码
pǔ	蹼	K H O 空格	3级简码
pù	铺	Q G E 空格	3级简码
pù	堡	W K S F	刚好4码
pù	暴	J A W 空格	3级简码
pù	瀑	I J A 空格	3级简码
pù	曝	J J A 空格	3级简码
qī	七	A G 空格	字根字
qī	柒	I A S 空格	3级简码
qī	沏	I A V 空格	3级简码
qī	妻	G V 空格	2级简码
qī	凄	U G V V	超过4码
qī	萋	A G V 空格	3级简码
qī	栖	S S G(一 左右) 空格	2码识别
qī	桤	S M N N(折 左右)	3码识别
qī	戚	D H I 空格	3级简码
qī	嘁	K D H T	超过4码
qī	期	A D W E	刚好4码
qī	欺	A D W W	超过4码
qī	缉	X K B 空格	3级简码
qī	蹊	K H E D	超过4码
qī	漆	I S W 空格	3级简码
qí	亓	F J J(丨 上下) 空格	2码识别
qí	齐	Y J J(丨 上下) 空格	2码识别
qí	脐	E Y J 空格	3级简码
qí	蛴	J Y J 空格	3级简码
qí	祁	P Y B 空格	3级简码
qí	圻	F R H(丨 左右) 空格	2码识别
qí	祈	P Y R 空格	3级简码
qí	颀	R D M 空格	3级简码
qí	蕲	A U J R	超过4码
qí	芪	A Q A 空格	3级简码
qí	岐	M F C 空格	3级简码
qí	歧	H F C 空格	3级简码
qí	其	A D W 空格	3级简码
qí	萁	A A D W	刚好4码
qí	淇	I A D W	刚好4码
qí	骐	C A D W	刚好4码
qí	琪	G A D 空格	3级简码
qí	棋	S A D 空格	3级简码
qí	祺	P Y A 空格	3级简码
qí	綦	A D W I	超过4码
qí	蜞	J A D 空格	3级简码
qí	旗	Y T A 空格	3级简码
qí	麒	Y N J W	超过4码
qí	奇	D S K F(一 上下)	3码识别
qí	崎	M D S 空格	3级简码
qí	骑	C D S 空格	3级简码
qí	琦	G D S 空格	3级简码
qí	俟	W C T 空格	3级简码
qí	耆	F T X J	刚好4码
qí	鳍	Q G F J	超过4码
qí	畦	L F F 空格	3级简码
qǐ	乞	T N B(折 上下) 空格	2码识别
qǐ	芑	A N B(折 上下) 空格	2码识别
qǐ	屺	M N N(折 左右) 空格	2码识别
qǐ	岂	M N 空格	2级简码
qǐ	杞	S N N(折 左右) 空格	2码识别
qǐ	起	F H N 空格	3级简码
qǐ	企	W H F(一 上下) 空格	2码识别
qǐ	启	Y N K 空格	3级简码
qǐ	绮	X D S 空格	3级简码
qǐ	稽	T D N J	超过4码
qì	气	R N B(折 上下) 空格	2码识别
qì	汽	I R N 空格	3级简码
qì	讫	Y T N N(折 左右)	3码识别
qì	迄	T N P 空格	3级简码
qì	汔	I T N 空格	3级简码
qì	弃	Y C A 空格	3级简码
qì	妻	G V 空格	2级简码
qì	泣	I U G(一 左右) 空格	2码识别
qì	亟	B K C 空格	3级简码
qì	契	D H V 空格	3级简码
qì	砌	D A V 空格	3级简码
qì	葺	A K B 空格	3级简码
qì	碛	D G M 空格	3级简码
qì	槭	S D H T	超过4码
qì	器	K K D 空格	3级简码
qì	憩	T D T N	超过4码
qí	荠	A Y J J(丨 上下)	3码识别

拼音	汉字	类型	编码
qiā	掐	3级简码	R Q V 空格
qiā	袷	超过4码	P U W K
qiā	葜	超过4码	A D H D
qiǎ	卡	2码识别	H H U（上下）空格
qià	洽	3级简码	I W G 空格
qià	恰	刚好4码	N W G K
qià	髂	3级简码	M E P 空格
qiān	千	2码识别	T F K（杂合）空格
qiān	仟	3码识别	W T F H（左右）
qiān	阡	3级简码	B T F 空格
qiān	扦	3码识别	R T F H（左右）
qiān	芊	3级简码	A T F 空格
qiān	迁	3级简码	T F P 空格
qiān	钎	3级简码	Q T F 空格
qiān	岍	3码识别	M G A H（左右）
qiān	佥	3码识别	W G I F（上下）
qiān	签	刚好4码	T W G I
qiān	牵	3级简码	D P R 空格
qiān	铅	3级简码	Q M K 空格
qiān	悭	3级简码	N J C 空格

拼音	汉字	类型	编码
qiān	谦	3级简码	Y U V 空格
qiān	愆	超过4码	T I F N
qiān	骞	超过4码	P F J C
qiān	搴	超过4码	P F J R
qiān	褰	超过4码	P F J E
qián	荨	3级简码	A V F 空格
qián	钤	刚好4码	Q W Y N
qián	黔	超过4码	L F O N
qián	前	2级简码	U E 空格
qián	虔	3级简码	H A Y 空格
qián	钱	2级简码	Q G 空格
qián	钳	3级简码	Q A F 空格
qián	箝	刚好4码	T R A F
qián	掮	刚好4码	R Y N E
qián	乾	3级简码	F J T 空格
qián	犍	3级简码	T R V 空格
qián	潜	3级简码	I F W 空格
qiǎn	肷	3级简码	E Q W 空格
qiǎn	浅	2码识别	I G T（左右）空格
qiǎn	遣	超过4码	K H G P

拼音	汉字	类型	编码
qiǎn	谴	超过4码	Y K H P
qiǎn	缱	超过4码	X K H P
qiàn	欠	2级简码	Q W 空格
qiàn	芡	3级简码	A Q W 空格
qiàn	嵌	3级简码	M A F 空格
qiàn	纤	3级简码	X T F 空格
qiàn	茜	2码识别	A S F（上下）空格
qiàn	倩	3码识别	W G E G（左右）
qiàn	堑	3级简码	L R F 空格
qiàn	椠	3级简码	L R S 空格
qiàn	慊	3级简码	N U V 空格
qiàn	歉	超过4码	U V O W
qiāng	抢	3级简码	R W B 空格
qiāng	呛	3级简码	K W B 空格
qiāng	枪	3级简码	S W B 空格
qiāng	戗	3级简码	W B A 空格
qiāng	羌	3码识别	U D N B（上下）
qiāng	蜣	刚好4码	J U D N
qiāng	戕	刚好4码	N H D A
qiāng	腔	3级简码	E P W 空格

拼音	汉字	类型	编码
qiāng	锖	3码识别	Q G E G（左右）
qiāng	锵	刚好4码	Q U Q F
qiāng	镪	3级简码	Q X K 空格
qiáng	强	2级简码	X K 空格
qiáng	墙	超过4码	F F U K
qiáng	蔷	3级简码	A F U 空格
qiáng	嫱	超过4码	V F U K
qiáng	樯	3级简码	S F U 空格
qiǎng	抢	3级简码	R W B 空格
qiǎng	羟	刚好4码	U D C A
qiǎng	强	2级简码	X K 空格
qiǎng	镪	3级简码	Q X K 空格
qiǎng	襁	3级简码	P U X 空格
qiàng	呛	3级简码	K W B 空格
qiàng	戗	3级简码	W B A 空格
qiàng	炝	3级简码	O W B 空格
qiàng	跄	刚好4码	K H W B
qiāo	悄	2级简码	N I 空格
qiāo	硗	3级简码	D A T 空格
qiāo	跷	超过4码	K H A Q

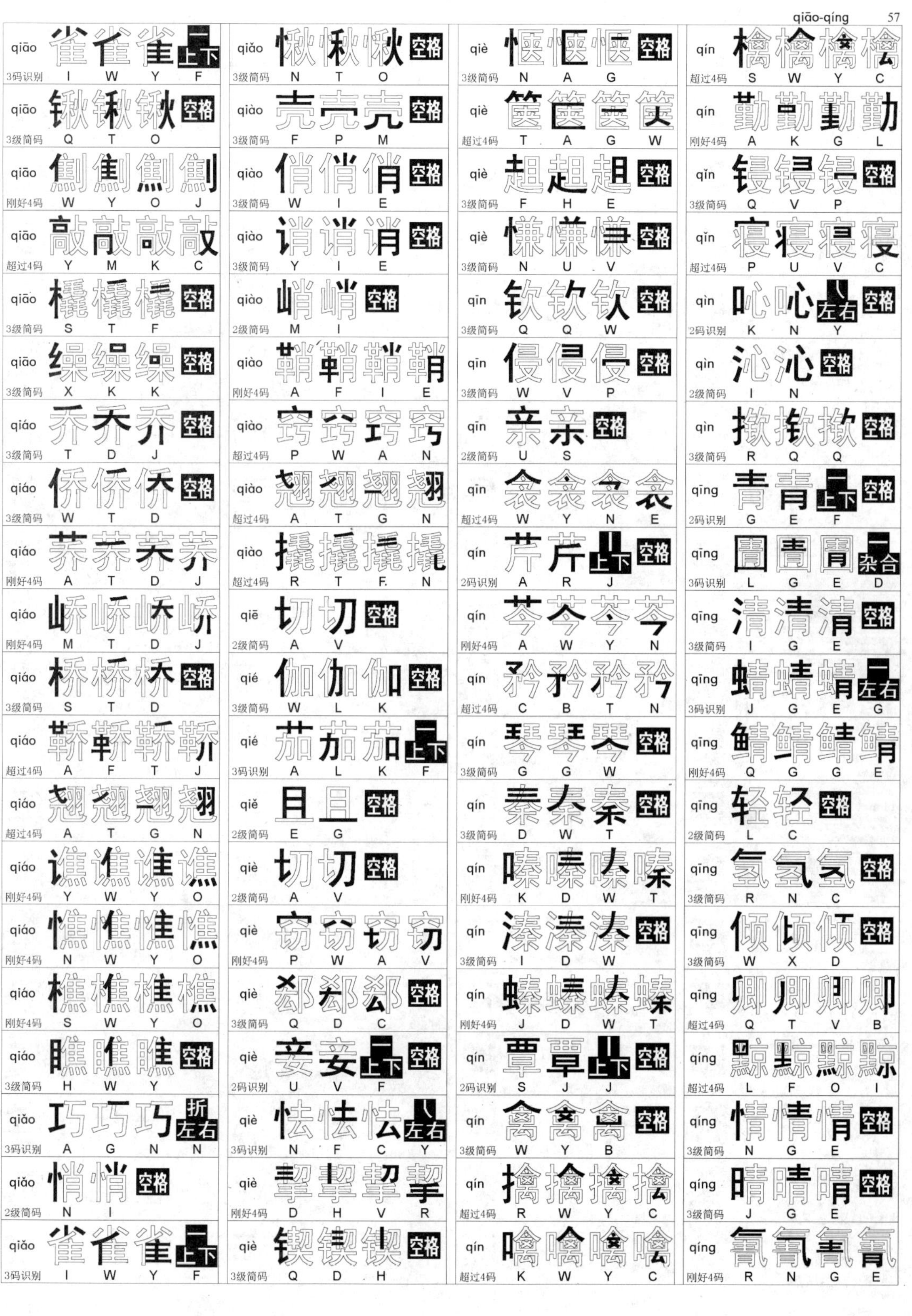

qiāo	雀	3码识别	I W Y F	一 上下
qiāo	锹	3级简码	Q T O	空格
qiāo	劁	刚好4码	W Y O J	
qiāo	敲	超过4码	Y M K C	
qiāo	橇	3级简码	S T F	空格
qiāo	缲	3级简码	X K K	空格
qiáo	乔	3级简码	T D J	空格
qiáo	侨	3级简码	W T D	空格
qiáo	荞	刚好4码	A T D J	
qiáo	峤	刚好4码	M T D J	
qiáo	桥	3级简码	S T D	空格
qiáo	鞒	超过4码	A F T J	
qiáo	翘	超过4码	A T G N	
qiáo	谯	刚好4码	Y W Y O	
qiáo	憔	刚好4码	N W Y O	
qiáo	樵	刚好4码	S W Y O	
qiáo	瞧	3级简码	H W Y	空格
qiǎo	巧	3码识别	A G N N	折 左右
qiǎo	悄	2级简码	N I	空格
qiǎo	雀	3码识别	I W Y F	一 上下
qiǎo	愀	3级简码	N T O	空格
qiào	壳	3级简码	F P M	空格
qiào	俏	3级简码	W I E	空格
qiào	诮	3级简码	Y I E	空格
qiào	峭	2级简码	M I	空格
qiào	鞘	刚好4码	A F I E	
qiào	窍	超过4码	P W A N	
qiào	翘	超过4码	A T G N	
qiào	撬	超过4码	R T F N	
qiē	切	2级简码	A V	空格
qié	伽	3级简码	W L K	空格
qié	茄	3码识别	A L K F	一 上下
qiě	且	2级简码	E G	空格
qiè	切	2级简码	A V	空格
qiè	窃	刚好4码	P W A V	
qiè	郄	3级简码	Q D C	空格
qiè	妾	2码识别	U V F	一 上下 空格
qiè	怯	3码识别	N F C Y	㇏ 左右
qiè	挈	刚好4码	D H V R	
qiè	锲	3级简码	Q D H	空格
qiè	惬	3级简码	N A G	空格
qiè	箧	超过4码	T A G W	
qiè	趄	3级简码	F H E	空格
qiè	慊	3级简码	N U V	空格
qīn	钦	3级简码	Q Q W	空格
qīn	侵	3级简码	W V P	空格
qīn	亲	2级简码	U S	空格
qīn	衾	超过4码	W Y N E	
qín	芹	2码识别	A R J	丨 上下 空格
qín	芩	刚好4码	A W Y N	
qín	矜	超过4码	C B T N	
qín	琴	3级简码	G G W	空格
qín	秦	3级简码	D W T	空格
qín	嗪	刚好4码	K D W T	
qín	溱	3级简码	I D W	空格
qín	螓	刚好4码	J D W T	
qín	覃	2码识别	S J J	丨 上下 空格
qín	禽	3级简码	W Y B	空格
qín	擒	超过4码	R W Y C	
qín	噙	超过4码	K W Y C	
qín	檎	超过4码	S W Y C	
qín	勤	刚好4码	A K G L	
qǐn	锓	3级简码	Q V P	空格
qǐn	寝	超过4码	P U V C	
qìn	吣	2码识别	K N Y	㇏ 左右 空格
qìn	沁	2级简码	I N	空格
qìn	揿	3级简码	R Q Q	空格
qīng	青	2码识别	G E F	一 上下 空格
qīng	圊	3码识别	L G E D	一 杂合
qīng	清	3级简码	I G E	空格
qīng	蜻	3码识别	J G E G	一 左右
qīng	鲭	刚好4码	Q G G E	
qīng	轻	2级简码	L C	空格
qīng	氢	3级简码	R N C	空格
qīng	倾	3级简码	W X D	空格
qīng	卿	超过4码	Q T V B	
qíng	黥	超过4码	L F O I	
qíng	情	3级简码	N G E	空格
qíng	晴	3级简码	J G E	空格
qíng	氰	刚好4码	R N G E	

拼音	汉字	编码类型	编码
qíng	檠	超过4码	A Q K S
qíng	擎	超过4码	A Q K R
qǐng	苘	3级简码	A M K 空格
qǐng	顷	2级简码	X D 空格
qǐng	请	3级简码	Y G E 空格
qǐng	謦	超过4码	F N M Y
qìng	庆	2级简码	Y D 空格
qìng	亲	2级简码	U S 空格
qìng	箐	3级简码	T G E 空格
qìng	綮	超过4码	Y N T I
qìng	磬	超过4码	F N M D
qìng	罄	超过4码	F N M M
qióng	邛	2码识别	A B H（丨左右） 空格
qióng	筇	3级简码	T A B 空格
qióng	穷	3级简码	P W L 空格
qióng	茕	3级简码	A P N 空格
qióng	穹	3级简码	P W X 空格
qióng	琼	3码识别	G Y I Y（丶左右）
qióng	蛩	刚好4码	A M Y J
qióng	跫	超过4码	A M Y H
qióng	銎	刚好4码	A M Y Q
qiū	丘	2码识别	R G D（一杂合）
qiū	邱	3级简码	R G B 空格
qiū	蚯	3码识别	J R G G（一左右）
qiū	龟	3级简码	Q J N 空格
qiū	秋	2级简码	T O 空格
qiū	湫	3码识别	I T O Y（丶左右）
qiū	楸	3级简码	S T O 空格
qiū	鳅	刚好4码	Q G T O
qiú	仇	特别规定	W V N（折左右） 空格
qiú	犰	特别规定	Q T V N（折左右）
qiú	囚	2码识别	L W I（丶杂合） 空格
qiú	泅	3级简码	I L W 空格
qiú	求	3级简码	F I Y 空格
qiú	俅	刚好4码	W F I Y
qiú	逑	刚好4码	F I Y P
qiú	球	3级简码	G F I 空格
qiú	赇	3级简码	M F I 空格
qiú	裘	超过4码	F I Y E
qiú	虬	2码识别	J N（折左右） 空格
qiú	酋	3码识别	U S G F（一上下）
qiú	遒	刚好4码	U S G P
qiú	蝤	3级简码	J U S 空格
qiú	巯	3级简码	C A Y 空格
qiǔ	糗	刚好4码	O T H D
qū	区	2级简码	A Q 空格
qū	岖	3级简码	M A Q 空格
qū	驱	3级简码	C A Q 空格
qū	躯	超过4码	T M D Q
qū	曲	2级简码	M A 空格
qū	麴	超过4码	F W W O
qū	蛐	3级简码	J M A 空格
qū	诎	3码识别	Y B M H（丨左右）
qū	屈	3级简码	N B M 空格
qū	祛	刚好4码	P Y F C
qū	蛆	3码识别	J E G G（一左右）
qū	黢	超过4码	L F O T
qū	趋	刚好4码	F H Q V
qú	劬	3级简码	Q K L 空格
qú	朐	3级简码	E Q K 空格
qú	鸲	超过4码	Q K Q G
qú	渠	刚好4码	I A N S
qú	蕖	超过4码	A I A S
qú	磲	超过4码	D I A S
qú	璩	刚好4码	G H A E
qú	蘧	3级简码	A H A 空格
qú	瞿	刚好4码	H H W Y
qú	氍	超过4码	H H W N
qú	癯	3级简码	U H H 空格
qú	衢	超过4码	T H H H
qú	蠼	超过4码	J H H C
qǔ	曲	2级简码	M A 空格
qǔ	苣	3级简码	A A N 空格
qǔ	取	2级简码	B C 空格
qǔ	娶	3级简码	B C V 空格
qǔ	龋	超过4码	H W B Y
qù	去	2码识别	F C U（丶上下） 空格
qù	阒	3级简码	U H D 空格
qù	趣	3级简码	F H B 空格
qù	觑	超过4码	H A O Q

拼音	汉字	类型	编码
quān	悛	3级简码	N C W 空格
quān	圈	3级简码	L U D 空格
quán	权	2级简码	S C 空格
quán	全	2级简码	W G 空格
quán	诠	3级简码	Y W G 空格
quán	荃	3码识别	A W G F（上下）
quán	辁	3码识别	L W G G（左右）
quán	铨	3级简码	Q W G 空格
quán	痊	3级简码	U W G 空格
quán	筌	3码识别	T W G F（上下）
quán	醛	超过4码	S G A G
quán	泉	2码识别	R I U（上下）空格
quán	拳	3级简码	U D R 空格
quán	蜷	刚好4码	J U D B
quán	鬈	3级简码	D E U 空格
quán	颧	3级简码	A K K 空格
quǎn	犬	字根字	D G T Y
quǎn	畎	2码识别	L D Y（左右）空格
quǎn	绻	刚好4码	X U D B
quàn	劝	2级简码	C L 空格
quàn	券	3级简码	U D V 空格
quē	炔	3级简码	O N W 空格
quē	缺	3级简码	R M N 空格
quē	阙	3级简码	U U B 空格
qué	瘸	超过4码	U L K W
què	却	3级简码	F C B 空格
què	确	3级简码	D Q E 空格
què	悫	刚好4码	F P M N
què	雀	3码识别	I W Y F（上下）
què	阕	刚好4码	U W G D
què	阙	3级简码	U U B 空格
què	榷	刚好4码	S P W Y
què	鹊	超过4码	A J Q G
qūn	逡	3级简码	C W T 空格
qún	裙	超过4码	P U V K
qún	群	3级简码	V T K 空格
qún	麇	超过4码	Y N J T
rán	蚺	3级简码	J M F 空格
rán	髯	3级简码	D E M 空格
rán	然	2级简码	Q D 空格
rán	燃	刚好4码	O Q D O
rǎn	冉	2码识别	M F D（杂合）空格
rǎn	苒	3级简码	A M F 空格
rǎn	染	3级简码	I V S 空格
rāng	嚷	3级简码	K Y K 空格
ráng	禳	超过4码	P Y Y E
ráng	穰	3级简码	T Y K 空格
ráng	瓤	超过4码	Y K K Y
rǎng	壤	3级简码	F Y K 空格
rǎng	攘	3级简码	R Y K 空格
rǎng	嚷	3级简码	K Y K 空格
ràng	让	2级简码	Y H 空格
ráo	荛	3级简码	A A T 空格
ráo	饶	3级简码	Q N A 空格
ráo	娆	3级简码	V A T 空格
ráo	桡	3级简码	S A T 空格
rǎo	扰	3级简码	R D N 空格
rǎo	娆	3级简码	V A T 空格
rào	绕	3级简码	X A T 空格
rě	喏	刚好4码	K A D K
rě	惹	刚好4码	A D K N
rè	热	刚好4码	R V Y O
rén	人	1级简码	W 空格
rén	壬	2码识别	T F D（杂合）空格
rén	任	3级简码	W T F 空格
rén	仁	2码识别	W F G（左右）空格
rěn	忍	3码识别	V Y N U（上下）
rěn	荏	刚好4码	A W T F
rěn	稔	超过4码	T W Y N
rèn	刃	2码识别	V Y I（杂合）空格
rèn	仞	3级简码	W V Y 空格
rèn	纫	3级简码	X V Y 空格
rèn	韧	超过4码	F N H Y
rèn	轫	3级简码	L V Y 空格
rèn	认	2级简码	Y W 空格
rèn	任	3级简码	W T F 空格
rèn	饪	刚好4码	Q N T F
rèn	妊	3级简码	V T F 空格
rèn	衽	刚好4码	P U T F
rèn	葚	超过4码	A A D N

拼音	汉字	类型	编码
rēng	扔	2级简码	R E 空格
réng	仍	2级简码	W E 空格
rì	日	键名	J J J J
róng	戎	2码识别	A D E（丿杂合）空格
róng	狨	刚好4码	Q T A D
róng	绒	3级简码	X A D 空格
róng	茸	2码识别	A B F（一上下）空格
róng	荣	3级简码	A P S 空格
róng	嵘	刚好4码	M A P S
róng	蝾	刚好4码	J A P S
róng	容	3级简码	P W W 空格
róng	蓉	3级简码	A P W 空格
róng	溶	超过4码	I P W K
róng	榕	超过4码	S P W K
róng	熔	3级简码	O P W 空格
róng	融	3级简码	G K M 空格
rǒng	冗	2码识别	P M B（折上下）空格
róu	柔	刚好4码	C B T S
róu	揉	超过4码	R C B S
róu	糅	3级简码	O C B 空格
róu	蹂	超过4码	K H C S
róu	鞣	超过4码	A F C S
ròu	肉	3级简码	M W W 空格
rú	如	2级简码	V K 空格
rú	茹	3级简码	A V K 空格
rú	铷	3级简码	Q V K 空格
rú	儒	3级简码	W F D 空格
rú	薷	超过4码	A F D J
rú	嚅	3级简码	K F D 空格
rú	濡	3级简码	I F D 空格
rú	孺	3级简码	B F D 空格
rú	襦	超过4码	P U F J
rú	颥	超过4码	F D M M
rú	蠕	超过4码	J F D J
rǔ	汝	2码识别	I V G（一左右）空格
rǔ	乳	3级简码	E B N 空格
rǔ	辱	刚好4码	D F E F
rù	入	2级简码	T Y 空格
rù	洳	3码识别	I V K G（一左右）
rù	蓐	超过4码	A D F F
rù	溽	超过4码	I D F F
rù	缛	超过4码	X D F F
rù	褥	超过4码	P U D F
ruǎn	阮	3级简码	B F Q 空格
ruǎn	朊	3级简码	E F Q 空格
ruǎn	软	3级简码	L Q W 空格
ruí	蕤	刚好4码	A E T G
ruǐ	蕊	3级简码	A N N 空格
ruì	芮	3码识别	A M W U（㇏上下）
ruì	枘	3级简码	S M W 空格
ruì	蚋	3级简码	J M W 空格
ruì	锐	3级简码	Q U K 空格
ruì	瑞	3级简码	G M D 空格
ruì	睿	超过4码	H P G H
rùn	闰	2级简码	U G 空格
rùn	润	3码识别	I U G G（一左右）
ruò	若	3级简码	A D K 空格
ruò	偌	3级简码	W A D 空格
ruò	箬	刚好4码	T A D K
ruò	弱	2级简码	X U 空格
sā	仨	2码识别	W D G（一左右）空格
sā	撒	3级简码	R A E 空格
sǎ	洒	2级简码	I S 空格
sǎ	撒	3级简码	R A E 空格
sà	卅	2码识别	G K K（丨杂合）空格
sà	脎	3级简码	E Q S 空格
sà	飒	3码识别	U M Q Y（㇏左右）
sà	萨	3级简码	A B U 空格
sa	挲	刚好4码	I I T R
sāi	腮	3码识别	E L N Y（㇏左右）
sāi	鳃	3级简码	Q G L 空格
sāi	塞	超过4码	P F J F
sāi	噻	3级简码	K P F 空格
sài	塞	超过4码	P F J F
sài	赛	超过4码	P F J M
sān	三	字根字	D G 空格
sān	叁	3级简码	C D D 空格
sān	毵	超过4码	C D E N
sǎn	伞	3级简码	W U H 空格
sǎn	散	3级简码	A E T 空格

拼音	字	类型	编码
sǎn	馓	超过4码	Q N A T
sǎn	糁	3级简码	O C D 空格
sàn	散	3级简码	A E T 空格
sāng	丧	3级简码	F U E 空格
sāng	桑	刚好4码	C C C S
sǎng	搡	超过4码	R C C S
sǎng	嗓	3级简码	K C C 空格
sǎng	磉	3级简码	D C C 空格
sǎng	颡	超过4码	C C C M
sàng	丧	3级简码	F U E 空格
sāo	搔	刚好4码	R C Y J
sāo	骚	刚好4码	C C Y J
sāo	缫	3级简码	X V J 空格
sāo	缲	3级简码	X K K 空格
sāo	臊	超过4码	E K K S
sǎo	扫	2级简码	R V 空格
sǎo	嫂	3级简码	V V H 空格
sào	扫	2级简码	R V 空格
sào	埽	3级简码	F V P 空格
sào	瘙	3级简码	U C Y 空格
sào	臊	超过4码	E K K S
sè	色	2级简码	Q C 空格
sè	铯	3级简码	Q Q C 空格
sè	涩	3级简码	I V Y 空格
sè	啬	刚好4码	F U L K
sè	穑	超过4码	T F U K
sè	瑟	3级简码	G G N 空格
sè	塞	超过4码	P F J F
sēn	森	3级简码	S S S 空格
sēng	僧	3级简码	W U L 空格
shā	杀	2码识别	Q S U(上下) 空格
shā	刹	3级简码	Q S J 空格
shā	铩	3级简码	Q Q S 空格
shā	杉	2码识别	S E T(左右) 空格
shā	沙	3级简码	I I T 空格
shā	莎	刚好4码	A I I T
shā	痧	3级简码	U I I 空格
shā	裟	超过4码	I I T E
shā	鲨	超过4码	I I T G
shā	纱	2级简码	X I 空格
shā	砂	2级简码	D I 空格
shā	煞	3级简码	Q V T 空格
shá	啥	刚好4码	K W F K
shǎ	傻	超过4码	W T L T
shà	沙	3级简码	I I T 空格
shà	唼	3级简码	K U V 空格
shà	厦	3级简码	D D H 空格
shà	嗄	刚好4码	K D H T
shà	歃	超过4码	T F V W
shà	煞	3级简码	Q V T 空格
shà	霎	3级简码	F U V 空格
sha	挲	刚好4码	I I T R
shāi	筛	超过4码	T J G H
shāi	酾	超过4码	S G G Y
shǎi	色	2级简码	Q C 空格
shài	晒	2码识别	J S G(左右) 空格
shān	山	键名	M M M M
shān	舢	3码识别	T E M H(左右)
shān	芟	3级简码	A M C 空格
shān	杉	2码识别	S E T(左右) 空格
shān	钐	2码识别	Q E T(左右) 空格
shān	衫	3级简码	P U E 空格
shān	删	刚好4码	M M G J
shān	姗	3级简码	V M M 空格
shān	珊	3级简码	G M M 空格
shān	栅	3级简码	S M M 空格
shān	跚	超过4码	K H M G
shān	苫	3码识别	A H K F(上下)
shān	埏	3级简码	F T H 空格
shān	扇	3码识别	Y N N D(杂合)
shān	煽	刚好4码	O Y N N
shān	潸	刚好4码	I S S E
shān	膻	3级简码	E Y L 空格
shǎn	闪	2级简码	U W 空格
shǎn	陕	3级简码	B G U 空格
shàn	讪	2码识别	Y M H(左右) 空格
shàn	汕	2码识别	I M H(左右) 空格
shàn	疝	2码识别	U M K(杂合) 空格
shàn	苫	3码识别	A H K F(上下)
shàn	钐	2码识别	Q E T(左右) 空格

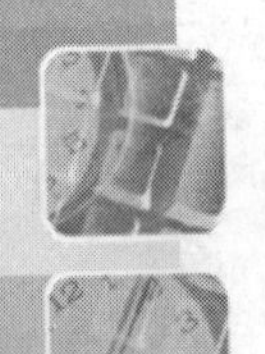

shàn	单	U J F J（上下）	3码识别
shàn	掸	R U J F	刚好4码
shàn	禅	P Y U F	超过4码
shàn	剡	O O J 空格	3级简码
shàn	扇	Y N N D（杂合）	3码识别
shàn	骟	C Y N N	刚好4码
shàn	善	U D U K	刚好4码
shàn	鄯	U D U B	超过4码
shàn	缮	X U D 空格	3级简码
shàn	膳	E U D K	超过4码
shàn	鳝	Q G U K	超过4码
shàn	擅	R Y L 空格	3级简码
shàn	嬗	V Y L G	超过4码
shàn	赡	M Q D 空格	3级简码
shan	蟮	J U D K	超过4码
shāng	伤	W T L 空格	3级简码
shāng	汤	I N R 空格	3级简码
shāng	殇	G Q T R	超过4码
shāng	觞	Q E T R	超过4码
shāng	商	U M 空格	2级简码
shāng	墒	F U M 空格	3级简码
shāng	熵	O U M 空格	3级简码
shǎng	上	H 空格	1级简码
shǎng	垧	F T M 空格	3级简码
shǎng	晌	J T M 空格	3级简码
shǎng	赏	I P K M	刚好4码
shàng	上	H 空格	1级简码
shàng	尚	I M K F（上下）	3码识别
shàng	绱	X I M 空格	3级简码
shang	裳	I P K E	超过4码
shāo	捎	R I E 空格	3级简码
shāo	梢	S I E 空格	3级简码
shāo	稍	T I E 空格	3级简码
shāo	蛸	J I E 空格	3级简码
shāo	筲	T I E F（上下）	3码识别
shāo	艄	T E I E	刚好4码
shāo	鞘	A F I E	刚好4码
shāo	烧	O A T 空格	3级简码
sháo	勺	Q Y I（杂合）空格	2码识别
sháo	芍	A Q Y 空格	3级简码
sháo	杓	S Q Y Y（左右）	3码识别
sháo	苕	A V K F（上下）	3码识别
sháo	韶	U J V 空格	3级简码
shǎo	少	I T 空格	2级简码
shào	少	I T 空格	2级简码
shào	召	V K F（上下）空格	2码识别
shào	邵	V K B 空格	3级简码
shào	劭	V K L 空格	3级简码
shào	绍	X V K 空格	3级简码
shào	哨	K I E 空格	3级简码
shào	稍	T I E 空格	3级简码
shào	潲	I T I 空格	3级简码
shē	奢	D F T 空格	3级简码
shē	赊	M W F 空格	3级简码
shē	畲	W F I L	刚好4码
shē	猞	Q T W K	超过4码
shé	舌	T D D（杂合）空格	2码识别
shé	折	R R 空格	2级简码
shé	佘	W F I U（上下）	3码识别
shé	蛇	J P X 空格	3级简码
shě	舍	W F K 空格	3级简码
shè	厍	D L K（杂合）空格	2码识别
shè	设	Y M C 空格	3级简码
shè	社	P Y 空格	2级简码
shè	舍	W F K 空格	3级简码
shè	射	T M D F	超过4码
shè	麝	Y N J F	超过4码
shè	涉	I H I 空格	3级简码
shè	赦	F O T 空格	3级简码
shè	摄	R B C C	刚好4码
shè	滠	I B C 空格	3级简码
shè	慑	N B C 空格	3级简码
shè	歙	W G K W	超过4码
shéi	谁	Y W Y G（左右）	3码识别
shēn	申	J H K（杂合）空格	2码识别
shēn	伸	W J H 空格	3级简码
shēn	呻	K J H 空格	3级简码
shēn	绅	X J H 空格	3级简码
shēn	砷	D J H 空格	3级简码
shēn	身	T M D 空格	3级简码

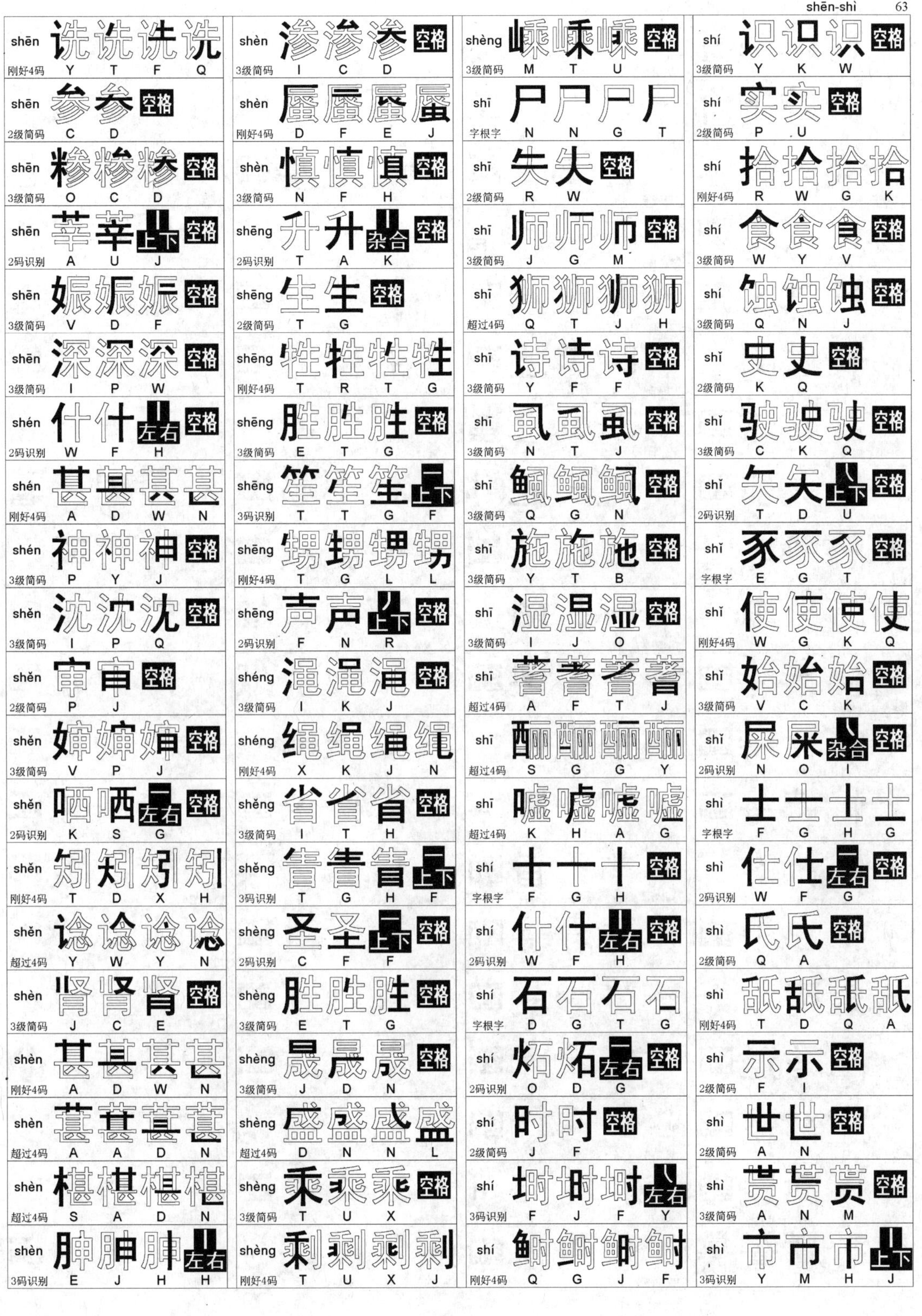

拼音	汉字	编码类型	编码
shēn	诜	刚好4码	Y T F Q
shēn	参	2级简码	C D 空格
shēn	糁	3级简码	O C D 空格
shēn	莘	2码识别	A U J（上下）空格
shēn	娠	3级简码	V D F 空格
shēn	深	3级简码	I P W 空格
shén	什	2码识别	W F H（左右）空格
shén	甚	刚好4码	A D W N
shén	神	3级简码	P Y J 空格
shěn	沈	3级简码	I P Q 空格
shěn	审	2级简码	P J 空格
shěn	婶	3级简码	V P J 空格
shěn	哂	2码识别	K S G（左右）空格
shěn	矧	刚好4码	T D X H
shěn	谂	超过4码	Y W Y N
shèn	肾	3级简码	J C E 空格
shèn	甚	刚好4码	A D W N
shèn	葚	超过4码	A A D N
shèn	椹	超过4码	S A D N
shèn	胂	3码识别	E J H H（左右）
shèn	渗	3级简码	I C D 空格
shèn	蜃	刚好4码	D F E J
shèn	慎	3级简码	N F H 空格
shēng	升	2码识别	T A K（杂合）空格
shēng	生	2级简码	T G 空格
shēng	牲	刚好4码	T R T G
shēng	胜	3级简码	E T G 空格
shēng	笙	3码识别	T T G F（上下）
shēng	甥	刚好4码	T G L L
shēng	声	2码识别	F N R（上下）空格
shéng	渑	3级简码	I K J 空格
shéng	绳	刚好4码	X K J N
shěng	省	3级简码	I T H 空格
shěng	眚	3码识别	T G H F（上下）
shèng	圣	2码识别	C F F（上下）空格
shèng	胜	3级简码	E T G 空格
shèng	晟	3级简码	J D N 空格
shèng	盛	超过4码	D N N L
shèng	乘	3级简码	T U X 空格
shèng	剩	刚好4码	T U X J
shèng	嵊	3级简码	M T U 空格
shī	尸	字根字	N N G T
shī	失	2级简码	R W 空格
shī	师	3级简码	J G M 空格
shī	狮	超过4码	Q T J H
shī	诗	3级简码	Y F F 空格
shī	虱	3级简码	N T J 空格
shī	鲺	3级简码	Q G N 空格
shī	施	3级简码	Y T B 空格
shī	湿	3级简码	I J O 空格
shī	蓍	超过4码	A F T J
shī	酾	超过4码	S G G Y
shī	嘘	超过4码	K H A G
shí	十	字根字	F G H 空格
shí	什	2码识别	W F H（左右）空格
shí	石	字根字	D G T G
shí	炻	2码识别	O D G（左右）空格
shí	时	2级简码	J F 空格
shí	埘	3码识别	F J F Y（左右）
shí	鲥	刚好4码	Q G J F
shí	识	3级简码	Y K W 空格
shí	实	2级简码	P U 空格
shí	拾	刚好4码	R W G K
shí	食	3级简码	W Y V 空格
shí	蚀	3级简码	Q N J 空格
shǐ	史	2级简码	K Q 空格
shǐ	驶	3级简码	C K Q 空格
shǐ	矢	2码识别	T D U（上下）空格
shǐ	豕	字根字	E G T 空格
shǐ	使	刚好4码	W G K Q
shǐ	始	3级简码	V C K 空格
shǐ	屎	2码识别	N O I（杂合）空格
shì	士	字根字	F G H G
shì	仕	2码识别	W F G（左右）空格
shì	氏	2级简码	Q A 空格
shì	舐	刚好4码	T D Q A
shì	示	2级简码	F I 空格
shì	世	2级简码	A N 空格
shì	贳	3级简码	A N M 空格
shì	市	3码识别	Y M H J（上下）

拼音	汉字	类型	编码	
shì	柿	刚好4码	S Y M H	
shì	铈	刚好4码	Q Y M H	
shì	式	2级简码	A A	空格
shì	试	3级简码	Y A A	空格
shì	拭	3级简码	R A A	空格
shì	轼	2级简码	L A	空格
shì	弑	3级简码	Q S A	空格
shì	似	3级简码	W N Y	空格
shì	势	刚好4码	R V Y L	
shì	事	2级简码	G K	空格
shì	侍	3级简码	W F F	空格
shì	峙	3级简码	M F F	空格
shì	恃	3级简码	N F F	空格
shì	饰	超过4码	Q N T H	
shì	视	3级简码	P Y M	空格
shì	是	1级简码	J	空格
shì	适	3级简码	T D P	空格
shì	室	3级简码	P G C	空格
shì	逝	3级简码	R R P	空格
shì	誓	3码识别	R R Y F	上下
shì	莳	3码识别	A J F U	上下
shì	释	3级简码	T O C	空格
shì	谥	3级简码	Y U W	空格
shì	嗜	超过4码	K F T J	
shì	筮	3级简码	T A W	空格
shì	噬	3级简码	K T A	空格
shì	螫	刚好4码	F O T J	
shi	匙	刚好4码	J G H X	
shi	殖	3级简码	G Q F	空格
shōu	收	2级简码	N H	空格
shóu	熟	3级简码	Y B V	空格
shǒu	手	字根字	R T	空格
shǒu	守	2级简码	P F	空格
shǒu	首	3级简码	U T H	空格
shòu	寿	3级简码	D T F	空格
shòu	受	3级简码	E P C	空格
shòu	授	3级简码	R E P	空格
shòu	绶	3级简码	X E P	空格
shòu	狩	刚好4码	Q T P F	
shòu	售	3级简码	W Y K	空格
shòu	兽	3级简码	U L G	空格
shòu	瘦	3级简码	U V H	空格
shū	殳	2码识别	M C U	上下 空格
shū	书	3级简码	N N H	空格
shū	抒	3级简码	R C B	空格
shū	纾	3级简码	X C B	空格
shū	舒	超过4码	W F K B	
shū	枢	3级简码	S A Q	空格
shū	叔	3级简码	H I C	空格
shū	菽	3级简码	A H I	空格
shū	淑	刚好4码	I H I C	
shū	姝	2级简码	V R	空格
shū	殊	3级简码	G Q R	空格
shū	倏	刚好4码	W H T D	
shū	梳	3级简码	S Y C	空格
shū	疏	3级简码	N H Y	空格
shū	蔬	3级简码	A N H	空格
shū	摅	刚好4码	R H A N	
shū	输	3级简码	L W G	空格
shū	毹	超过4码	W G E N	
shú	秫	3级简码	T S Y	空格
shú	孰	刚好4码	Y B V Y	
shú	塾	超过4码	Y B V F	
shú	熟	3级简码	Y B V	空格
shú	赎	3级简码	M F N	空格
shǔ	暑	3级简码	J F T	空格
shǔ	署	刚好4码	L F T J	
shǔ	薯	超过4码	A L F J	
shǔ	曙	2级简码	J L	空格
shǔ	黍	3级简码	T W I	空格
shǔ	属	3级简码	N T K	空格
shǔ	蜀	3级简码	L Q J	空格
shǔ	鼠	3级简码	V N U	空格
shǔ	数	3级简码	O V T	空格
shù	术	2级简码	S Y	空格
shù	述	3级简码	S Y P	空格
shù	沭	3码识别	I S Y Y	左右
shù	戍	超过4码	D Y N T	
shù	束	3级简码	G K I	空格
shù	树	3级简码	S C F	空格

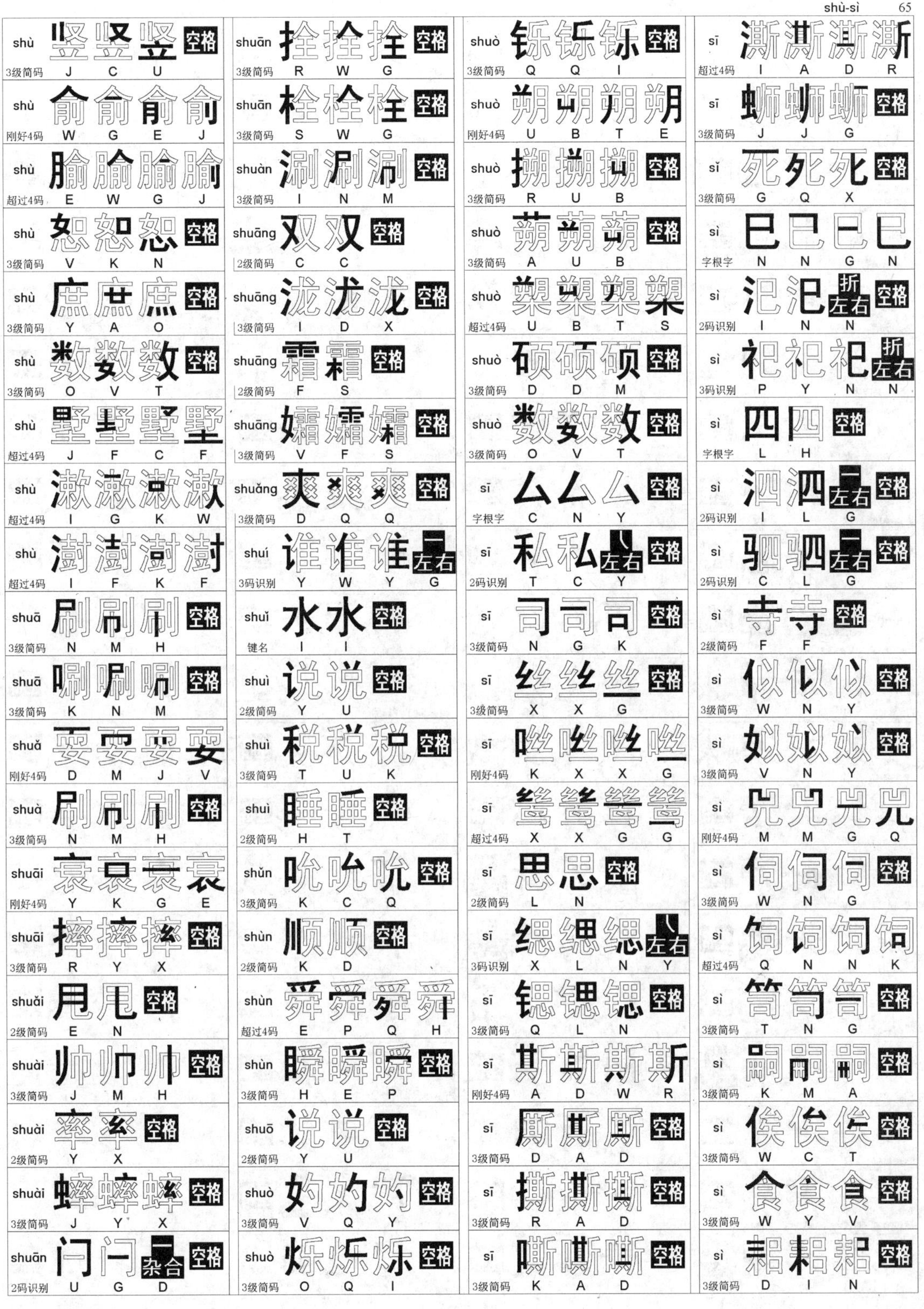

拼音	汉字	类别	编码
shù	竖	3级简码	J C U 空格
shù	俞	刚好4码	W G E J
shù	腧	超过4码	E W G J
shù	恕	3级简码	V K N 空格
shù	庶	3级简码	Y A O 空格
shù	数	3级简码	O V T 空格
shù	墅	超过4码	J F C F
shù	漱	超过4码	I G K W
shù	澍	超过4码	I F K F
shuā	刷	3级简码	N M H 空格
shuā	唰	3级简码	K N M 空格
shuǎ	耍	刚好4码	D M J V
shuà	刷	3级简码	N M H 空格
shuāi	衰	刚好4码	Y K G E
shuāi	摔	3级简码	R Y X 空格
shuǎi	甩	2级简码	E N 空格
shuài	帅	3级简码	J M H 空格
shuài	率	2级简码	Y X 空格
shuài	蟀	3级简码	J Y X 空格
shuān	闩	2码识别	U G D（杂合）空格
shuān	拴	3级简码	R W G 空格
shuān	栓	3级简码	S W G 空格
shuàn	涮	3级简码	I N M 空格
shuāng	双	2级简码	C C 空格
shuāng	泷	3级简码	I D X 空格
shuāng	霜	2级简码	F S 空格
shuāng	孀	3级简码	V F S 空格
shuǎng	爽	3级简码	D Q Q 空格
shuí	谁	3码识别	Y W Y G（左右）
shuǐ	水	键名	I I 空格
shuì	说	2级简码	Y U 空格
shuì	税	3级简码	T U K 空格
shuì	睡	2级简码	H T 空格
shǔn	吮	3级简码	K C Q 空格
shùn	顺	2级简码	K D 空格
shùn	舜	超过4码	E P Q H
shùn	瞬	3级简码	H E P 空格
shuō	说	2级简码	Y U 空格
shuò	妁	3级简码	V Q Y 空格
shuò	烁	3级简码	O Q I 空格
shuò	铄	3级简码	Q Q I 空格
shuò	朔	刚好4码	U B T E
shuò	搠	3级简码	R U B 空格
shuò	蒴	3级简码	A U B 空格
shuò	槊	超过4码	U B T S
shuò	硕	3级简码	D D M 空格
shuò	数	3级简码	O V T 空格
sī	厶	字根字	C N Y 空格
sī	私	2码识别	T C Y（左右）空格
sī	司	3级简码	N G K 空格
sī	丝	3级简码	X X G 空格
sī	咝	刚好4码	K X X G
sī	鸶	超过4码	X X G G
sī	思	2级简码	L N 空格
sī	缌	3码识别	X L N Y（左右）
sī	锶	3级简码	Q L N 空格
sī	斯	刚好4码	A D W R
sī	厮	3级简码	D A D 空格
sī	撕	3级简码	R A D 空格
sī	嘶	3级简码	K A D 空格
sī	澌	超过4码	I A D R
sī	蛳	3级简码	J J G 空格
sǐ	死	3级简码	G Q X 空格
sì	巳	字根字	N N G N
sì	汜	2码识别	I N N（折 左右）空格
sì	祀	3码识别	P Y N N（折 左右）
sì	四	字根字	L H 空格
sì	泗	2码识别	I L G（一 左右）空格
sì	驷	2码识别	C L G（一 左右）空格
sì	寺	2级简码	F F 空格
sì	似	3级简码	W N Y 空格
sì	姒	3级简码	V N Y 空格
sì	兕	刚好4码	M M G Q
sì	伺	3级简码	W N G 空格
sì	饲	超过4码	Q N N K
sì	笥	3级简码	T N G 空格
sì	嗣	3级简码	K M A 空格
sì	俟	3级简码	W C T 空格
sì	食	3级简码	W Y V 空格
sì	耜	3级简码	D I N 空格

拼音	汉字	编码类型	编码
sì	肆	2级简码	D V 空格
sōng	忪	3级简码	N W C 空格
sōng	松	3级简码	S W C 空格
sōng	凇	3级简码	U S W 空格
sōng	菘	3级简码	A S W 空格
sōng	淞	刚好4码	I S W C
sōng	嵩	3级简码	M Y M 空格
sōng	崧	3级简码	M S W 空格
sǒng	怂	3级简码	W W N 空格
sǒng	耸	3级简码	W W B 空格
sǒng	悚	刚好4码	N G K I
sǒng	竦	刚好4码	U G K I
sòng	讼	3级简码	Y W C 空格
sòng	颂	3级简码	W C D 空格
sòng	宋	2码识别	P S U（上下）空格
sòng	送	3级简码	U D P 空格
sòng	诵	3码识别	Y C E H（左右）
sōu	搜	3级简码	R V H 空格
sōu	嗖	3级简码	K V H 空格
sōu	馊	超过4码	Q N V C
sōu	溲	3级简码	I V H 空格
sōu	飕	超过4码	M Q V C
sōu	锼	刚好4码	Q V H C
sōu	螋	3级简码	J V H 空格
sōu	艘	超过4码	T E V C
sǒu	叟	2级简码	V H 空格
sǒu	瞍	3级简码	H V H 空格
sǒu	嗾	3级简码	K Y T 空格
sǒu	擞	刚好4码	R O V T
sǒu	薮	刚好4码	A O V T
sòu	嗽	超过4码	K G K W
sòu	擞	刚好4码	R O V T
sū	苏	3级简码	A L W 空格
sū	酥	3码识别	S G T Y（左右）
sū	稣	3码识别	Q G T Y（左右）
sú	俗	刚好4码	W W W K
sù	夙	3级简码	M G Q 空格
sù	诉	2级简码	Y R 空格
sù	肃	3级简码	V I J 空格
sù	素	3级简码	G X I 空格
sù	嗉	刚好4码	K G X I
sù	愫	3级简码	N G X 空格
sù	速	刚好4码	G K I P
sù	涑	刚好4码	I G K I
sù	觫	超过4码	Q E G I
sù	宿	刚好4码	P W D J
sù	缩	3级简码	X P W 空格
sù	粟	2码识别	S O U（上下）空格
sù	僳	3级简码	W S O 空格
sù	谡	3级简码	Y L W 空格
sù	塑	超过4码	U B T F
sù	溯	3级简码	I U B 空格
sù	蔌	3级简码	A G K 空格
sù	簌	超过4码	T G K W
suān	狻	超过4码	Q T C T
suān	酸	3级简码	S G C 空格
suàn	蒜	3级简码	A F I 空格
suàn	算	3级简码	T H A 空格
suī	尿	2码识别	N I I（杂合）空格
suī	虽	2级简码	K J 空格
suī	荽	3级简码	A E V 空格
suī	眭	3级简码	H F F 空格
suī	睢	3码识别	H W Y G（左右）
suī	濉	3级简码	I H W 空格
suí	绥	3级简码	X E V 空格
suí	隋	3级简码	B D A 空格
suí	随	3级简码	B D E 空格
suí	遂	3级简码	U E P 空格
suǐ	髓	3级简码	M E D 空格
suì	岁	2码识别	M Q U（上下）空格
suì	谇	3级简码	Y Y W 空格
suì	碎	3级简码	D Y W 空格
suì	祟	3级简码	B M F 空格
suì	遂	3级简码	U E P 空格
suì	隧	3级简码	B U E 空格
suì	燧	3级简码	O U E 空格
suì	邃	超过4码	P W U P
suì	穗	超过4码	T G J N
sūn	孙	2级简码	B I 空格
sūn	荪	3级简码	A B I 空格

拼音	字	类型	编码
sūn	狲	刚好4码	Q T B I
sūn	飧	超过4码	Q W Y E
sǔn	损	3级简码	R K M 空格
sǔn	笋	3级简码	T V T 空格
sǔn	隼	3码识别	W Y F J（丨 上下）
sǔn	榫	刚好4码	S W Y F
suō	莎	刚好4码	A I I T
suō	娑	刚好4码	I I T V
suō	桫	3级简码	S I I 空格
suō	挲	刚好4码	I I T R
suō	唆	3级简码	K C W 空格
suō	梭	3级简码	S C W 空格
suō	睃	3级简码	H C W 空格
suō	羧	超过4码	U D C T
suō	蓑	3级简码	A Y K 空格
suō	嗍	3级简码	K U B 空格
suō	缩	3级简码	X P W 空格
suǒ	所	2级简码	R N 空格
suǒ	索	3级简码	F P X 空格
suǒ	唢	3级简码	K I M 空格
suǒ	琐	3级简码	G I M 空格
suǒ	锁	3级简码	Q I M 空格
suo	嗦	超过4码	K F P I
tā	他	2级简码	W B 空格
tā	她	2码识别	V B N（折 左右） 空格
tā	它	2级简码	P X 空格
tā	铊	3级简码	Q P X 空格
tā	趿	刚好4码	K H E Y
tā	塌	3级简码	F J N 空格
tā	溻	3级简码	I J N 空格
tā	踏	刚好4码	K H I J
tǎ	塔	超过4码	F A W K
tǎ	獭	超过4码	Q T G M
tǎ	鳎	刚好4码	Q G J N
tà	拓	2级简码	R D 空格
tà	沓	2码识别	I J F（一 上下） 空格
tà	踏	刚好4码	K H I J
tà	挞	3级简码	R D P 空格
tà	闼	特别规定	U D P I（丶 杂合）
tà	嗒	超过4码	K A W K
tà	榻	3级简码	S J N 空格
tà	蹋	刚好4码	K H J N
tà	漯	3级简码	I L X 空格
ta	遢	3级简码	J N P 空格
tāi	台	2级简码	C K 空格
tāi	苔	3级简码	A C K 空格
tāi	胎	3级简码	E C K 空格
tái	台	2级简码	C K 空格
tái	邰	3级简码	C K B 空格
tái	抬	3级简码	R C K 空格
tái	苔	3级简码	A C K 空格
tái	骀	3级简码	C C K 空格
tái	炱	3级简码	C K O 空格
tái	跆	刚好4码	K H C K
tái	鲐	3级简码	Q G C 空格
tái	薹	3级简码	A F K 空格
tài	太	2级简码	D Y 空格
tài	汰	3级简码	I D Y 空格
tài	态	3级简码	D Y N 空格
tài	肽	3级简码	E D Y 空格
tài	钛	3级简码	Q D Y 空格
tài	酞	刚好4码	S G D Y
tài	泰	3码识别	D W I U（丶 上下）
tān	坍	3码识别	F M Y G（一 左右）
tān	贪	刚好4码	W Y N M
tān	摊	3级简码	R C W 空格
tān	滩	3级简码	I C W 空格
tān	瘫	刚好4码	U C W Y
tán	坛	3级简码	F F C 空格
tán	昙	3码识别	J F C U（丶 上下）
tán	郯	3级简码	O O B 空格
tán	谈	3级简码	Y O O 空格
tán	锬	3级简码	Q O O 空格
tán	痰	3级简码	U O O 空格
tán	弹	3级简码	X U J 空格
tán	覃	2码识别	S J J（丨 上下） 空格
tán	谭	3级简码	Y S J 空格
tán	潭	3级简码	I S J 空格
tán	澹	超过4码	I Q D Y
tán	檀	3级简码	S Y L 空格

拼音	汉字	编码类型	编码	附加
tǎn	忐	2码识别	H N U	上下
tǎn	坦	3级简码	F J G	空格
tǎn	钽	3级简码	Q J G	空格
tǎn	袒	刚好4码	P U J G	
tǎn	毯	超过4码	T F N O	
tàn	叹	2码识别	K C Y	左右
tàn	炭	3级简码	M D O	空格
tàn	碳	3级简码	D M D	空格
tàn	探	刚好4码	R P W S	
tāng	汤	3级简码	I N R	空格
tāng	铴	3级简码	Q I N	空格
tāng	耥	超过4码	D I I K	
tāng	趟	3级简码	F H I	空格
tāng	镗	超过4码	Q I P F	
tāng	羰	3级简码	U D M	空格
táng	唐	3级简码	Y V H	空格
táng	塘	3级简码	F Y V	空格
táng	搪	3级简码	R Y V	空格
táng	溏	超过4码	I Y V K	
táng	瑭	超过4码	G Y V K	
táng	螗	超过4码	J Y V K	
táng	糖	超过4码	O Y V K	
táng	醣	超过4码	S G Y K	
táng	堂	刚好4码	I P K F	
táng	棠	刚好4码	I P K S	
táng	樘	3级简码	S I P	空格
táng	膛	2级简码	E I	空格
táng	镗	超过4码	Q I P F	
táng	螳	3级简码	J I P	空格
tǎng	帑	3级简码	V C M	空格
tǎng	倘	3级简码	W I M	空格
tǎng	淌	3级简码	I I M	空格
tǎng	惝	3级简码	N I M	空格
tǎng	耥	超过4码	D I I K	
tǎng	躺	超过4码	T M D K	
tǎng	傥	超过4码	W I P Q	
tàng	烫	刚好4码	I N R O	
tàng	趟	3级简码	F H I	空格
tāo	叨	特别规定	K V N	折 左右 空格
tāo	涛	3级简码	I D T	空格
tāo	焘	刚好4码	D T F O	
tāo	绦	3级简码	X T S	空格
tāo	掏	3级简码	R Q R	空格
tāo	滔	3级简码	I E V	空格
tāo	韬	超过4码	F N H V	
tāo	饕	超过4码	K G N E	
táo	逃	3级简码	I Q P	空格
táo	洮	3级简码	I I Q	空格
táo	桃	3级简码	S I Q	空格
táo	陶	3级简码	B Q R	空格
táo	萄	3级简码	A Q R	空格
táo	啕	刚好4码	K Q R M	
táo	淘	3级简码	I Q R	空格
táo	鼗	3级简码	I Q F	空格
tǎo	讨	2码识别	Y F Y	左右 空格
tào	套	2码识别	D D U	上下 空格
tè	忑	3码识别	G H N U	上下
tè	忒	2码识别	A N I	杂合 空格
tè	铽	3码识别	Q A N Y	左右
tè	特	3级简码	T R F	空格
tè	慝	超过4码	A A D N	
téng	疼	3级简码	U T U	空格
téng	腾	3级简码	E U D	空格
téng	誊	3码识别	U D Y F	上下
téng	滕	刚好4码	E U D I	
téng	藤	3级简码	A E U	空格
tī	体	3级简码	W S G	空格
tī	剔	刚好4码	J Q R J	
tī	踢	3级简码	K H J	空格
tī	梯	3级简码	S U X	空格
tī	锑	3级简码	Q U X	空格
tí	荑	3级简码	A G X	空格
tí	绨	超过4码	X U X T	
tí	鹈	超过4码	U X H G	
tí	提	2级简码	R J	空格
tí	缇	3级简码	X J G	空格
tí	题	超过4码	J G H M	
tí	醍	超过4码	S G J H	
tí	啼	2级简码	K U	空格
tí	蹄	超过4码	K H U H	

拼音	汉字	类型	编码	末键
tǐ	体	3级简码	W S G	空格
tì	屉	3级简码	N A N	空格
tì	剃	超过4码	U X H J	
tì	涕	超过4码	I U X T	
tì	悌	3级简码	N U X	空格
tì	绨	超过4码	X U X T	
tì	倜	3级简码	W M F	空格
tì	逖	刚好4码	Q T O P	
tì	惕	3级简码	N J Q	空格
tì	裼	超过4码	P U J R	
tì	替	3级简码	F W F	空格
tì	嚏	超过4码	K F P H	
tiān	天	2级简码	G D	空格
tiān	添	3级简码	I G D	空格
tián	田	键名	L L L L	
tián	佃	2级简码	W L	空格
tián	畋	2码识别	L T Y（左右）	空格
tián	钿	2码识别	Q L G（左右）	空格
tián	恬	3级简码	N T D	空格
tián	甜	刚好4码	T D A F	
tián	填	3级简码	F F H	空格
tián	阗	3级简码	U F H	空格
tiǎn	忝	3级简码	G D N	空格
tiǎn	舔	超过4码	T D G N	
tiǎn	殄	刚好4码	G Q W E	
tiǎn	腆	3级简码	E M A	空格
tiàn	掭	刚好4码	R G D N	
tiāo	佻	3级简码	W I Q	空格
tiāo	挑	3级简码	R I Q	空格
tiāo	祧	刚好4码	P Y I Q	
tiáo	条	2级简码	T S	空格
tiáo	鲦	刚好4码	Q G T S	
tiáo	苕	3码识别	A V K F（上下）	
tiáo	迢	3级简码	V K P	空格
tiáo	笤	3级简码	T V K	空格
tiáo	龆	超过4码	H W B K	
tiáo	髫	刚好4码	D E V K	
tiáo	调	3级简码	Y M F	空格
tiáo	蜩	刚好4码	J M F K	
tiǎo	挑	3级简码	R I Q	空格
tiǎo	窕	3级简码	P W I	空格
tiào	眺	3级简码	H I Q	空格
tiào	跳	3级简码	K H I	空格
tiào	粜	3级简码	B M O	空格
tiē	帖	3级简码	M H H	空格
tiē	贴	3码识别	M H K G（左右）	
tiē	萜	超过4码	A M H K	
tiě	帖	3级简码	M H H	空格
tiě	铁	2级简码	Q R	空格
tiè	帖	3级简码	M H H	空格
tiè	餮	超过4码	G Q W E	
tīng	厅	2级简码	D S	空格
tīng	汀	2码识别	I S H（左右）	空格
tīng	听	2级简码	K R	空格
tīng	烃	2级简码	O C	空格
tíng	廷	特别规定	T F P D（杂合）	
tíng	莛	刚好4码	A T F P	
tíng	庭	刚好4码	Y T F P	
tíng	蜓	刚好4码	J T F P	
tíng	霆	3级简码	F T F	空格
tíng	亭	3级简码	Y P S	空格
tíng	停	3级简码	W Y P	空格
tíng	葶	3级简码	A Y P	空格
tíng	婷	3级简码	V Y P	空格
tǐng	町	2码识别	L S H（左右）	空格
tǐng	挺	刚好4码	R T F P	
tǐng	梃	刚好4码	S T F P	
tǐng	铤	刚好4码	Q T F P	
tǐng	艇	3级简码	T E T	空格
tìng	梃	刚好4码	S T F P	
tōng	通	3级简码	C E P	空格
tōng	嗵	3级简码	K C E	空格
tóng	仝	2码识别	W A F（上下）	空格
tóng	砼	3级简码	D W A	空格
tóng	同	1级简码	M	空格
tóng	侗	刚好4码	W M G K	
tóng	垌	3级简码	F M G	空格
tóng	茼	3级简码	A M G	空格
tóng	峒	刚好4码	M M G K	
tóng	桐	刚好4码	S M G K	

拼音	汉字	类型	编码	附注
tóng	铜	刚好4码	Q M G K	
tóng	酮	超过4码	S G M K	
tóng	佟	3码识别	W T U Y	左右
tóng	彤	3级简码	M Y E	空格
tóng	童	3码识别	U J F F	上下
tóng	僮	3级简码	W U J	空格
tóng	潼	刚好4码	I U J F	
tóng	瞳	2级简码	H U	空格
tǒng	侗	刚好4码	W M G K	
tǒng	统	3级简码	X Y C	空格
tǒng	捅	3级简码	R C E	空格
tǒng	桶	3级简码	S C E	空格
tǒng	筒	刚好4码	T M G K	
tòng	同	1级简码	M	空格
tòng	恸	刚好4码	N F C L	
tòng	通	3级简码	C E P	空格
tòng	痛	3级简码	U C E	空格
tōu	偷	超过4码	W W G J	
tóu	头	2码识别	U D I	杂合 空格
tóu	投	3级简码	R M C	空格
tóu	骰	3级简码	M E M	空格
tǒu	钭	3级简码	Q U F	空格
tòu	透	3级简码	T E P	空格
tū	凸	3级简码	H G M	空格
tū	秃	2码识别	T M B	折 上下 空格
tū	突	3级简码	P W D	空格
tú	图	3级简码	L T U	空格
tú	荼	3级简码	A W T	空格
tú	途	3级简码	W T P	空格
tú	涂	3级简码	I W T	空格
tú	酴	刚好4码	S G W T	
tú	徒	3码识别	T F H Y	左右
tú	菟	超过4码	A Q K Y	
tú	屠	3级简码	N F T	空格
tǔ	土	键名	F F F F	
tǔ	吐	2码识别	K F G	一 左右 空格
tǔ	钍	2码识别	Q F G	一 左右 空格
tù	吐	2码识别	K F G	一 左右 空格
tù	兔	刚好4码	Q K Q Y	
tù	堍	3级简码	F Q K	空格
tù	菟	超过4码	A Q K Y	
tuān	湍	3级简码	I M D	空格
tuán	团	3级简码	L F T	空格
tuán	抟	3级简码	R F N	空格
tuǎn	疃	3级简码	L U J	空格
tuàn	彖	2码识别	X E U	上下 空格
tuī	忒	2码识别	A N I	杂合 空格
tuī	推	3码识别	R W Y G	一 左右
tuí	颓	刚好4码	T M D M	
tuǐ	腿	3级简码	E V E	空格
tuì	退	3级简码	V E P	空格
tuì	煺	3级简码	O V E	空格
tuì	褪	超过4码	P U V P	
tuì	蜕	3级简码	J U K	空格
tūn	吞	3级简码	G D K	空格
tūn	暾	3级简码	J Y B	空格
tún	屯	2级简码	G B	空格
tún	囤	3级简码	L G B	空格
tún	饨	超过4码	Q N G N	
tún	豚	2码识别	E E Y	左右 空格
tún	臀	超过4码	N A W E	
tǔn	氽	2码识别	W I U	上下 空格
tùn	褪	超过4码	P U V P	
tuō	托	3级简码	R T A	空格
tuō	拖	3级简码	R T B	空格
tuō	脱	3级简码	E U K	空格
tuó	驮	2码识别	C D Y	左右 空格
tuó	佗	3级简码	W P X	空格
tuó	陀	3级简码	B P X	空格
tuó	坨	特别规定	F P X N	折 左右
tuó	沱	3级简码	I P X	空格
tuó	驼	2级简码	C P	空格
tuó	柁	3级简码	S P X	空格
tuó	砣	3级简码	D P X	空格
tuó	铊	3级简码	Q P X	空格
tuó	鸵	超过4码	Q Y N X	
tuó	酡	3级简码	S G P	空格
tuó	跎	刚好4码	K H P X	
tuó	橐	超过4码	G K H S	
tuó	鼍	3级简码	K K L	空格

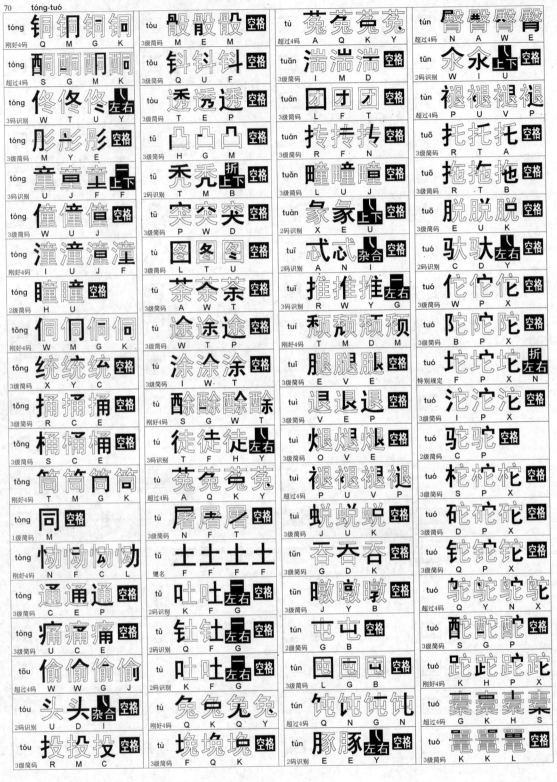

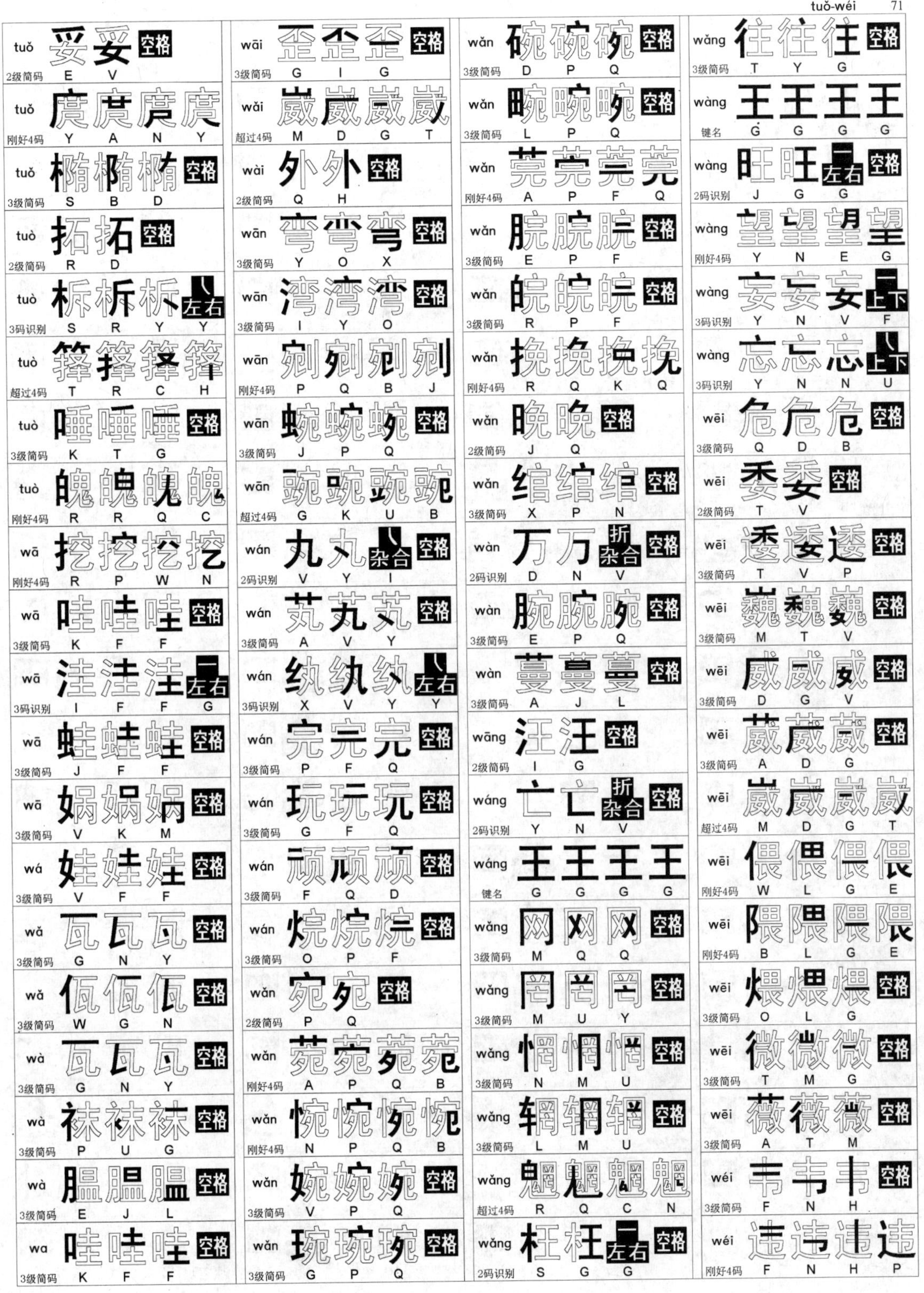

拼音	字	编码	类型
tuǒ	妥	E V 空格	2级简码
tuǒ	庹	Y A N Y	刚好4码
tuǒ	椭	S B D 空格	3级简码
tuò	拓	R D 空格	2级简码
tuò	柝	S R Y Y（左右）	3码识别
tuò	箨	T R C H	超过4码
tuò	唾	K T G 空格	3级简码
tuò	魄	R R Q C	刚好4码
wā	挖	R P W N	刚好4码
wā	哇	K F F 空格	3级简码
wā	洼	I F F G（左右）	3码识别
wā	蛙	J F F 空格	3级简码
wā	娲	V K M 空格	3级简码
wá	娃	V F F 空格	3级简码
wǎ	瓦	G N Y 空格	3级简码
wǎ	佤	W G N 空格	3级简码
wà	瓦	G N Y 空格	3级简码
wà	袜	P U G 空格	3级简码
wà	腽	E J L 空格	3级简码
wa	哇	K F F 空格	3级简码
wāi	歪	G I G 空格	3级简码
wǎi	崴	M D G T	超过4码
wài	外	Q H 空格	2级简码
wān	弯	Y O X 空格	3级简码
wān	湾	I Y O 空格	3级简码
wān	剜	P Q B J	刚好4码
wān	蜿	J P Q 空格	3级简码
wān	豌	G K U B	超过4码
wán	丸	V Y I（杂合）空格	2码识别
wán	芄	A V Y 空格	3级简码
wán	纨	X V Y Y（左右）	3码识别
wán	完	P F Q 空格	3级简码
wán	玩	G F Q 空格	3级简码
wán	顽	F Q D 空格	3级简码
wán	烷	O P F 空格	3级简码
wǎn	宛	P Q 空格	2级简码
wǎn	菀	A P Q B	刚好4码
wǎn	惋	N P Q B	刚好4码
wǎn	婉	V P Q 空格	3级简码
wǎn	琬	G P Q 空格	3级简码
wǎn	碗	D P Q 空格	3级简码
wǎn	畹	L P Q 空格	3级简码
wǎn	莞	A P F Q	刚好4码
wǎn	脘	E P F 空格	3级简码
wǎn	皖	R P F 空格	3级简码
wǎn	挽	R Q K Q	刚好4码
wǎn	晚	J Q 空格	2级简码
wǎn	绾	X P N 空格	3级简码
wàn	万	D N V（折 杂合）空格	2码识别
wàn	腕	E P Q 空格	3级简码
wàn	蔓	A J L 空格	3级简码
wāng	汪	I G 空格	2级简码
wáng	亡	Y N V（折 杂合）空格	2码识别
wáng	王	G G G G	键名
wǎng	网	M Q Q 空格	3级简码
wǎng	罔	M U Y 空格	3级简码
wǎng	惘	N M U 空格	3级简码
wǎng	辋	L M U 空格	3级简码
wǎng	魍	R Q C N	超过4码
wǎng	枉	S G G（左右）空格	2码识别
wǎng	往	T Y G 空格	3级简码
wàng	王	G G G G	键名
wàng	旺	J G G（左右）空格	2码识别
wàng	望	Y N E G	刚好4码
wàng	妄	Y N V F（上下）	3码识别
wàng	忘	Y N N U（上下）	3码识别
wēi	危	Q D B 空格	3级简码
wēi	委	T V 空格	2级简码
wēi	逶	T V P 空格	3级简码
wēi	巍	M T V 空格	3级简码
wēi	威	D G V 空格	3级简码
wēi	葳	A D G 空格	3级简码
wēi	崴	M D G T	超过4码
wēi	偎	W L G E	刚好4码
wēi	隈	B L G E	刚好4码
wēi	煨	O L G 空格	3级简码
wēi	微	T M G 空格	3级简码
wēi	薇	A T M 空格	3级简码
wéi	韦	F N H 空格	3级简码
wéi	违	F N H P	刚好4码

71

速查字典

拼音	汉字	类型	编码
wéi	围	刚好4码	L F N H
wéi	帏	3级简码	M H F 空格
wéi	闱	3级简码	U F N 空格
wéi	涠	3级简码	I L F 空格
wéi	为	1级简码	O 空格
wéi	沩	3级简码	I Y L 空格
wéi	圩	3级简码	F G F 空格
wéi	桅	3级简码	S Q D 空格
wéi	唯	3码识别	K W Y G（左右）
wéi	帷	3级简码	M H W 空格
wéi	惟	3级简码	N W Y 空格
wéi	维	3级简码	X W Y 空格
wéi	潍	3级简码	I X W 空格
wéi	嵬	3级简码	M R Q 空格
wěi	伟	3级简码	W F N 空格
wěi	苇	3级简码	A F N 空格
wěi	纬	刚好4码	X F N H
wěi	玮	3级简码	G F N 空格
wěi	炜	3级简码	O F N 空格
wěi	韪	超过4码	J G H H

拼音	汉字	类型	编码
wěi	伪	3级简码	W Y L 空格
wěi	尾	3级简码	N T F 空格
wěi	娓	超过4码	V N T N
wěi	委	2级简码	T V 空格
wěi	诿	3级简码	Y T V 空格
wěi	萎	3级简码	A T V 空格
wěi	痿	3级简码	U T V 空格
wěi	洧	3码识别	I D E G（左右）
wěi	鲔	刚好4码	Q G D E
wěi	隗	3级简码	B R Q 空格
wěi	猥	超过4码	Q T L E
wèi	卫	2级简码	B G 空格
wèi	为	1级简码	O 空格
wèi	未	2码识别	F I I（杂合） 空格
wèi	味	3级简码	K F I 空格
wèi	位	2码识别	W U G（左右） 空格
wèi	畏	3级简码	L G E 空格
wèi	喂	刚好4码	K L G E
wèi	胃	2级简码	L E 空格
wèi	谓	3级简码	Y L E 空格

拼音	汉字	类型	编码
wèi	猬	刚好4码	Q T L E
wèi	渭	3级简码	I L E 空格
wèi	尉	刚好4码	N F I F
wèi	蔚	3级简码	A N F 空格
wèi	慰	3级简码	N F I 空格
wèi	遗	超过4码	K H G P
wèi	魏	3级简码	T V R 空格
wēn	温	3级简码	I J L 空格
wēn	瘟	3级简码	U J L 空格
wén	文	字根字	Y Y G Y
wén	纹	2码识别	X Y Y（左右） 空格
wén	蚊	2码识别	J Y Y（左右） 空格
wén	雯	2码识别	F Y U（上下） 空格
wén	闻	2级简码	U B 空格
wén	阌	刚好4码	U E P C
wěn	刎	3级简码	Q R J 空格
wěn	吻	3级简码	K Q R 空格
wěn	紊	3码识别	Y X I U（上下）
wěn	稳	3级简码	T Q V 空格
wèn	问	2码识别	U K D（杂合） 空格

拼音	汉字	类型	编码
wèn	汶	2码识别	I Y Y（左右） 空格
wèn	纹	2码识别	X Y Y（左右） 空格
wèn	璺	3级简码	W F M 空格
wēng	翁	3级简码	W C N 空格
wēng	嗡	3级简码	K W C 空格
wěng	蓊	3级简码	A W C 空格
wèng	瓮	3级简码	W C G 空格
wèng	蕹	超过4码	A Y X Y
wō	挝	3级简码	R F P 空格
wō	莴	3级简码	A K M 空格
wō	涡	3级简码	I K M 空格
wō	窝	超过4码	P W K W
wō	蜗	3级简码	J K M 空格
wō	倭	3级简码	W T V 空格
wō	喔	超过4码	K N G F
wǒ	我	1级简码	Q 空格
wò	肟	3级简码	E F N 空格
wò	沃	3码识别	I T D Y（左右）
wò	卧	超过4码	A H N H
wò	握	3级简码	R N G 空格

拼音	汉字	编码	类型
wò	幄	M H N F	超过4码
wò	渥	I N G 空格	3级简码
wò	龌	H W B F	超过4码
wò	硪	D T R 空格	3级简码
wò	斡	F J W F	超过4码
wū	乌	Q N G 空格	3级简码
wū	邬	Q N G B	刚好4码
wū	呜	K Q N G	刚好4码
wū	钨	Q Q N 空格	3级简码
wū	圬	F F N 空格	3级简码
wū	污	I F N 空格	3级简码
wū	巫	A W W 空格	3级简码
wū	诬	Y A W 空格	3级简码
wū	於	Y W U 空格	3级简码
wū	屋	N G C 空格	3级简码
wū	恶	G O G N	刚好4码
wú	亡	Y N V(折 杂合) 空格	2码识别
wú	无	F Q 空格	2级简码
wú	芜	A F Q B(折 上下)	3码识别
wú	毋	X D E(丿 杂合) 空格	2码识别

拼音	汉字	编码	类型
wú	吾	G K F(一 上下) 空格	2码识别
wú	唔	K G K G(一 左右)	3码识别
wú	浯	I G K G(一 左右)	3码识别
wú	梧	S G K 空格	3级简码
wú	鼯	V N U K	超过4码
wú	吴	K G D 空格	3级简码
wú	蜈	J K G 空格	3级简码
wǔ	五	G G 空格	字根字
wǔ	伍	W G G(一 左右) 空格	2码识别
wǔ	午	T F J(丨 上下) 空格	2码识别
wǔ	仵	W T F H(丨 左右)	3码识别
wǔ	迕	T F P K(丨 杂合)	特别规定
wǔ	忤	N T F H(丨 左右)	3码识别
wǔ	庑	Y F Q 空格	3级简码
wǔ	怃	N F Q 空格	3级简码
wǔ	妩	V F Q 空格	3级简码
wǔ	武	G A H 空格	3级简码
wǔ	鹉	G A H G	超过4码
wǔ	侮	W T X 空格	3级简码
wǔ	捂	R G K G(一 左右)	3码识别

拼音	汉字	编码	类型
wǔ	牾	T R G K	刚好4码
wǔ	舞	R L G 空格	3级简码
wù	兀	G Q V(折 杂合) 空格	2码识别
wù	阢	B G Q 空格	3级简码
wù	杌	S G Q N(折 左右)	3码识别
wù	勿	Q R E(丿 杂合) 空格	2码识别
wù	芴	A Q R R(丿 上下)	3码识别
wù	物	T R 空格	2级简码
wù	乌	Q N G 空格	3级简码
wù	坞	F Q N G	刚好4码
wù	戊	D N Y 空格	3级简码
wù	务	T L 空格	2级简码
wù	雾	F T L 空格	3级简码
wù	误	Y K G 空格	3级简码
wù	恶	G O G N	刚好4码
wù	悟	N G K G(一 左右)	3码识别
wù	晤	J G K 空格	3级简码
wù	焐	O G K 空格	3级简码
wù	痦	U G K D(一 杂合)	3码识别
wù	寤	P N H K	超过4码

拼音	汉字	编码	类型
wù	婺	C B T V	超过4码
wù	骛	C B T C	超过4码
wù	鹜	C B T G	超过4码
wù	鋈	I T D Q	刚好4码
xī	夕	Q T N Y	字根字
xī	汐	I Q Y(㇏ 左右) 空格	2码识别
xī	矽	D Q Y(㇏ 左右) 空格	2码识别
xī	穸	P W Q 空格	3级简码
xī	兮	W G N B(折 上下)	3码识别
xī	西	S G H G	字根字
xī	茜	A S F(一 上下) 空格	2码识别
xī	栖	S S G(一 左右) 空格	2码识别
xī	牺	T R S 空格	3级简码
xī	硒	D S G(一 左右) 空格	2码识别
xī	舾	T E S G(一 左右)	3码识别
xī	粞	O S G(一 左右) 空格	2码识别
xī	吸	K E 空格	2级简码
xī	希	Q D M 空格	3级简码
xī	郗	Q D M B	超过4码
xī	唏	K Q D 空格	3级简码

字	拼音	类型	编码
浠	xī	超过4码	I Q D H
欷	xī	超过4码	Q D M W
烯	xī	3级简码	O Q D 空格
稀	xī	3级简码	T Q D 空格
昔	xī	2码识别	A J F 上下 空格
惜	xī	3码识别	N A J G 左右
腊	xī	3级简码	E A J 空格
析	xī	2级简码	S R 空格
菥	xī	3级简码	A S R 空格
淅	xī	3级简码	I S R 空格
晰	xī	3级简码	J S R 空格
晳	xī	3级简码	S R R 空格
蜥	xī	3码识别	J S R H 左右
息	xī	3级简码	T H N 空格
熄	xī	刚好4码	O T H N
螅	xī	刚好4码	J T H N
奚	xī	3级简码	E X D 空格
溪	xī	3级简码	I E X 空格
蹊	xī	超过4码	K H E D
鼷	xī	超过4码	V N U D

字	拼音	类型	编码
悉	xī	3级简码	T O N 空格
蟋	xī	3级简码	J T O 空格
翕	xī	刚好4码	W G K N
歙	xī	超过4码	W G K W
犀	xī	3级简码	N I R 空格
樨	xī	超过4码	S N I H
锡	xī	3级简码	Q J Q 空格
裼	xī	超过4码	P U J R
熙	xī	3级简码	A H K 空格
僖	xī	超过4码	W F K K
嘻	xī	3级简码	K F K 空格
嬉	xī	3级简码	V F K 空格
熹	xī	超过4码	F K U O
膝	xī	3级简码	E S W 空格
羲	xī	3级简码	U G T 空格
曦	xī	3级简码	J U G 空格
醯	xī	超过4码	S G Y L
习	xí	2级简码	N U 空格
席	xí	3级简码	Y A M 空格
觋	xí	超过4码	A W W Q

字	拼音	类型	编码
袭	xí	3级简码	D X Y 空格
媳	xí	刚好4码	V T H N
隰	xí	3级简码	B J X 空格
檄	xí	3级简码	S R Y 空格
洗	xǐ	3级简码	I T F 空格
铣	xǐ	刚好4码	Q T F Q
玺	xǐ	3级简码	Q I G 空格
徙	xǐ	3级简码	T H H 空格
蓰	xǐ	3级简码	A T H 空格
屣	xǐ	刚好4码	N T H H
喜	xǐ	3级简码	F K U 空格
禧	xǐ	超过4码	P Y F K
葸	xǐ	3码识别	A L N U 上下
戏	xì	2级简码	C A 空格
饩	xì	刚好4码	Q N R N
系	xì	3级简码	T X I 空格
细	xì	2级简码	X L 空格
阋	xì	3级简码	U V Q 空格
舄	xì	3级简码	V Q O 空格
隙	xì	3级简码	B I J 空格

字	拼音	类型	编码
禊	xì	超过4码	P Y D D
呷	xiā	2码识别	K L H 左右 空格
虾	xiā	3码识别	J G H Y 左右
瞎	xiā	2级简码	H P 空格
匣	xiá	2码识别	A L K 杂合 空格
狎	xiá	3级简码	Q T L 空格
柙	xiá	2码识别	S L H 左右 空格
侠	xiá	3级简码	W G U 空格
峡	xiá	3级简码	M G U 空格
狭	xiá	超过4码	Q T G W
硖	xiá	刚好4码	D G U W
遐	xiá	3级简码	N H F 空格
瑕	xiá	3级简码	G N H 空格
暇	xiá	3级简码	J N H 空格
霞	xiá	超过4码	F N H C
辖	xiá	超过4码	L P D K
黠	xiá	超过4码	L F O K
下	xià	2级简码	G H 空格
吓	xià	3级简码	K G H 空格
夏	xià	3级简码	D H T 空格

xià 厦 D D H 空格 3级简码
xià 唬 K H A M 刚好4码
xià 罅 R M H H 超过4码
xiān 仙 W M 空格 2级简码
xiān 氙 R N M 空格 3级简码
xiān 籼 O M H 丨左右 空格 2码识别
xiān 先 T F Q 空格 3级简码
xiān 酰 S G T Q 超过4码
xiān 纤 X T F 空格 3级简码
xiān 跹 K H T P 超过4码
xiān 掀 R R Q 空格 3级简码
xiān 锨 Q R Q 空格 3级简码
xiān 祆 P Y G D 刚好4码
xiān 莶 A W G I 刚好4码
xiān 鲜 Q G U 空格 3级简码
xiān 暹 J W Y 空格 3级简码
xián 闲 U S I 丶杂合 空格 2码识别
xián 娴 V U S 空格 3级简码
xián 痫 U U S 空格 3级简码
xián 鹇 U S Q 空格 3级简码

xián 贤 J C M 空格 3级简码
xián 弦 X Y X 空格 3级简码
xián 舷 T E Y X 刚好4码
xián 咸 D G K 空格 3级简码
xián 涎 I T H P 刚好4码
xián 衔 T Q F 空格 3级简码
xián 嫌 V U 空格 2级简码
xiǎn 冼 U T F 空格 3级简码
xiǎn 洗 I T F 空格 3级简码
xiǎn 铣 Q T F Q 刚好4码
xiǎn 筅 T T F Q 刚好4码
xiǎn 跣 K H T Q 超过4码
xiǎn 显 J O 空格 2级简码
xiǎn 险 B W G 空格 3级简码
xiǎn 猃 Q T W I 超过4码
xiǎn 蚬 J M Q 空格 3级简码
xiǎn 鲜 Q G U 空格 3级简码
xiǎn 藓 A Q G D 超过4码
xiǎn 燹 E E O 空格 3级简码
xiàn 见 M Q B 折上下 空格 2码识别

xiàn 苋 A M Q 空格 3级简码
xiàn 岘 M M Q N 折左右 3码识别
xiàn 现 G M 空格 2级简码
xiàn 县 E G C 空格 3级简码
xiàn 限 B V 空格 2级简码
xiàn 线 X G 空格 2级简码
xiàn 宪 P T F 空格 3级简码
xiàn 陷 B Q V 空格 3级简码
xiàn 馅 Q N Q V 刚好4码
xiàn 羡 U G U 空格 3级简码
xiàn 腺 E R I 空格 3级简码
xiàn 献 F M U D 超过4码
xiàn 霰 F A E 空格 3级简码
xiāng 乡 X T E 丿杂合 空格 2码识别
xiāng 芗 A X T 空格 3级简码
xiāng 相 S H 空格 2级简码
xiāng 厢 D S H 空格 3级简码
xiāng 湘 I S H G 一左右 3码识别
xiāng 缃 X S 空格 2级简码
xiāng 箱 T S H 空格 3级简码

xiāng 香 T J F 一上下 空格 2码识别
xiāng 襄 Y K K 空格 3级简码
xiāng 骧 C Y K 空格 3级简码
xiāng 镶 Q Y K 空格 3级简码
xiáng 详 Y U D 空格 3级简码
xiáng 庠 Y U D K 丨杂合 3码识别
xiáng 祥 P Y U 空格 3级简码
xiáng 降 B T 空格 2级简码
xiáng 翔 U D N G 一左右 3码识别
xiǎng 享 Y B F 一上下 空格 2码识别
xiǎng 响 K T M 空格 3级简码
xiǎng 饷 Q N T K 超过4码
xiǎng 飨 X T W 空格 3级简码
xiǎng 想 S H N 空格 3级简码
xiǎng 鲞 U D Q G 刚好4码
xiàng 向 T M 空格 2级简码
xiàng 项 A D M 空格 3级简码
xiàng 巷 A W N 空格 3级简码
xiàng 相 S H 空格 2级简码
xiàng 象 Q J E 空格 3级简码

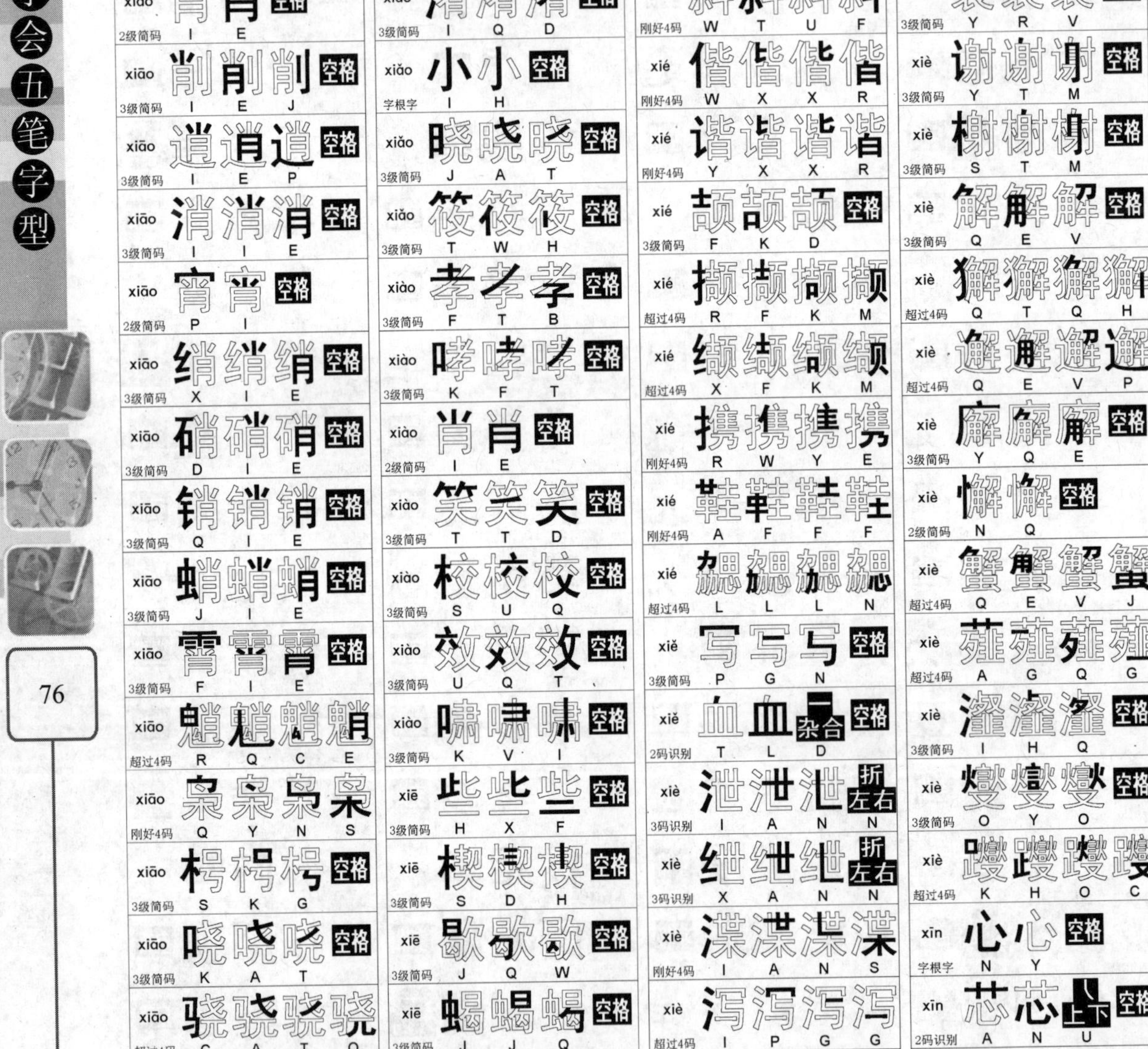

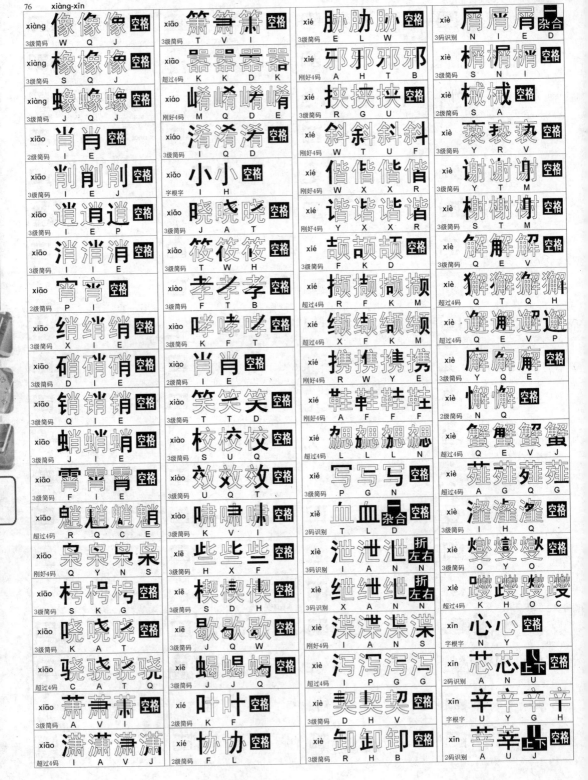

拼音	字	编码	类型
xiàng	像	W Q J 空格	3级简码
xiàng	橡	S Q J 空格	3级简码
xiàng	蟓	J Q J 空格	3级简码
xiāo	肖	I E 空格	2级简码
xiāo	削	I E J 空格	3级简码
xiāo	逍	I E P 空格	3级简码
xiāo	消	I I E 空格	3级简码
xiāo	宵	P I 空格	2级简码
xiāo	绡	X I E 空格	3级简码
xiāo	硝	D I E 空格	3级简码
xiāo	销	Q I E 空格	3级简码
xiāo	蛸	J I E 空格	3级简码
xiāo	霄	F I E 空格	3级简码
xiāo	魈	R Q C E	超过4码
xiāo	枭	Q Y N S	刚好4码
xiāo	枵	S K G 空格	3级简码
xiāo	哓	K A T 空格	3级简码
xiāo	骁	C A T Q	超过4码
xiāo	萧	A V I 空格	3级简码
xiāo	潇	I A V J	超过4码

拼音	字	编码	类型
xiāo	箫	T V I 空格	3级简码
xiāo	嚣	K K D K	超过4码
xiáo	崤	M Q D E	刚好4码
xiáo	淆	I Q D 空格	3级简码
xiǎo	小	I H 空格	字根字
xiǎo	晓	J A T 空格	3级简码
xiǎo	筱	T W H 空格	3级简码
xiào	孝	F T B 空格	3级简码
xiào	哮	K F T 空格	3级简码
xiào	肖	I E 空格	2级简码
xiào	笑	T T D 空格	3级简码
xiào	校	S U Q 空格	3级简码
xiào	效	U Q T 空格	3级简码
xiào	啸	K V I 空格	3级简码
xiē	些	H X F 空格	3级简码
xiē	楔	S D H 空格	3级简码
xiē	歇	J Q W 空格	3级简码
xiē	蝎	J J Q 空格	3级简码
xié	叶	K F 空格	2级简码
xié	协	F L 空格	2级简码

拼音	字	编码	类型
xié	胁	E L W 空格	3级简码
xié	邪	A H T B	刚好4码
xié	挟	R G U 空格	3级简码
xié	斜	W T U F	刚好4码
xié	偕	W X X R	刚好4码
xié	谐	Y X X R	刚好4码
xié	颉	F K D 空格	3级简码
xié	撷	R F K M	超过4码
xié	缬	X F K M	超过4码
xié	携	R W Y E	刚好4码
xié	鞋	A F F F	刚好4码
xié	勰	L L L N	超过4码
xiě	写	P G N 空格	3级简码
xiě	血	T L D(一 杂合) 空格	2码识别
xiè	泄	I A N N(折 左右)	3码识别
xiè	绁	X A N N(折 左右)	3码识别
xiè	渫	I A N S	刚好4码
xiè	泻	I P G G	超过4码
xiè	契	D H V 空格	3级简码
xiè	卸	R H B 空格	3级简码

拼音	字	编码	类型
xiè	屑	N I E D(一 杂合)	3码识别
xiè	榍	S N I 空格	3级简码
xiè	械	S A 空格	2级简码
xiè	亵	Y R V 空格	3级简码
xiè	谢	Y T M 空格	3级简码
xiè	榭	S T M 空格	3级简码
xiè	解	Q E V 空格	3级简码
xiè	獬	Q T Q H	超过4码
xiè	邂	Q E V P	超过4码
xiè	廨	Y Q E 空格	3级简码
xiè	懈	N Q 空格	2级简码
xiè	蟹	Q E V J	超过4码
xiè	薤	A G Q G	超过4码
xiè	瀣	I H Q 空格	3级简码
xiè	燮	O Y O 空格	3级简码
xiè	躞	K H O C	超过4码
xīn	心	N Y 空格	字根字
xīn	芯	A N U(上下) 空格	2码识别
xīn	辛	U Y G H	字根字
xīn	莘	A U J(上下) 空格	2码识别

拼音	字	类型	编码	补充
xīn	锌	2码识别	Q U H	丨 左右 空格
xīn	新	3级简码	U S R	空格
xīn	薪	3级简码	A U S	空格
xīn	忻	2码识别	N R H	丨 左右 空格
xīn	昕	2码识别	J R H	丨 左右 空格
xīn	欣	3级简码	R Q W	空格
xīn	歆	刚好4码	U J Q W	
xīn	馨	3级简码	F N M	空格
xīn	鑫	3级简码	Q Q Q	空格
xín	镡	3码识别	Q S J H	丨 左右
xìn	囟	3码识别	T L Q I	丶 杂合
xìn	芯	2码识别	A N U	丶 上下 空格
xìn	信	2级简码	W Y	空格
xìn	衅	3级简码	T L U	空格
xīng	兴	2级简码	I W	空格
xīng	星	3级简码	J T G	空格
xīng	猩	超过4码	Q T J G	
xīng	惺	3级简码	N J T	空格
xīng	腥	3级简码	E J T	空格
xíng	刑	3码识别	G A J H	丨 左右

拼音	字	类型	编码	补充
xíng	邢	3级简码	G A B	空格
xíng	形	3级简码	G A E	空格
xíng	型	刚好4码	G A J F	
xíng	硎	刚好4码	D G A J	
xíng	行	2级简码	T F	空格
xíng	饧	刚好4码	Q N N R	
xíng	陉	3级简码	B C A	空格
xíng	荥	3级简码	A P I	空格
xǐng	省	3级简码	I T H	空格
xǐng	醒	3级简码	S G J	空格
xǐng	擤	3级简码	R T H	空格
xìng	兴	2级简码	I W	空格
xìng	杏	2码识别	S K F	一 上下 空格
xìng	幸	3级简码	F U F	空格
xìng	悻	刚好4码	N F U F	
xìng	性	3级简码	N T G	空格
xìng	姓	3级简码	V T G	空格
xìng	荇	刚好4码	A T F H	
xiōng	凶	2级简码	Q B	空格
xiōng	匈	3级简码	Q Q B	空格

拼音	字	类型	编码	补充
xiōng	汹	3码识别	I Q B H	丨 左右
xiōng	胸	2级简码	E Q	空格
xiōng	兄	2码识别	K Q B	折 上下 空格
xiōng	芎	2码识别	A X B	折 上下 空格
xióng	雄	3级简码	D C W	空格
xióng	熊	超过4码	C E X O	
xiū	休	2级简码	W S	空格
xiū	咻	3级简码	K W S	空格
xiū	庥	3级简码	Y W S	空格
xiū	鸺	3级简码	W S Q	空格
xiū	貅	3级简码	E E W	空格
xiū	髹	3级简码	D E W	空格
xiū	修	3级简码	W H T	空格
xiū	羞	3级简码	U D N	空格
xiū	馐	超过4码	Q N U F	
xiǔ	朽	3码识别	S G N N	折 左右
xiǔ	宿	刚好4码	P W D J	
xiù	秀	2级简码	T E	空格
xiù	绣	3码识别	X T E N	折 左右
xiù	锈	3码识别	Q T E N	折 左右

拼音	字	类型	编码	补充
xiù	岫	2码识别	M M G	一 左右 空格
xiù	袖	3级简码	P U M	空格
xiù	臭	3码识别	T H D U	丶 上下
xiù	嗅	刚好4码	K T H D	
xiù	溴	刚好4码	I T H D	
xiù	宿	刚好4码	P W D J	
xū	圩	3级简码	F G F	空格
xū	吁	3码识别	K G F H	丨 左右
xū	盱	3级简码	H G F	空格
xū	戌	3级简码	D G N	空格
xū	砉	3级简码	D H D	空格
xū	须	2级简码	E D	空格
xū	胥	3级简码	N H E	空格
xū	顼	3级简码	G D M	空格
xū	虚	3级简码	H A O	空格
xū	墟	超过4码	F H A G	
xū	嘘	超过4码	K H A G	
xū	需	3级简码	F D M	空格
xú	徐	3级简码	T W T	空格
xǔ	许	3级简码	Y T F	空格

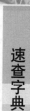

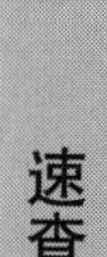

拼音	汉字	编码	类型
xǔ	浒	I Y T F	刚好4码
xǔ	诩	Y N G（一 左右）空格	2码识别
xǔ	栩	S N G（一 左右）空格	2码识别
xǔ	糈	O N H 空格	3级简码
xǔ	醑	S G N E	超过4码
xù	旭	V J 空格	2级简码
xù	序	Y C B 空格	3级简码
xù	叙	W T C 空格	3级简码
xù	溆	I W T C	刚好4码
xù	洫	I T L G（一 左右）	3码识别
xù	恤	N T L 空格	3级简码
xù	畜	Y X L 空格	3级简码
xù	蓄	A Y X 空格	3级简码
xù	酗	S G Q B	刚好4码
xù	勖	J H L 空格	3级简码
xù	绪	X F T 空格	3级简码
xù	续	X F N 空格	3级简码
xù	絮	V K X 空格	3级简码
xù	婿	V N H E	刚好4码
xù	煦	J Q K O	刚好4码
xu	蓿	A P W J	超过4码
xuān	轩	L F 空格	2级简码
xuān	宣	P G J 空格	3级简码
xuān	揎	R P G 空格	3级简码
xuān	萱	A P G G	超过4码
xuān	喧	K P 空格	2级简码
xuān	暄	J P G 空格	3级简码
xuān	煊	O P G 空格	3级简码
xuān	谖	Y E F 空格	3级简码
xuān	儇	W L G E	超过4码
xuán	玄	Y X U（丶 上下）空格	2码识别
xuán	痃	U Y X 空格	3级简码
xuán	悬	E G C N	刚好4码
xuán	旋	Y T N 空格	3级简码
xuán	漩	I Y T H	超过4码
xuán	璇	G Y T H	超过4码
xuǎn	选	T F Q P	刚好4码
xuǎn	癣	U Q G 空格	3级简码
xuàn	券	U D V 空格	3级简码
xuàn	泫	I Y X 空格	3级简码
xuàn	炫	O Y X 空格	3级简码
xuàn	眩	H Y 空格	2级简码
xuàn	铉	Q Y X 空格	3级简码
xuàn	绚	X Q J 空格	3级简码
xuàn	旋	Y T N 空格	3级简码
xuàn	渲	I P G G	超过4码
xuàn	楦	S P G 空格	3级简码
xuàn	碹	D P G 空格	3级简码
xuē	削	I E J 空格	3级简码
xuē	靴	A F W X	刚好4码
xuē	薛	A W N U	超过4码
xué	穴	P W U（丶 上下）空格	2码识别
xué	学	I P 空格	2级简码
xué	踅	R R K H	刚好4码
xué	噱	K H A E	刚好4码
xuě	雪	F V 空格	2级简码
xuě	鳕	Q G F V	刚好4码
xuè	血	T L D（一 杂合）空格	2码识别
xuè	谑	Y H A 空格	3级简码
xūn	勋	K M L 空格	3级简码
xūn	埙	F K M Y（丶 左右）	3码识别
xūn	熏	T G L 空格	3级简码
xūn	薰	A T G O	超过4码
xūn	獯	Q T G O	超过4码
xūn	曛	J T G O	超过4码
xūn	醺	S G T O	超过4码
xūn	窨	P W U J	刚好4码
xún	旬	Q J 空格	2级简码
xún	郇	Q J B 空格	3级简码
xún	询	Y Q J 空格	3级简码
xún	荀	A Q J 空格	3级简码
xún	峋	M Q J G（一 左右）	3码识别
xún	洵	I Q J 空格	3级简码
xún	恂	N Q J 空格	3级简码
xún	寻	V F 空格	2级简码
xún	荨	A V F 空格	3级简码
xún	浔	I V F Y（丶 左右）	3码识别
xún	鲟	Q G V 空格	3级简码
xún	巡	V P 空格	2级简码
xún	循	T R F H	刚好4码

拼音	字	类型	编码
xùn	训	2级简码	Y K
xùn	驯	2码识别	C K H
xùn	讯	3级简码	Y N F
xùn	汛	3级简码	I N F
xùn	迅	3级简码	N F P
xùn	徇	3级简码	T Q J
xùn	殉	3级简码	G Q Q
xùn	逊	3级简码	B I P
xùn	浚	刚好4码	I C W T
xùn	巽	3级简码	N N A
xùn	熏	3级简码	T G L
xùn	蕈	3级简码	A S J
yā	丫	2码识别	U H K
yā	压	3级简码	D F Y
yā	呀	2级简码	K A
yā	鸦	超过4码	A H T G
yā	押	2级简码	R L
yā	鸭	3级简码	L Q Y
yā	垭	3级简码	F G O
yā	哑	3级简码	K G O
yá	牙	2级简码	A H
yá	伢	3级简码	W A H
yá	芽	3级简码	A A H
yá	岈	3级简码	M A H
yá	琊	超过4码	G A H B
yá	蚜	3级简码	J A H
yá	崖	刚好4码	M D F F
yá	涯	3级简码	I D F
yá	睚	3级简码	H D F
yá	衙	3级简码	T G K
yǎ	哑	3级简码	K G O
yǎ	痖	刚好4码	U G O G
yǎ	雅	超过4码	A H T Y
yà	轧	2码识别	L N N
yà	亚	3级简码	G O G
yà	垭	3级简码	F G O
yà	娅	3级简码	V G O
yà	氩	超过4码	R N G G
yà	压	3级简码	D F Y
yà	讶	3级简码	Y A H
yà	迓	刚好4码	A H T P
yà	砑	3级简码	D A H
yà	揠	刚好4码	R A J V
ya	呀	2级简码	K A
yān	咽	3级简码	K L D
yān	胭	3级简码	E L D
yān	烟	2级简码	O L
yān	菸	刚好4码	A Y W U
yān	恹	3码识别	N D D Y
yān	殷	3级简码	R V N
yān	焉	3级简码	G H G
yān	鄢	超过4码	G H G B
yān	嫣	3级简码	V G H
yān	阏	刚好4码	U Y W U
yān	崦	3级简码	M D J
yān	阉	刚好4码	U D J N
yān	淹	3级简码	I D J
yān	腌	3级简码	E D J
yān	湮	3码识别	I S F G
yān	燕	2级简码	A U
yán	延	3级简码	T H P
yán	埏	3级简码	F T H
yán	蜒	刚好4码	J T H P
yán	筵	刚好4码	T T H P
yán	闫	2码识别	U D D
yán	芫	3码识别	A F Q B
yán	严	3级简码	G O D
yán	言	键名	Y Y Y Y
yán	阽	3码识别	B H K G
yán	妍	3级简码	V G A
yán	研	3级简码	D G A
yán	岩	2码识别	M D F
yán	炎	2级简码	O O
yán	沿	3级简码	I M K
yán	铅	3级简码	Q M K
yán	盐	3级简码	F H L
yán	阎	3码识别	U Q V D
yán	颜	超过4码	U T E M
yán	檐	超过4码	S Q D Y
yǎn	奄	3级简码	D J N

拼音	汉字	编码类型	编码
yǎn	掩	刚好4码	R D J N
yǎn	罨	刚好4码	L D J N
yǎn	兖	3级简码	U C Q 空格
yǎn	俨	3级简码	W G O 空格
yǎn	衍	3级简码	T I F 空格
yǎn	剡	3级简码	O O J 空格
yǎn	琰	3级简码	G O O 空格
yǎn	厣	3级简码	D D L 空格
yǎn	魇	3级简码	D D R 空格
yǎn	郾	3级简码	A J V 空格
yǎn	偃	刚好4码	W A J V
yǎn	眼	2级简码	H V 空格
yǎn	演	3级简码	I P G 空格
yǎn	鼹	超过4码	V N U V
yàn	厌	2码识别	D D I（杂合） 空格
yàn	餍	3级简码	D D W 空格
yàn	砚	3级简码	D M Q 空格
yàn	咽	3级简码	K L D 空格
yàn	唁	2码识别	K Y G（左右） 空格
yàn	彦	3码识别	U T E R（上下）
yàn	谚	3级简码	Y U T 空格
yàn	艳	3级简码	D H Q 空格
yàn	滟	超过4码	I D H C
yàn	晏	3级简码	J P V 空格
yàn	宴	3级简码	P J V 空格
yàn	堰	刚好4码	F A J V
yàn	验	3级简码	C W G 空格
yàn	雁	3级简码	D W W 空格
yàn	赝	超过4码	D W W M
yàn	焰	3级简码	O Q V 空格
yàn	焱	3码识别	O O O U（上下）
yàn	酽	超过4码	S G G D
yàn	谳	3级简码	Y F M 空格
yàn	燕	2级简码	A U 空格
yāng	央	2级简码	M D 空格
yāng	泱	3码识别	I M D Y（左右）
yāng	殃	3级简码	G Q M 空格
yāng	鸯	3级简码	M D Q 空格
yāng	秧	3码识别	T M D Y（左右）
yāng	鞅	刚好4码	A F M D
yáng	扬	3级简码	R N R 空格
yáng	杨	2级简码	S N 空格
yáng	炀	3码识别	O N R T（左右）
yáng	疡	3级简码	U N R 空格
yáng	羊	2码识别	U D J（上下） 空格
yáng	佯	3码识别	W U D H（左右）
yáng	徉	3级简码	T U D 空格
yáng	洋	2级简码	I U 空格
yáng	烊	3级简码	O U D 空格
yáng	蛘	3级简码	J U D 空格
yáng	阳	2级简码	B J 空格
yǎng	仰	3码识别	W Q B H（左右）
yǎng	养	刚好4码	U D Y J
yǎng	氧	3级简码	R N U 空格
yǎng	痒	3级简码	U U D 空格
yàng	怏	3码识别	N M D Y（左右）
yàng	鞅	刚好4码	A F M D
yàng	样	2级简码	S U 空格
yàng	恙	3级简码	U G N 空格
yàng	烊	3级简码	O U D 空格
yàng	漾	超过4码	I U G I
yāo	么	2级简码	T C 空格
yāo	幺	字根字	X N N Y
yāo	吆	2码识别	K X Y（左右） 空格
yāo	夭	2码识别	T D I（杂合） 空格
yāo	妖	3级简码	V T D 空格
yāo	约	2级简码	X Q 空格
yāo	要	1级简码	S 空格
yāo	腰	3级简码	E S V 空格
yāo	邀	刚好4码	R Y T P
yáo	爻	2码识别	Q Q U（上下） 空格
yáo	肴	3级简码	Q D E 空格
yáo	尧	刚好4码	A T G Q
yáo	侥	超过4码	W A T Q
yáo	轺	3级简码	L V K 空格
yáo	姚	3级简码	V I Q 空格
yáo	珧	3级简码	G I Q 空格
yáo	铫	3级简码	Q I Q 空格
yáo	陶	3级简码	B Q R 空格
yáo	窑	3级简码	P W R 空格

拼音	汉字	类型	编码
yáo	谣	3级简码	Y E R 空格
yáo	摇	3级简码	R E R 空格
yáo	徭	刚好4码	T E R M
yáo	遥	2级简码	E R 空格
yáo	瑶	3级简码	G E R 空格
yáo	繇	超过4码	E R M I
yáo	鳐	超过4码	Q G E M
yǎo	杳	2码识别	S J F（上下）空格
yǎo	咬	3级简码	K U Q 空格
yǎo	舀	2码识别	E V F（上下）空格
yǎo	窈	刚好4码	P W X L
yào	疟	3码识别	U A G D（杂合）
yào	药	2级简码	A X 空格
yào	要	1级简码	S 空格
yào	钥	2码识别	Q E G（左右）空格
yào	鹞	超过4码	E R M G
yào	曜	3级简码	J N W 空格
yào	耀	超过4码	I Q N Y
yē	耶	2码识别	B B H（左右）空格
yē	椰	3级简码	S B B 空格
yē	掖	3级简码	R Y W 空格
yē	噎	3级简码	K F P 空格
yé	邪	刚好4码	A H T B
yé	铘	超过4码	Q A H B
yé	爷	3级简码	W Q B 空格
yé	耶	2码识别	B B H（左右）空格
yé	揶	3级简码	R B B 空格
yě	也	字根字	B N 空格
yě	冶	3级简码	U C K 空格
yě	野	3级简码	J F C 空格
yè	业	2级简码	O G 空格
yè	邺	3级简码	O G B 空格
yè	叶	2级简码	K F 空格
yè	页	2码识别	D M U（上下）空格
yè	曳	特别规定	J X E（杂合）空格
yè	拽	3级简码	R J X 空格
yè	夜	3级简码	Y W T 空格
yè	掖	3级简码	R Y W 空格
yè	液	3级简码	I Y W 空格
yè	腋	超过4码	E Y W Y
yè	咽	3级简码	K L D 空格
yè	晔	3级简码	J W X 空格
yè	烨	3级简码	O W X 空格
yè	谒	3级简码	Y J Q 空格
yè	靥	超过4码	D D D L
yī	一	1级简码	G 空格
yī	伊	3级简码	W V T 空格
yī	咿	刚好4码	K W V T
yī	衣	2级简码	Y E 空格
yī	依	3级简码	W Y E 空格
yī	铱	3级简码	Q Y E 空格
yī	医	3级简码	A T D 空格
yī	猗	超过4码	Q T D K
yī	椅	3级简码	S D S 空格
yī	漪	超过4码	I Q T K
yī	揖	3级简码	R K B 空格
yī	壹	3级简码	F P G 空格
yī	噫	刚好4码	K U J N
yī	黟	超过4码	L F O Q
yí	仪	3级简码	W Y Q 空格
yí	圯	2码识别	F N N（折 左右）空格
yí	夷	3级简码	G X W 空格
yí	荑	3级简码	A G X 空格
yí	咦	3级简码	K G X 空格
yí	姨	2级简码	V G 空格
yí	胰	3级简码	E G X 空格
yí	痍	刚好4码	U G X W
yí	沂	2码识别	I R H（左右）空格
yí	诒	3级简码	Y C K 空格
yí	饴	3级简码	Q N C 空格
yí	怡	3级简码	N C K 空格
yí	贻	3级简码	M C K 空格
yí	眙	3级简码	H C K 空格
yí	迤	3级简码	T B P 空格
yí	宜	3级简码	P E G 空格
yí	移	3级简码	T Q Q 空格
yí	颐	超过4码	A H K M
yí	蛇	3级简码	J P X 空格
yí	遗	超过4码	K H G P
yí	疑	超过4码	X T D H

拼音	汉字	编码类型	编码
yí	嶷	3级简码	M X T 空格
yí	彝	3级简码	X G O 空格
yǐ	乙	单笔画	N N L L
yǐ	钇	2码识别	Q N N（折 左右）空格
yǐ	已	键名	N N N N
yǐ	以	1级简码	C 空格
yǐ	苡	3级简码	A N Y 空格
yǐ	尾	3级简码	N T F 空格
yǐ	矣	2级简码	C T 空格
yǐ	迤	3级简码	T B P 空格
yǐ	酏	3级简码	S G B 空格
yǐ	蚁	3级简码	J Y Q 空格
yǐ	舣	刚好4码	T E Y Q
yǐ	倚	3级简码	W D S 空格
yǐ	椅	3级简码	S D S 空格
yǐ	旖	超过4码	Y T D K
yì	刈	2码识别	Q J H（丨 左右）空格
yì	艾	2码识别	A Q U（㇏ 上下）空格
yì	弋	字根字	A G N Y
yì	亿	2级简码	W N 空格
yì	忆	2级简码	N N 空格
yì	义	2级简码	Y Q 空格
yì	议	3级简码	Y Y Q 空格
yì	艺	2码识别	A N B（折 上下）空格
yì	呓	3级简码	K A N 空格
yì	仡	3级简码	W T N 空格
yì	屹	3码识别	M T N N（折 左右）
yì	亦	2码识别	Y O U（㇏ 上下）空格
yì	弈	3级简码	Y O A 空格
yì	奕	3级简码	Y O D 空格
yì	衣	2级简码	Y E 空格
yì	裔	3级简码	Y E M 空格
yì	异	2码识别	N A J（丨 上下）空格
yì	抑	3级简码	R Q B 空格
yì	邑	2码识别	K C B（折 上下）空格
yì	挹	3级简码	R K C 空格
yì	悒	3级简码	N K C 空格
yì	佚	3级简码	W R W 空格
yì	轶	3级简码	L R W 空格
yì	役	3级简码	T M C 空格
yì	疫	3级简码	U M C 空格
yì	毅	3级简码	U E M 空格
yì	译	3级简码	Y C F 空格
yì	峄	3级简码	M C F 空格
yì	怿	刚好4码	N C F H
yì	驿	3级简码	C C F 空格
yì	绎	3级简码	X C F 空格
yì	易	3级简码	J Q R 空格
yì	埸	3级简码	F J Q 空格
yì	蜴	刚好4码	J J Q R
yì	佾	3级简码	W W E 空格
yì	诣	3级简码	Y X J 空格
yì	羿	2码识别	N A J（丨 上下）空格
yì	翊	2码识别	U N G（一 左右）空格
yì	翌	2码识别	N U G（一 上下）空格
yì	翳	超过4码	A T D N
yì	翼	3级简码	N L A 空格
yì	益	3级简码	U W L 空格
yì	嗌	3级简码	K U W 空格
yì	溢	3级简码	I U W 空格
yì	缢	3级简码	X U W 空格
yì	镒	3级简码	Q U W 空格
yì	谊	3级简码	Y P E 空格
yì	逸	超过4码	Q K Q P
yì	意	3级简码	U J N 空格
yì	薏	刚好4码	A U J N
yì	臆	3级简码	E U J 空格
yì	镱	刚好4码	Q U J N
yì	癔	刚好4码	U U J N
yì	肄	超过4码	X T D H
yì	瘗	超过4码	U G U F
yì	熠	3码识别	O N R G（一 左右）
yì	殪	超过4码	G Q F U
yì	懿	超过4码	F P G N
yì	劓	超过4码	T H L J
yīn	因	2级简码	L D 空格
yīn	茵	3级简码	A L D 空格
yīn	洇	3码识别	I L D Y（㇏ 左右）
yīn	姻	3级简码	V L D 空格
yīn	氤	3级简码	R N L 空格

拼音	汉字	编码	提示	类型
yīn	铟	Q L D Y	左右	3码识别
yīn	阴	B E	空格	2级简码
yīn	音	U J F	上下 空格	2码识别
yīn	喑	K U J	空格	3级简码
yīn	殷	R V N	空格	3级简码
yīn	堙	F S F	空格	3级简码
yīn	湮	I S F G	左右	3码识别
yín	吟	K W Y N		刚好4码
yín	垠	F V E	空格	3级简码
yín	银	Q V E	空格	3级简码
yín	龈	H W B E		超过4码
yín	狺	Q T Y G	左右	3码识别
yín	淫	I E T	空格	3级简码
yín	霪	F I E F		超过4码
yín	寅	P G M	空格	3级简码
yín	夤	Q P G W		超过4码
yín	鄞	A K G B		刚好4码
yǐn	尹	V T E	杂合 空格	2码识别
yǐn	引	X H	空格	2级简码
yǐn	吲	K X H	空格	3级简码

拼音	汉字	编码	提示	类型
yǐn	蚓	J X H	空格	3级简码
yǐn	饮	Q N Q	空格	3级简码
yǐn	隐	B Q	空格	2级简码
yǐn	瘾	U B Q	空格	3级简码
yìn	印	Q G B	空格	3级简码
yìn	茚	A Q G B		刚好4码
yìn	饮	Q N Q	空格	3级简码
yìn	荫	A B E	空格	3级简码
yìn	胤	T X E N		刚好4码
yìn	窨	P W U J		刚好4码
yīng	应	Y I D	杂合 空格	2码识别
yīng	英	A M D	空格	3级简码
yīng	瑛	G A M	空格	3级简码
yīng	莺	A P Q	空格	3级简码
yīng	婴	M M V	空格	3级简码
yīng	撄	R M M	空格	3级简码
yīng	嘤	K M M	空格	3级简码
yīng	缨	X M M	空格	3级简码
yīng	璎	G M M V		刚好4码
yīng	樱	S M M V		刚好4码

拼音	汉字	编码	提示	类型
yīng	鹦	M M V G		超过4码
yīng	罂	M M R	空格	3级简码
yīng	膺	Y W W E		超过4码
yīng	鹰	Y W W G		超过4码
yíng	迎	Q B P	空格	3级简码
yíng	茔	A P F	空格	3级简码
yíng	荥	A P I	空格	3级简码
yíng	荧	A P O	空格	3级简码
yíng	莹	A P G Y		刚好4码
yíng	萤	A P J	空格	3级简码
yíng	营	A P K	空格	3级简码
yíng	萦	A P X	空格	3级简码
yíng	蓥	A P Q F	上下	3码识别
yíng	滢	I A P Y		超过4码
yíng	潆	I A P I		超过4码
yíng	盈	E C L	空格	3级简码
yíng	楹	S E C	空格	3级简码
yíng	蝇	J K	空格	2级简码
yíng	嬴	Y N K Y		超过4码
yíng	瀛	I Y N Y		超过4码

拼音	汉字	编码	提示	类型
yíng	赢	Y N K Y		超过4码
yǐng	郢	K G B H	左右	3码识别
yǐng	颍	X I D	空格	3级简码
yǐng	颖	X T D	空格	3级简码
yǐng	影	J Y I E		刚好4码
yǐng	瘿	U M M	空格	3级简码
yìng	应	Y I D	杂合 空格	2码识别
yìng	映	J M D	空格	3级简码
yìng	硬	D G J	空格	3级简码
yìng	媵	E U D V		刚好4码
yō	哟	K X	空格	2级简码
yō	唷	K Y C	空格	3级简码
yo	哟	K X	空格	2级简码
yōng	佣	W E H	左右 空格	2码识别
yōng	拥	R E H	左右 空格	2码识别
yōng	痈	U E K	杂合 空格	2码识别
yōng	邕	V K C	空格	3级简码
yōng	庸	Y V E H		刚好4码
yōng	墉	F Y V H		超过4码
yōng	慵	N Y V H		超过4码

拼音	汉字	类型	编码	识别码 / 空格
yōng	镛	超过4码	Q Y V H	
yōng	鳙	超过4码	Q G Y H	
yōng	雍	3级简码	Y X T	空格
yōng	壅	超过4码	Y X T F	
yōng	臃	3级简码	E Y X	空格
yōng	饔	超过4码	Y X T E	
yóng	喁	3级简码	K J M	空格
yǒng	永	3级简码	Y N I	空格
yǒng	咏	3级简码	K Y N	空格
yǒng	泳	刚好4码	I Y N I	
yǒng	甬	2码识别	C E J	丨 上下 空格
yǒng	俑	3级简码	W C E	空格
yǒng	勇	3级简码	C E L	空格
yǒng	涌	3级简码	I C E	空格
yǒng	恿	3级简码	C E N	空格
yǒng	蛹	3码识别	J C E H	丨 左右
yǒng	踊	3级简码	K H C	空格
yòng	用	字根字	E T	空格
yòng	佣	2码识别	W E H	丨 左右 空格
yōu	优	3级简码	W D N	空格

拼音	汉字	类型	编码	识别码 / 空格
yōu	忧	3级简码	N D N	空格
yōu	攸	3码识别	W H T Y	丶 左右
yōu	悠	刚好4码	W H T N	
yōu	呦	3级简码	K X L	空格
yōu	幽	3级简码	X X M	空格
yóu	尤	2码识别	D N V	折 杂合 空格
yóu	尢	2码识别	D N V	折 杂合 空格
yóu	犹	刚好4码	Q T D N	
yóu	疣	3码识别	U D N V	折 杂合
yóu	莸	超过4码	A Q T N	
yóu	鱿	3级简码	Q G D	空格
yóu	由	字根字	M H	空格
yóu	邮	2级简码	M B	空格
yóu	油	2码识别	I M G	一 左右 空格
yóu	柚	2码识别	S M G	一 左右 空格
yóu	铀	2码识别	Q M G	一 左右 空格
yóu	蚰	2码识别	J M G	一 左右 空格
yóu	莜	3级简码	A W H	空格
yóu	游	刚好4码	I Y T B	
yóu	蝣	刚好4码	J Y T B	

拼音	汉字	类型	编码	识别码 / 空格
yóu	猷	刚好4码	U S G D	
yóu	蝤	3级简码	J U S	空格
yóu	繇	超过4码	E R M I	
yǒu	友	2级简码	D C	空格
yǒu	有	1级简码	E	空格
yǒu	铕	3码识别	Q D E G	一 左右
yǒu	酉	2码识别	S G D	一 杂合 空格
yǒu	卣	3级简码	H L N	空格
yǒu	莠	3级简码	A T E	空格
yǒu	牖	超过4码	T H G Y	
yǒu	黝	超过4码	L F O L	
yòu	又	键名	C C C C	
yòu	右	2级简码	D K	空格
yòu	佑	3级简码	W D K	空格
yòu	幼	特别规定	X L N	折 左右 空格
yòu	蚴	3级简码	J X L	空格
yòu	有	1级简码	E	空格
yòu	侑	3级简码	W D E	空格
yòu	囿	3级简码	L D E	空格
yòu	宥	3码识别	P D E F	一 上下

拼音	汉字	类型	编码	识别码 / 空格
yòu	柚	2码识别	S M G	一 左右 空格
yòu	釉	3级简码	T O M	空格
yòu	鼬	超过4码	V N U M	
yòu	诱	3级简码	Y T E	空格
yū	迂	3级简码	G F P	空格
yū	纡	3级简码	X G F	空格
yū	於	3级简码	Y W U	空格
yū	淤	刚好4码	I Y W U	
yū	瘀	刚好4码	U Y W U	
yú	于	2级简码	G F	空格
yú	盂	3级简码	G F L	空格
yú	竽	3级简码	T G F	空格
yú	与	2级简码	G N	空格
yú	欤	超过4码	G N G W	
yú	予	2码识别	C B J	丨 上下 空格
yú	妤	3码识别	V C B H	丨 左右
yú	余	2码识别	W T U	丶 上下 空格
yú	馀	3级简码	Q N W	空格
yú	狳	刚好4码	Q T W T	
yú	臾	2级简码	V W	空格

拼音	字	类型	编码
yú	谀	3码识别	Y V W Y（左右）
yú	萸	3级简码	A V W（空格）
yú	腴	3级简码	E V W（空格）
yú	鱼	2码识别	Q G F（上下）（空格）
yú	渔	3码识别	I Q G G（左右）
yú	於	3级简码	Y W U（空格）
yú	禺	超过4码	J M H Y
yú	隅	3级简码	B J M（空格）
yú	愚	超过4码	J M H N
yú	舁	2码识别	V A J（上下）（空格）
yú	俞	刚好4码	W G E J
yú	揄	超过4码	R W G J
yú	嵛	3级简码	M W G（空格）
yú	逾	超过4码	W G E P
yú	渝	超过4码	I W G J
yú	愉	2级简码	N W（空格）
yú	瑜	3级简码	G W G（空格）
yú	榆	超过4码	S W G J
yú	觎	超过4码	W G E Q
yú	窬	超过4码	P W W J

拼音	字	类型	编码
yú	蝓	超过4码	J W G J
yú	娱	刚好4码	V K G D
yú	虞	3级简码	H A K（空格）
yú	雩	3码识别	F F N B（折 上下）
yú	舆	3级简码	W F L（空格）
yǔ	与	2级简码	G N（空格）
yǔ	屿	3级简码	M G N（空格）
yǔ	予	2码识别	C B J（上下）（空格）
yǔ	伛	3级简码	W A Q（空格）
yǔ	宇	3级简码	P G F（空格）
yǔ	羽	字根字	N N Y（空格）
yǔ	雨	字根字	F G H Y
yǔ	俣	3级简码	W K G（空格）
yǔ	禹	3级简码	T K M（空格）
yǔ	语	3级简码	Y G K（空格）
yǔ	圄	3码识别	L G K D（杂合）
yǔ	龉	超过4码	H W B K
yǔ	圉	3级简码	L F U（空格）
yǔ	庾	3码识别	Y V W I（杂合）
yǔ	瘐	3级简码	U V W（空格）

拼音	字	类型	编码
yǔ	窳	超过4码	P W R Y
yù	与	2级简码	G N（空格）
yù	玉	2级简码	G Y（空格）
yù	钰	3码识别	Q G Y Y（左右）
yù	驭	2码识别	C C Y（左右）（空格）
yù	芋	3级简码	A G F（空格）
yù	吁	3码识别	K G F H（左右）
yù	聿	3码识别	V F H K（杂合）
yù	谷	3级简码	W W K（空格）
yù	峪	刚好4码	M W W K
yù	浴	3级简码	I W W（空格）
yù	欲	超过4码	W W K W
yù	鹆	超过4码	W W K G
yù	裕	3级简码	P U W（空格）
yù	饫	刚好4码	Q N T D
yù	妪	3级简码	V A Q（空格）
yù	雨	字根字	F G H Y
yù	郁	3级简码	D E B（空格）
yù	育	3级简码	Y C E（空格）
yù	昱	2码识别	J U F（上下）（空格）

拼音	字	类型	编码
yù	煜	3级简码	O J U（空格）
yù	狱	刚好4码	Q T Y D
yù	语	3级简码	Y G K（空格）
yù	域	刚好4码	F A K G
yù	阈	3级简码	U A K（空格）
yù	蜮	3级简码	J A K（空格）
yù	预	3级简码	C B D（空格）
yù	蓣	超过4码	A C B M
yù	豫	3级简码	C B Q（空格）
yù	谕	超过4码	Y W G J
yù	喻	超过4码	K W G J
yù	愈	超过4码	W G E N
yù	尉	刚好4码	N F I F
yù	蔚	3级简码	A N F（空格）
yù	熨	超过4码	N F I O
yù	遇	2级简码	J M（空格）
yù	寓	3级简码	P J M（空格）
yù	御	3级简码	T R H（空格）
yù	鹬	超过4码	C B T G
yù	誉	3码识别	I W Y F（上下）

85

速查字典

拼音	汉字	编码	提示	类型
yù	毓	T X G Q		超过4码
yù	燠	O T M	空格	3级简码
yù	鬻	X O X H		超过4码
yuān	鸢	A Q Y G		超过4码
yuān	眢	Q B H F	一 上下	3码识别
yuān	鸳	Q B Q	空格	3级简码
yuān	箢	T P Q	空格	3级简码
yuān	冤	P Q K	空格	3级简码
yuān	渊	I T O	空格	3级简码
yuán	元	F Q B	折 上下 空格	2码识别
yuán	芫	A F Q B	折 上下	3码识别
yuán	园	L F Q	空格	3级简码
yuán	沅	I F Q	空格	3级简码
yuán	鼋	F Q K N		超过4码
yuán	员	K M	空格	2级简码
yuán	圆	L K M I	丶 杂合	3码识别
yuán	垣	F G J G		刚好4码
yuán	爰	E F T	空格	3级简码
yuán	援	R E F	空格	3级简码
yuán	媛	V E F C		超过4码
yuán	袁	F K E	空格	3级简码
yuán	猿	Q T F E		超过4码
yuán	辕	L F K	空格	3级简码
yuán	原	D R	空格	2级简码
yuán	塬	F D R	空格	3级简码
yuán	源	I D R	空格	3级简码
yuán	螈	J D R	空格	3级简码
yuán	缘	X X E	空格	3级简码
yuán	橼	S X X E		刚好4码
yuán	圜	L L G	空格	3级简码
yuǎn	远	F Q P	空格	3级简码
yuàn	苑	A Q B	空格	3级简码
yuàn	怨	Q B N	空格	3级简码
yuàn	院	B P F	空格	3级简码
yuàn	垸	F P F	空格	3级简码
yuàn	掾	R X E	空格	3级简码
yuàn	媛	V E F C		超过4码
yuàn	瑗	G E F C		超过4码
yuàn	愿	D R I N		刚好4码
yuē	曰	J H N G		字根字
yuē	约	X Q	空格	2级简码
yuě	哕	K M Q	空格	3级简码
yuè	月	E E E E		键名
yuè	刖	E J H	丨 左右 空格	2码识别
yuè	钥	Q E G	一 左右 空格	2码识别
yuè	乐	Q I	空格	2级简码
yuè	栎	S Q I	空格	3级简码
yuè	岳	R G M	空格	3级简码
yuè	说	Y U	空格	2级简码
yuè	阅	U U K	空格	3级简码
yuè	悦	N U K	空格	3级简码
yuè	钺	Q A N T		超过4码
yuè	越	F H A	空格	3级简码
yuè	樾	S F H T		超过4码
yuè	跃	K H T D		刚好4码
yuè	粤	T L O	空格	3级简码
yuè	龠	W G K A		超过4码
yuè	瀹	I W G A		超过4码
yūn	晕	J P	空格	2级简码
yūn	氲	R N J L		刚好4码
yún	云	F C U	丶 上下 空格	2码识别
yún	芸	A F C U	丶 上下	3码识别
yún	纭	X F C	空格	3级简码
yún	耘	D I F C		刚好4码
yún	匀	Q U	空格	2级简码
yún	昀	J Q U	空格	3级简码
yún	筠	T F Q U		刚好4码
yún	员	K M	空格	2级简码
yún	郧	K M B	空格	3级简码
yǔn	允	C Q	空格	2级简码
yǔn	狁	Q T C	空格	3级简码
yǔn	陨	B K M	空格	3级简码
yǔn	殒	G Q K	空格	3级简码
yùn	孕	E B F	一 上下 空格	2码识别
yùn	运	F C P	空格	3级简码
yùn	酝	S G F	空格	3级简码
yùn	员	K M	空格	2级简码
yùn	郓	P L B	空格	3级简码
yùn	恽	N P L	空格	3级简码
yùn	晕	J P	空格	2级简码

拼音	字	类型	编码	末键/识别
yùn	愠	3码识别	N J L G	一 左右
yùn	韫	超过4码	F N H L	
yùn	蕴	3级简码	A X J	空格
yùn	韵	刚好4码	U J Q U	
yùn	熨	超过4码	N F I O	
zā	扎	2码识别	R N N	折 左右 空格
zā	匝	3级简码	A M H	空格
zā	咂	3级简码	K A M	空格
zā	拶	3级简码	R V Q	空格
zá	杂	2级简码	V S	空格
zá	砸	刚好4码	D A M H	
zǎ	咋	刚好4码	K T H F	
zāi	灾	2级简码	P O	空格
zāi	甾	2码识别	V L F	一 上下 空格
zāi	哉	3级简码	F A K	空格
zāi	栽	3级简码	F A S	空格
zǎi	仔	2码识别	W B G	一 左右 空格
zǎi	载	2级简码	F A	空格
zǎi	宰	2码识别	P U J	丨 上下 空格
zǎi	崽	3级简码	M L N	空格
zài	再	3级简码	G M F	空格
zài	在	1级简码	D	空格
zài	载	2级简码	F A	空格
zān	糌	刚好4码	O T H J	
zān	簪	3级简码	T A Q	空格
zán	咱	3级简码	K T H	空格
zǎn	拶	3级简码	R V Q	空格
zǎn	昝	3级简码	T H J	空格
zǎn	攒	超过4码	R T F M	
zǎn	趱	3级简码	F H T	空格
zàn	暂	3级简码	L R J	空格
zàn	錾	3级简码	L R Q	空格
zàn	赞	超过4码	T F Q M	
zàn	瓒	超过4码	G T F M	
zāng	赃	3级简码	M Y F	空格
zāng	脏	3级简码	E Y F	空格
zāng	臧	3级简码	D N D	空格
zǎng	驵	3级简码	C E G	空格
zàng	脏	3级简码	E Y F	空格
zàng	奘	超过4码	N H D D	
zàng	葬	3级简码	A G Q	空格
zàng	藏	超过4码	A D N T	
zāo	遭	超过4码	G M A P	
zāo	糟	超过4码	O G M J	
záo	凿	3级简码	O G U	空格
zǎo	早	字根字	J H	空格
zǎo	枣	刚好4码	G M I U	
zǎo	蚤	3级简码	C Y J	空格
zǎo	澡	2级简码	I K	空格
zǎo	藻	3级简码	A I K	空格
zào	皂	2码识别	R A B	折 上下 空格
zào	唣	3级简码	K R A	空格
zào	灶	2级简码	O F	空格
zào	造	刚好4码	T F K P	
zào	噪	超过4码	K K K S	
zào	燥	3级简码	O K K	空格
zào	躁	超过4码	K H K S	
zé	则	2级简码	M J	空格
zé	责	2码识别	G M U	丶 上下 空格
zé	啧	3级简码	K G M	空格
zé	帻	刚好4码	M H G M	
zé	箦	3码识别	T G M U	丶 上下
zé	赜	超过4码	A H K M	
zé	咋	刚好4码	K T H F	
zé	迮	刚好4码	T H F P	
zé	笮	3级简码	T T H	空格
zé	舴	超过4码	T E T F	
zé	择	3级简码	R C F	空格
zé	泽	3级简码	I C F	空格
zè	仄	2码识别	D W I	丶 杂合 空格
zè	昃	3级简码	J D W	空格
zè	侧	3级简码	W M J	空格
zéi	贼	3码识别	M A D T	丿 左右
zěn	怎	刚好4码	T H F N	
zèn	谮	超过4码	Y A Q J	
zēng	曾	2级简码	U L	空格
zēng	增	2级简码	F U	空格
zēng	憎	3级简码	N U L	空格
zēng	缯	3级简码	X U L	空格
zēng	罾	3级简码	L U L	空格

拼音	汉字	编码类型	编码	补充
zèng	综	2级简码	X P	空格
zèng	锃	3级简码	Q K G	空格
zèng	缯	3级简码	X U L	空格
zèng	赠	2级简码	M U	空格
zèng	甑	超过4码	U L J N	
zhā	扎	2码识别	R N N	折 左右 空格
zhā	吒	3码识别	K T A N	折 左右
zhā	咋	刚好4码	K T H F	
zhā	哳	3码识别	K R R H	丨 左右
zhā	查	2级简码	S J	空格
zhā	揸	3级简码	R S J	空格
zhā	喳	3级简码	K S J	空格
zhā	渣	刚好4码	I S J G	
zhā	楂	3级简码	S S J	空格
zhá	扎	2码识别	R N N	折 左右 空格
zhá	札	2码识别	S N N	折 左右 空格
zhá	轧	2码识别	L N N	折 左右 空格
zhá	闸	2码识别	U L K	丨 杂合 空格
zhá	炸	3级简码	O T H	空格
zhá	铡	3级简码	Q M J	空格
zhá	喋	刚好4码	K A N S	
zhǎ	砟	3级简码	D T H	空格
zhǎ	眨	3级简码	H T P	空格
zhà	乍	3级简码	T H F	空格
zhà	诈	3级简码	Y T H	空格
zhà	柞	3级简码	S T H	空格
zhà	炸	3级简码	O T H	空格
zhà	痄	刚好4码	U T H F	
zhà	蚱	刚好4码	J T H F	
zhà	榨	3级简码	S P W	空格
zhà	栅	3级简码	S M M	空格
zhà	咤	刚好4码	K P T A	
zhà	蜡	3级简码	J A J	空格
zhāi	侧	3级简码	W M J	空格
zhāi	斋	3级简码	Y D M	空格
zhāi	摘	3级简码	R U M	空格
zhái	宅	3级简码	P T A	空格
zhái	择	3级简码	R C F	空格
zhái	翟	3码识别	N W Y F	一 上下
zhǎi	窄	超过4码	P W T F	
zhài	债	3码识别	W G M Y	丶 左右
zhài	寨	超过4码	P F J S	
zhài	砦	3级简码	H X D	空格
zhài	瘵	3级简码	U W F	空格
zhān	占	2级简码	H K	空格
zhān	沾	3级简码	I H K	空格
zhān	毡	超过4码	T F N K	
zhān	粘	2级简码	O H	空格
zhān	旃	刚好4码	Y T M Y	
zhān	詹	3级简码	Q D W	空格
zhān	谵	超过4码	Y Q D Y	
zhān	瞻	3级简码	H Q D	空格
zhǎn	斩	2级简码	L R	空格
zhǎn	崭	2级简码	M L	空格
zhǎn	盏	2码识别	G L F	一 上下 空格
zhǎn	展	3级简码	N A E	空格
zhǎn	搌	刚好4码	R N A E	
zhǎn	辗	3级简码	L N A	空格
zhàn	占	2级简码	H K	空格
zhàn	战	3级简码	H K A	空格
zhàn	站	2级简码	U H	空格
zhàn	栈	2码识别	S G T	丿 左右 空格
zhàn	绽	3级简码	X P G	空格
zhàn	湛	3级简码	I A D	空格
zhàn	颤	超过4码	Y L K M	
zhàn	蘸	超过4码	A S G O	
zhāng	张	2级简码	X T	空格
zhāng	章	2码识别	U J J	丨 上下 空格
zhāng	鄣	3级简码	U J B	空格
zhāng	獐	刚好4码	Q T U J	
zhāng	彰	3级简码	U J E	空格
zhāng	漳	3级简码	I U J	空格
zhāng	嫜	3码识别	V U J H	丨 左右
zhāng	璋	3级简码	G U J	空格
zhāng	樟	3级简码	S U J	空格
zhāng	蟑	3码识别	J U J H	丨 左右
zhǎng	长	2级简码	T A	空格
zhǎng	涨	2级简码	I X	空格
zhǎng	仉	2码识别	W M N	折 左右 空格
zhǎng	掌	刚好4码	I P K R	

拼音	汉字	编码类型	编码	末键
zhàng	丈	2码识别	D Y I	杂合 空格
zhàng	仗	3码识别	W D Y Y	左右
zhàng	杖	3级简码	S D Y	空格
zhàng	帐	3级简码	M H T	空格
zhàng	账	3级简码	M T A	空格
zhàng	胀	3级简码	E T A	空格
zhàng	涨	2级简码	I X	空格
zhàng	障	3级简码	B U J	空格
zhàng	嶂	3级简码	M U J	空格
zhàng	幛	刚好4码	M H U J	
zhàng	瘴	3码识别	U U J K	杂合
zhāo	钊	2码识别	Q J H	左右 空格
zhāo	招	3级简码	R V K	空格
zhāo	昭	3级简码	J V K	空格
zhāo	啁	3级简码	K M F	空格
zhāo	着	3级简码	U D H	空格
zhāo	朝	3级简码	F J E	空格
zhāo	嘲	3级简码	K F J	空格
zháo	着	3级简码	U D H	空格
zhǎo	爪	3码识别	R H Y I	杂合

拼音	汉字	编码类型	编码	末键
zhǎo	找	2级简码	R A	空格
zhǎo	沼	3级简码	I V K	空格
zhào	召	2码识别	V K F	上下 空格
zhào	诏	3级简码	Y V K	空格
zhào	照	刚好4码	J V K O	
zhào	兆	2码识别	I Q V	折 杂合 空格
zhào	赵	3级简码	F H Q	空格
zhào	笊	刚好4码	T R H Y	
zhào	棹	3级简码	S H J	空格
zhào	罩	3级简码	L H J	空格
zhào	肇	超过4码	Y N T H	
zhē	折	2级简码	R R	空格
zhē	蜇	3级简码	R R J	空格
zhē	遮	刚好4码	Y A O P	
zhē	螫	刚好4码	F O T J	
zhé	折	2级简码	R R	空格
zhé	哲	3级简码	R R K	空格
zhé	蜇	3级简码	R R J	空格
zhé	辄	2级简码	L B	空格
zhé	蛰	刚好4码	R V Y J	

拼音	汉字	编码类型	编码	末键
zhé	谪	3级简码	Y U M	空格
zhé	摺	3码识别	R N R G	左右
zhé	磔	超过4码	D Q A S	
zhé	辙	3级简码	L Y C	空格
zhě	者	3级简码	F T J	空格
zhě	锗	3级简码	Q F T	空格
zhě	赭	超过4码	F O F J	
zhě	褶	刚好4码	P U N R	
zhè	这	1级简码	P	空格
zhè	柘	2码识别	S D G	左右 空格
zhè	浙	3级简码	I R R	空格
zhè	蔗	3级简码	A Y A	空格
zhè	鹧	超过4码	Y A O G	
zhe	着	3级简码	U D H	空格
zhèi	这	1级简码	P	空格
zhēn	贞	2级简码	H M	空格
zhēn	侦	3级简码	W H M	空格
zhēn	帧	刚好4码	M H H M	
zhēn	浈	3级简码	I H M	空格
zhēn	桢	3级简码	S H M	空格

拼音	汉字	编码类型	编码	末键
zhēn	祯	刚好4码	P Y H M	
zhēn	针	2级简码	Q F	空格
zhēn	珍	2级简码	G W	空格
zhēn	胗	3级简码	E W E	空格
zhēn	真	3级简码	F H W	空格
zhēn	砧	3码识别	D H K G	左右
zhēn	蓁	刚好4码	A D W T	
zhēn	溱	3级简码	I D W	空格
zhēn	榛	刚好4码	S D W T	
zhēn	臻	超过4码	G C F T	
zhēn	斟	超过4码	A D W F	
zhēn	椹	超过4码	S A D N	
zhēn	甄	超过4码	S F G N	
zhēn	箴	超过4码	T D G T	
zhěn	诊	3级简码	Y W E	空格
zhěn	轸	3级简码	L W E	空格
zhěn	畛	3码识别	L W E T	左右
zhěn	疹	3级简码	U W E	空格
zhěn	枕	3级简码	S P Q	空格
zhěn	缜	3级简码	X F H	空格

拼音	汉字	类型	编码	识别码
zhěn	稹	刚好4码	T F H W	
zhèn	圳	2码识别	F K H 空格	左右
zhèn	阵	2级简码	B L 空格	
zhèn	鸩	3级简码	P Q Q 空格	
zhèn	振	3级简码	R D F 空格	
zhèn	赈	刚好4码	M D F E	
zhèn	震	3级简码	F D F 空格	
zhèn	朕	3码识别	E U D Y	左右
zhèn	镇	刚好4码	Q F H W	
zhēng	丁	字根字	S G H 空格	
zhēng	正	2码识别	G H D 空格	杂合
zhēng	征	3级简码	T G H 空格	
zhēng	怔	3级简码	N G H 空格	
zhēng	钲	3码识别	Q G H G	左右
zhēng	症	3级简码	U G H 空格	
zhēng	争	2级简码	Q V 空格	
zhēng	挣	刚好4码	R Q V H	
zhēng	峥	3级简码	M Q V 空格	
zhēng	狰	超过4码	Q T Q H	
zhēng	睁	3级简码	H Q V 空格	
zhēng	铮	3级简码	Q Q V 空格	
zhēng	筝	刚好4码	T Q V H	
zhēng	蒸	超过4码	A B I O	
zhěng	拯	3级简码	R B I 空格	
zhěng	整	超过4码	G K I H	
zhèng	正	2码识别	G H D 空格	杂合
zhèng	证	3级简码	Y G H 空格	
zhèng	政	3级简码	G H T 空格	
zhèng	钲	3码识别	Q G H G	左右
zhèng	症	3级简码	U G H 空格	
zhèng	郑	3级简码	U D B 空格	
zhèng	诤	刚好4码	Y Q V H	
zhèng	挣	刚好4码	R Q V H	
zhī	之	键名	P P 空格	
zhī	芝	2级简码	A P 空格	
zhī	支	2级简码	F C 空格	
zhī	吱	3级简码	K F C 空格	
zhī	枝	3级简码	S F C 空格	
zhī	肢	3级简码	E F C 空格	
zhī	氏	2级简码	Q A 空格	
zhī	胝	3级简码	E Q A 空格	
zhī	祗	超过4码	P Y Q Y	
zhī	只	2级简码	K W 空格	
zhī	织	3级简码	X K W 空格	
zhī	卮	3码识别	R G B V	折 杂合
zhī	栀	刚好4码	S R G B	
zhī	汁	2码识别	I F H 空格	左右
zhī	知	2级简码	T D 空格	
zhī	蜘	刚好4码	J T D K	
zhī	脂	2级简码	E X 空格	
zhí	执	3级简码	R V Y 空格	
zhí	絷	超过4码	R V Y I	
zhí	直	2级简码	F H 空格	
zhí	值	3码识别	W F H G	左右
zhí	埴	3码识别	F F H G	左右
zhí	植	3码识别	S F H G	左右
zhí	殖	3级简码	G Q F 空格	
zhí	侄	刚好4码	W G C F	
zhí	职	2级简码	B K 空格	
zhí	跖	3码识别	K H D G	左右
zhí	摭	3级简码	R Y A 空格	
zhí	踯	超过4码	K H U B	
zhǐ	止	字根字	H H 空格	
zhǐ	址	2码识别	F H G 空格	左右
zhǐ	芷	2码识别	A H F 空格	上下
zhǐ	祉	3级简码	P Y H 空格	
zhǐ	趾	3级简码	K H H 空格	
zhǐ	只	2级简码	K W 空格	
zhǐ	枳	3级简码	S K W 空格	
zhǐ	轵	3级简码	L K W 空格	
zhǐ	咫	3级简码	N Y K 空格	
zhǐ	旨	2级简码	X J 空格	
zhǐ	指	3级简码	R X J 空格	
zhǐ	酯	3级简码	S G X 空格	
zhǐ	纸	3级简码	X Q A 空格	
zhǐ	黹	超过4码	O G U I	
zhǐ	徵	超过4码	T M G T	
zhì	至	3级简码	G C F 空格	
zhì	郅	刚好4码	G C F B	
zhì	桎	刚好4码	S G C F	

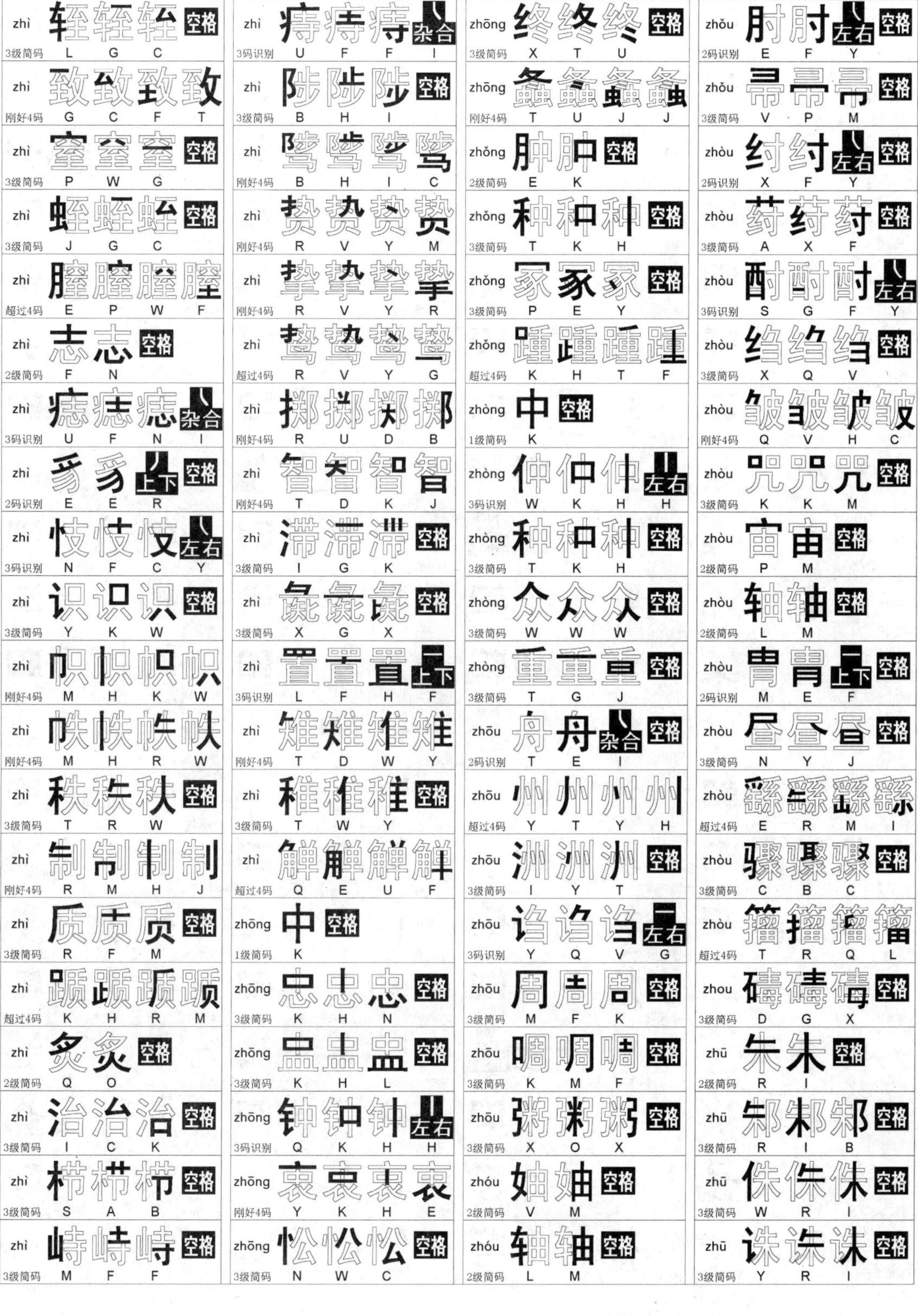

拼音	字	类型	编码	补充
zhì	轾	3级简码	L G C	空格
zhì	致	刚好4码	G C F T	
zhì	窒	3级简码	P W G	空格
zhì	蛭	3级简码	J G C	空格
zhì	膣	超过4码	E P W F	
zhì	志	2级简码	F N	空格
zhì	痣	3码识别	U F N I	杂合
zhì	豸	2码识别	E E R	上下 空格
zhì	忮	3码识别	N F C Y	左右
zhì	识	3级简码	Y K W	空格
zhì	帜	刚好4码	M H K W	
zhì	帙	刚好4码	M H R W	
zhì	秩	3级简码	T R W	空格
zhì	制	刚好4码	R M H J	
zhì	质	3级简码	R F M	空格
zhì	踬	超过4码	K H R M	
zhì	炙	2级简码	Q O	空格
zhì	治	3级简码	I C K	空格
zhì	栉	3级简码	S A B	空格
zhì	峙	3级简码	M F F	空格
zhì	痔	3码识别	U F F I	杂合
zhì	陟	3级简码	B H I	空格
zhì	骘	刚好4码	B H I C	
zhì	贽	刚好4码	R V Y M	
zhì	挚	刚好4码	R V Y R	
zhì	鸷	超过4码	R V Y G	
zhì	掷	刚好4码	R U D B	
zhì	智	刚好4码	T D K J	
zhì	滞	3级简码	I G K	空格
zhì	彘	3级简码	X G X	空格
zhì	置	3码识别	L F H F	上下
zhì	雉	刚好4码	T D W Y	
zhì	稚	3级简码	T W Y	空格
zhì	觯	超过4码	Q E U F	
zhōng	中	1级简码	K	空格
zhōng	忠	3级简码	K H N	空格
zhōng	盅	3级简码	K H L	空格
zhōng	钟	3码识别	Q K H H	左右
zhōng	衷	刚好4码	Y K H E	
zhōng	忪	3级简码	N W C	空格
zhōng	终	3级简码	X T U	空格
zhōng	螽	刚好4码	T U J J	
zhǒng	肿	2级简码	E K	空格
zhǒng	种	3级简码	T K H	空格
zhǒng	冢	3级简码	P E Y	空格
zhǒng	踵	超过4码	K H T F	
zhòng	中	1级简码	K	空格
zhòng	仲	3码识别	W K H H	左右
zhòng	种	3级简码	T K H	空格
zhòng	众	3级简码	W W W	空格
zhòng	重	3级简码	T G J	空格
zhōu	舟	2码识别	T E I	杂合 空格
zhōu	州	超过4码	Y T Y H	
zhōu	洲	3级简码	I Y T	空格
zhōu	诌	3码识别	Y Q V G	左右
zhōu	周	3级简码	M F K	空格
zhōu	啁	3级简码	K M F	空格
zhōu	粥	3级简码	X O X	空格
zhóu	妯	2级简码	V M	空格
zhóu	轴	2级简码	L M	空格
zhǒu	肘	2码识别	E F Y	左右 空格
zhǒu	帚	3级简码	V P M	空格
zhòu	纣	2码识别	X F Y	左右 空格
zhòu	荮	3级简码	A X F	空格
zhòu	酎	3码识别	S G F Y	左右
zhòu	绉	3级简码	X Q V	空格
zhòu	皱	刚好4码	Q V H C	
zhòu	咒	3级简码	K K M	空格
zhòu	宙	2级简码	P M	空格
zhòu	轴	2级简码	L M	空格
zhòu	胄	2码识别	M E F	上下 空格
zhòu	昼	3级简码	N Y J	空格
zhòu	繇	超过4码	E R M I	
zhòu	骤	3级简码	C B C	空格
zhòu	籀	超过4码	T R Q L	
zhou	碡	3级简码	D G X	空格
zhū	朱	2级简码	R I	空格
zhū	邾	3级简码	R I B	空格
zhū	侏	3级简码	W R I	空格
zhū	诛	3级简码	Y R I	空格

拼音	汉字	类型	编码
zhū	茱	3级简码	A R I 空格
zhū	洙	3级简码	I R I 空格
zhū	珠	2级简码	G R 空格
zhū	株	3级简码	S R I 空格
zhū	铢	3级简码	Q R I 空格
zhū	蛛	3级简码	J R I 空格
zhū	诸	3级简码	Y F T 空格
zhū	猪	超过4码	Q T F J
zhū	槠	超过4码	S Y F J
zhū	潴	超过4码	I Q T J
zhū	橥	超过4码	Q T F S
zhú	术	2级简码	S Y 空格
zhú	竹	字根字	T T G 空格
zhú	竺	2码识别	T F F(上下) 空格
zhú	逐	特别规定	E P I(杂合) 空格
zhú	瘃	3级简码	U E Y 空格
zhú	烛	2级简码	O J 空格
zhú	躅	超过4码	K H L J
zhú	舳	3码识别	T E M G(左右)
zhǔ	主	1级简码	Y 空格
zhǔ	拄	3级简码	R Y G 空格
zhǔ	渚	3级简码	I F T 空格
zhǔ	煮	刚好4码	F T J O
zhǔ	褚	超过4码	P U F J
zhǔ	属	3级简码	N T K 空格
zhǔ	嘱	3级简码	K N T 空格
zhǔ	瞩	3级简码	H N T 空格
zhù	伫	2级简码	W P 空格
zhù	苎	3码识别	A P G F(上下)
zhù	贮	3级简码	M P G 空格
zhù	助	3级简码	E G L 空格
zhù	住	3码识别	W Y G G(左右)
zhù	注	2级简码	I Y 空格
zhù	驻	2级简码	C Y 空格
zhù	柱	3级简码	S Y G 空格
zhù	炷	3级简码	O Y G 空格
zhù	疰	3码识别	U Y G D(杂合)
zhù	蛀	3级简码	J Y G 空格
zhù	杼	3级简码	S C B 空格
zhù	祝	3级简码	P Y K 空格
zhù	著	3级简码	A F T 空格
zhù	翥	刚好4码	F T J N
zhù	箸	3级简码	T F T 空格
zhù	铸	3级简码	Q D T 空格
zhù	筑	3级简码	T A M 空格
zhuā	抓	刚好4码	R R H Y
zhuā	挝	3级简码	R F P 空格
zhuǎ	爪	3码识别	R H Y I(杂合)
zhuāi	拽	3级简码	R J X 空格
zhuài	拽	3级简码	R J X 空格
zhuān	专	3级简码	F N Y 空格
zhuān	砖	刚好4码	D F N Y
zhuān	颛	超过4码	M D M M
zhuǎn	转	3级简码	L F N 空格
zhuàn	传	刚好4码	W F N Y
zhuàn	转	3级简码	L F N 空格
zhuàn	啭	超过4码	K L F Y
zhuàn	赚	3级简码	M U V 空格
zhuàn	撰	超过4码	R N N W
zhuàn	馔	超过4码	Q N N W
zhuàn	篆	3级简码	T X E 空格
zhuāng	妆	2级简码	U V 空格
zhuāng	庄	2码识别	Y F D(杂合) 空格
zhuāng	桩	3级简码	S Y F 空格
zhuāng	装	3级简码	U F Y 空格
zhuǎng	奘	超过4码	N H D D
zhuàng	壮	2码识别	U F G(左右) 空格
zhuàng	状	2码识别	U D Y(左右) 空格
zhuàng	僮	3级简码	W U J 空格
zhuàng	撞	3级简码	R U J 空格
zhuàng	幢	3级简码	M H U 空格
zhuàng	戆	超过4码	U J T N
zhuī	隹	2码识别	W Y G(左右) 空格
zhuī	骓	3码识别	C W Y G(左右)
zhuī	椎	3码识别	S W Y G(左右)
zhuī	锥	3级简码	Q W Y 空格
zhuī	追	刚好4码	W N N P
zhuì	坠	3码识别	B W F F(上下)
zhuì	缀	3级简码	X C C 空格
zhuì	惴	超过4码	N M D J

拼音	字	类型	编码
zhuì	缒	超过4码	X W N P
zhuì	赘	刚好4码	G Q T M
zhūn	屯	2级简码	G B 空格
zhūn	肫	3级简码	E G B 空格
zhūn	窀	超过4码	P W G N
zhūn	谆	3级简码	Y Y B 空格
zhǔn	准	3级简码	U W Y 空格
zhuō	拙	3级简码	R B M 空格
zhuō	捉	3级简码	R K H 空格
zhuō	桌	3级简码	H J S 空格
zhuō	倬	3码识别	W H J H（丨左右）
zhuō	焯	3级简码	O H J 空格
zhuō	涿	3码识别	I E Y Y（乀左右）
zhuó	灼	3级简码	O Q Y 空格
zhuó	酌	3级简码	S G Q 空格
zhuó	茁	3级简码	A B M 空格
zhuó	卓	2码识别	H J J（丨上下）空格
zhuó	斫	2码识别	D R H（丨左右）空格
zhuó	浊	2级简码	I J 空格
zhuó	镯	刚好4码	Q L Q J
zhuó	浞	3码识别	I K H Y（乀左右）
zhuó	诼	3级简码	Y E Y 空格
zhuó	啄	3码识别	K E Y Y（乀左右）
zhuó	琢	3级简码	G E Y 空格
zhuó	著	3级简码	A F T 空格
zhuó	着	3级简码	U D H 空格
zhuó	禚	超过4码	P Y U O
zhuó	缴	3级简码	X R Y 空格
zhuó	擢	刚好4码	R N W Y
zhuó	濯	3级简码	I N W 空格
zī	仔	2码识别	W B G（一左右）空格
zī	孜	2码识别	B T Y（乀左右）空格
zī	吱	3级简码	K F C 空格
zī	呲	特别规定	K H X N（折左右）
zī	赀	3级简码	H X M 空格
zī	觜	3级简码	H X Q 空格
zī	訾	3级简码	H X Y 空格
zī	龇	超过4码	H W B X
zī	髭	3级简码	D E H 空格
zī	咨	刚好4码	U Q W K
zī	姿	刚好4码	U Q W V
zī	资	刚好4码	U Q W M
zī	谘	3级简码	Y U Q 空格
zī	粢	刚好4码	U Q W O
zī	趑	超过4码	F H U W
zī	兹	3级简码	U X X 空格
zī	嵫	3级简码	M U X 空格
zī	孳	刚好4码	U X X B
zī	滋	3级简码	I U X 空格
zī	淄	3级简码	I V L 空格
zī	缁	3级简码	X V L 空格
zī	辎	3级简码	L V L 空格
zī	锱	3级简码	Q V L 空格
zī	鲻	刚好4码	Q G V L
zǐ	子	键名	B B 空格
zǐ	仔	2码识别	W B G（一左右）空格
zǐ	耔	3级简码	D I B 空格
zǐ	籽	2级简码	O B 空格
zǐ	姊	超过4码	V T N T
zǐ	秭	超过4码	T T N T
zǐ	笫	超过4码	T T N T
zǐ	茈	3级简码	A H X 空格
zǐ	紫	3级简码	H X X 空格
zǐ	訾	3级简码	H X Y 空格
zǐ	梓	2码识别	S U H（丨左右）空格
zǐ	滓	3级简码	I P U 空格
zì	自	2码识别	T H D（一杂合）空格
zì	字	2级简码	P B 空格
zì	恣	刚好4码	U Q W N
zì	眦	3级简码	H H X 空格
zì	渍	3级简码	I G M 空格
zōng	枞	3级简码	S W W 空格
zōng	宗	3级简码	P F I 空格
zōng	综	2级简码	X P 空格
zōng	棕	2级简码	S P 空格
zōng	腙	刚好4码	E P F I
zōng	踪	3级简码	K H P 空格
zōng	鬃	3级简码	D E P 空格
zǒng	总	3级简码	U K N 空格
zǒng	偬	超过4码	W Q R N

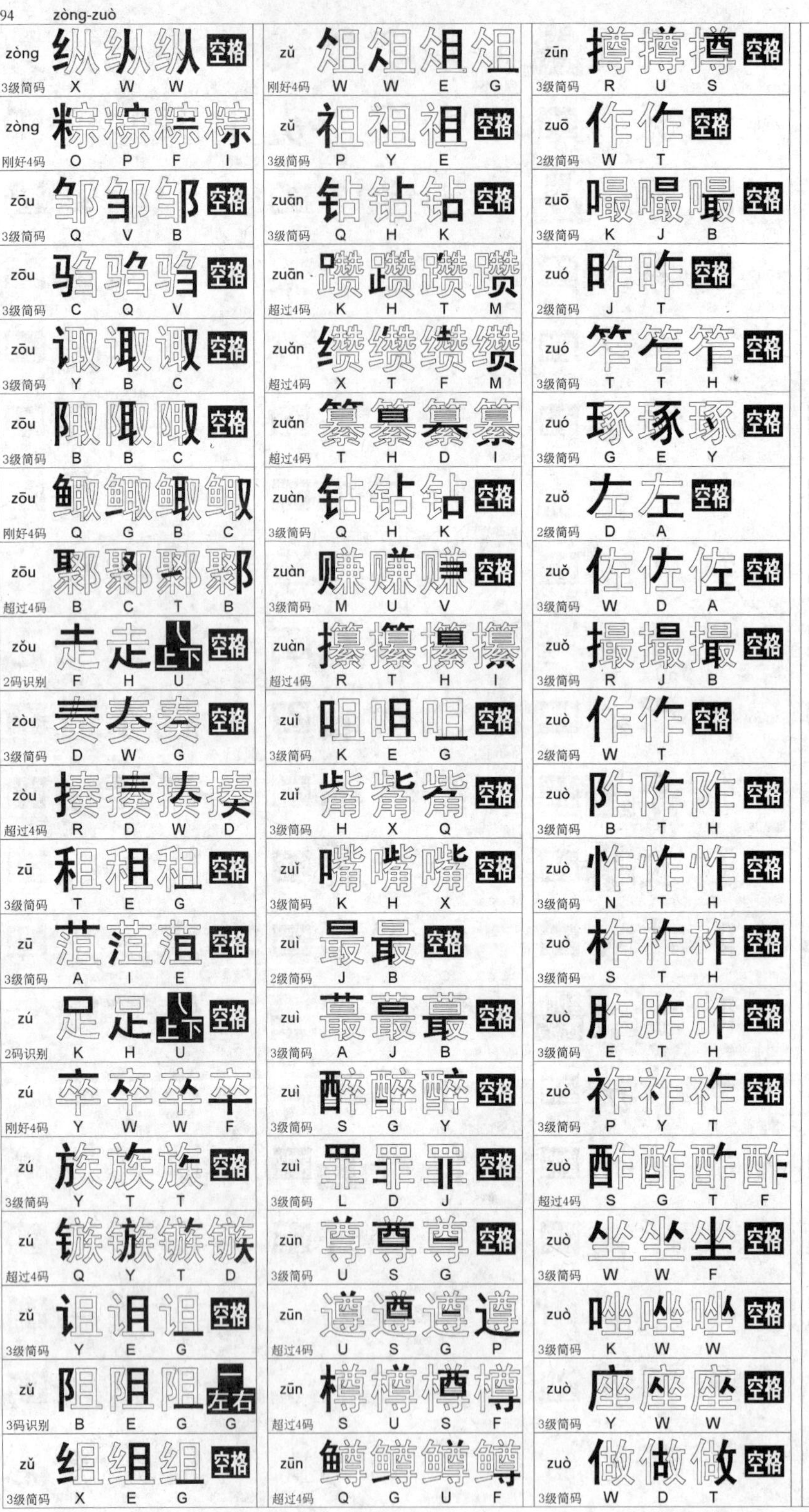

拼音	汉字	类型	编码
zòng	纵	3级简码	X W W 空格
zòng	粽	刚好4码	O P F I
zōu	邹	3级简码	Q V B 空格
zōu	驺	3级简码	C Q V 空格
zōu	诹	3级简码	Y B C 空格
zōu	陬	3级简码	B B C 空格
zōu	鲰	刚好4码	Q G B C
zōu	鄹	超过4码	B C T B
zǒu	走	2码识别	F H U（上下） 空格
zòu	奏	3级简码	D W G 空格
zòu	揍	超过4码	R D W D
zū	租	3级简码	T E G 空格
zū	菹	3级简码	A I E 空格
zú	足	2码识别	K H U（上下） 空格
zú	卒	刚好4码	Y W W F
zú	族	3级简码	Y T T 空格
zú	镞	超过4码	Q Y T D
zǔ	诅	3级简码	Y E G 空格
zǔ	阻	3码识别	B E G G（左右）
zǔ	组	3级简码	X E G 空格
zǔ	俎	刚好4码	W W E G
zǔ	祖	3级简码	P Y E 空格
zuān	钻	3级简码	Q H K 空格
zuān	躜	超过4码	K H T M
zuǎn	缵	超过4码	X T F M
zuǎn	纂	超过4码	T H D I
zuàn	钻	3级简码	Q H K 空格
zuàn	赚	3级简码	M U V 空格
zuàn	攥	超过4码	R T H I
zuǐ	咀	3级简码	K E G 空格
zuǐ	觜	3级简码	H X Q 空格
zuǐ	嘴	3级简码	K H X 空格
zuì	最	2级简码	J B 空格
zuì	蕞	3级简码	A J B 空格
zuì	醉	3级简码	S G Y 空格
zuì	罪	3级简码	L D J 空格
zūn	尊	3级简码	U S G 空格
zūn	遵	超过4码	U S G P
zūn	樽	超过4码	S U S F
zūn	鳟	超过4码	Q G U F
zūn	撙	3级简码	R U S 空格
zuō	作	2级简码	W T 空格
zuō	嘬	3级简码	K J B 空格
zuó	昨	2级简码	J T 空格
zuó	笮	3级简码	T T H 空格
zuó	琢	3级简码	G E Y 空格
zuǒ	左	2级简码	D A 空格
zuǒ	佐	3级简码	W D A 空格
zuǒ	撮	3级简码	R J B 空格
zuò	作	2级简码	W T 空格
zuò	阼	3级简码	B T H 空格
zuò	怍	3级简码	N T H 空格
zuò	柞	3级简码	S T H 空格
zuò	胙	3级简码	E T H 空格
zuò	祚	3级简码	P Y T 空格
zuò	酢	超过4码	S G T F
zuò	坐	3级简码	W W F 空格
zuò	唑	3级简码	K W W 空格
zuò	座	3级简码	Y W W 空格
zuò	做	3级简码	W D T 空格